材料力學

許佩佩　編著

全華圖書股份有限公司

材料力學

張超群 編著

全華圖書股份有限公司

序言

　　材料力學乃是學習機械設計、塑性加工之基礎課程，而本書依據教育部制定的課程標準，並針對目前大專院校多元入學管道，集結了高中職不同領域之學子，能銜接物理、工程力學，且延伸工程設計所需力學分析之實務課程，做出最好的教育訓練編排，可以稱為材料力學入門最適合的書籍。

　　筆者對材料力學與機械設計有多年的教學經驗，深感初學者在不明瞭學習材料力學的目的下，常常無法對力的解析有一具體且深入的瞭解，因此編寫本書的內容深入淺出，不但適合大專院校、高職等機械、土木相關科系作為教科書使用，亦可作為其他領域之專家欲自修學習工程力學分析的教材。部分打星號的內容較深入實務應用，教師可視實際需要 的情況作取捨。

　　本書每一章節前列有學習目標，章節後皆有自我學習評量之習題，對學生的學習有很大的幫助。例題之設計更是理論與實用並重，精細的圖表都讓初學者感到很容易、很簡單，最後亦附有習題解答，以供教學與學生學習之參考。

　　近幾年來，筆者參與太多的產學合作計劃，深深地感受到業界在機械設計方面太重視經驗，缺乏工程力學分析之驗證能力，因此降低了國際競爭力，未來唯有提昇力學分析的能力，才有創新設計建立品牌，堅立於永遠領先的地位。

編者　謹識

於高苑科技大學

「系統編輯」是我們的編輯方針，我們所提供給您的，絕不是一本書，而是關於這門學問的所有知識，它們由淺入深，循序漸進。

本書作者對材料力學與機械設計有多年的教學經驗，覺得市面上有關材料力學入門的書籍，非常的缺乏，有鑑於此，特別針對專科學生實際程度編寫這本適合初學者的書，希望能讓讀者在學習上更得心應手。而此書的特色在於每一章節前都有明確的學習目標，每章節後亦有重點公式整理，再配合例題和習題的應用練習等。適合各大專院校機械科「材料力學」課程使用，對於在短時間複習的考試者而言，更是一本不可多得的好書。

同時，為了使您能有系統且循序漸進研習相關方面的叢書，我們列出各有關圖書的閱讀順序，以減少您研習此門學問的摸索時間，並能對這門學問有完整的知識。若您在這方面有任何問題，歡迎來函詢問，我們將竭誠為您服務。

相關叢書介紹

書號：05549
書名：材料力學
編著：李鴻昌

書號：05548
書名：材料力學詳解
編著：李鴻昌

書號：05480
書名：機械製造
編著：簡文通

書號：05228
書名：微機械加工概論
編著：楊錫杭.黃廷合

書號：01025
書名：實用機構設計圖集
日譯：陳清玉

書號：02734
書名：產品機構設計
編著：顏智偉

書號：01138
書名：圖解機構辭典
日譯：唐文聰

◎上列書價若有變動，請
以最新定價為準。

流程圖

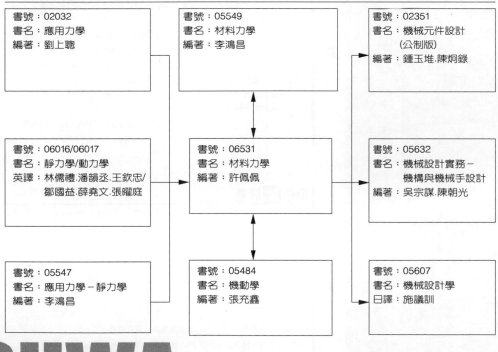

書號：02032
書名：應用力學
編著：劉上聰

書號：05549
書名：材料力學
編著：李鴻昌

書號：02351
書名：機械元件設計
　　　（公制版）
編著：鍾玉堆.陳炯錄

書號：06016/06017
書名：靜力學/動力學
英譯：林儒禮.潘韻丞.王欽忠/
　　　鄒國益.薛堯文.張曜庭

書號：06531
書名：材料力學
編著：許佩佩

書號：05632
書名：機械設計實務－
　　　機構與機械手設計
編著：吳宗謀.陳朝光

書號：05547
書名：應用力學－靜力學
編著：李鴻昌

書號：05484
書名：機動學
編著：張充鑫

書號：05607
書名：機械設計學
日譯：施議訓

CHWA
TECHNOLOGY

特色頁面
Featured pages

全新 多概念的題型呈現

　　本版每章更新習題5~10題,其中包含部分國考題,題目難易度比以往更好上手,以提供讀者更廣泛的練習。

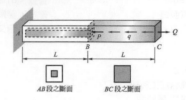

01 例題

- 了解課程內容的核心概念
- 學習如何應用課程內容解決問題
- 提升解題能力

▶

| 例題 1-4 |

斷面為正方形的複合實心桿 ABC,A 端為固定端。AB 段為空心,其中空心部分截面積 $A_t = 2,000\text{mm}^2$。BC 段截面積 $A_S = 6,000\text{mm}^2$。若 B 及 C 兩點分別承受集中軸力 P 及 Q 作用,同時 BC 段承受均勻軸力 q。設 $L = 0.3\text{m}$,$Q = 210\text{kN}$,$q = 500\text{kN/m}$,$P = 20\text{kN}$ 試求 AB 段軸向應力

AB段之斷面 *BC段之斷面*

---

02 學生練習

- 加深對課程內容的理解
- 強化解題能力
- 發現自己的學習盲點

▶

學生練習

6-3.1 有一平面應力狀態為 $\sigma_x = 50\text{MPa}$,$\sigma_y = -10\text{MPa}$,$\tau_{xy} = 40\text{MPa}$,試求 (a) 主應力及其作用面之旋轉角 θ_p;(b) 最大剪應力及其作用面之傾斜角 θ_s;(c) 元素旋轉 30° 後之應力狀態。

Ans: (a) $\sigma_1 = 70\text{MPa}$,$\sigma_2 = -30\text{MPa}$,$\theta_p = 26.55°$

(b) $\tau_{max} = 50\text{MPa}$,$\theta_s = 71.55°$

(c) $\sigma_{30} = 69.91\text{MPa}$,$\tau_{30} = 3\text{MPa}$

6-3.2 某一薄板承受平面應力作用,$\sigma_x = 64\text{MPa}$,$\sigma_y = -16\text{MPa}$,$\tau_{xy} = -30\text{MPa}$,請以莫耳圓求 (a) 元素旋轉 45° 後之應力狀態;(b) 元素旋轉 60° 後之應力狀態。並繪出各種情況之元素應力圖。

Ans: (a) $\sigma_{45} = -6\text{MPa}$,$\tau_{45} = -40\text{MPa}$

(b) $\sigma_{60} = -21.97\text{MPa}$,$\tau_{60} = -19.64\text{MPa}$

---

03 學後總評量

- 檢視學習成果
- 了解自己在哪些方面需要加強
- 落實學習目標

▶

學後 總 評量

- **P7-1**:有一簡支樑承受如圖 P7-1 所示之負載,其中 $M_0 = 150\text{kN-m}$,試求中點 C 之撓度與斜度之值。

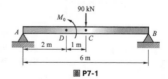

90 kN

M_0

A D C B

2 m　1 m

6 m

圖 P7-1

- **P7-2**:試求圖 P7-1 所示樑之最大撓度 δ_{max} 及其位置。
- **P7-3**:試利用積分法求解圖 P7-3 所示樑之自由端的撓度 δ_B 與斜度 θ_B。

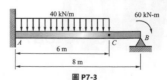

40 kN/m

60 kN-m

A C B

6 m

8 m

圖 P7-3

輕鬆 學習材料力學，雙語同步提升

　　本課程特別規劃雙語學習，使學生加強英文閱讀能力，為往後升學研究所閱讀原文書做好準備，加深學習效益並打下堅實基礎。

△延伸率 (Elongation)[註1]

　　一般低碳鋼之延伸率平均值約等於 20%～30%，而工程上則把延伸率 > 5% 的材料稱為延性材料，如碳鋼、黃銅、鋁合金等；而把延伸率 < 5% 的材料稱為脆性材料，如灰鑄鐵、玻璃、陶瓷等。

　　在各類碳鋼中隨含碳量的增加，降伏應力與極限應力相對增高，但延展性較差，而延展性可藉由延伸率之定義來判定，所謂延伸率 (percent elongation) 即指：試件拉斷後，桿長 L_f 與原始長度 L_0 之變化百分比

$$延伸率 = \frac{L_f - L_0}{L_0} \times 100\% \qquad (2\text{-}2)$$

一般低碳鋼之延伸率平均值約等於 20%～30%，而工程上則把延伸率 > 5% 的材料稱為延性材料，如碳鋼、黃銅、鋁合金等；而把延伸率 < 5% 的材料稱為脆性材料，如灰鑄鐵、玻璃、陶瓷等。

The elongation of a material is an important mechanical property that can help to indicate its ductility and toughness. Ductile materials, such as metals and plastics, have a high elongation (> 5%) before breaking, meaning that they can be stretched or deformed significantly without fracturing. In contrast, brittle materials, such as ceramics and some glasses, have a low elongation(< 0.5%)before breaking, meaning that they fracture with little deformation.
Elongation can be calculated using the following formula:

$$Elongation(\%) = \frac{L_f - L_0}{L_0} \times 100\%$$

Where L_f "Final gauge length" is the length of the specimen at the point of fracture and L_0 "Original gauge length" is the initial length of the specimen before testing. The elongation value is typically reported as a percentage.

重點 段落翻譯

著重重點課文和公式的翻譯，幫助學生掌握核心概念，提升雙語能力。

全新多概念的題型呈現

可以幫助學生在練習中更容易掌握核心概念

豐富的例題和練習題

加速學生理解課程內容，提升解題能力

學後總評量

學生自我檢視學習成果，落實學習目標

雙語學習

讓學生加強關鍵英文閱讀能力，為往後升學之或職場上路取得優勢

目錄

第 10 章　柱

Appendix　附錄

References　參考書目

Mechanics of Materials

第 **01** 章

緒論

1. 瞭解何謂材料力學。
2. 瞭解材料應力的意義。
3. 瞭解材料應變的意義。

1-1 何謂材料力學 (Mechanics of Materials)？

　　一位機械或土木工程師，必須對機械或工程結構中各個構件因負荷所產生的現象，具有預測的能力。例如：車床切削時，主軸受到齒輪囓合力、切削力等載荷下，它的安全性如何？主軸是否會承受不了而斷裂？一座橋樑的橋墩，上面承受車輛的行駛，下面又有河水衝擊，它的製造尺寸夠不夠支撐？甚至它能承受幾級地震而不致垮毀。這些在我們設計結構建築時，又是否能事先預測？事實上，我們可以根據下述三方面來衡量材料承受負荷的能力，進而加以事先預測：

1. **構件必須有足夠的強度 (Strength)：** 此處的強度是指不會產生破壞的程度，如建築物承受幾級地震而不致垮毀，氧氣瓶在多大的壓力下不致爆破。

Component strength refers to ability of a component or part to withstand external loads or forces without breaking.

2. **構件必須有足夠的剛性 (Stiffness)：** 對於大部分的機械構件，如車床中的主軸，我們當然不希望它受到負荷後產生巨大的變形，因為這樣會嚴重影響工件的精度，又如齒輪軸變形太大會使得齒輪囓合不良，損害機件。故抵抗變形的能力便是構件的剛性。

Component stiffness refers to ability of a component or part to resist deformation under an applied load.

3. **構件必須有足夠的穩定度 (Stability)：** 試著想像，若你對一根竹竿施以壓力，它會有什麼情形出現？對了！它不會保持原先的直線型式，它會有 "蛇形" 狀的彎曲，當你力量再加大時，它終究會斷裂！故這裡的穩定度便是指細長構件承受壓力時，保持原有平衡狀態的能力！

Component stability refers to ability of a structure or a component of a structure to maintain its stability under various loads and environmental condition.

　　而上述的能力，則與構件選用的材料、形狀與截面積大小有密切的關係，如柱子裡加鋼筋能增加強度，截面積大者剛性較高，粗短的形狀要比細長型穩定性好，但鋼筋要加幾條？構件尺寸要多大？在材料合於強度、剛性與穩定性的要求下，材料力學提供了必要的理論基礎與計算方法，以最經濟的代價，為構件確定合理的形狀與尺寸，選擇適宜的材料。

　　當然，強度、剛性與穩定度與材料的機械性質有關，而這些性質往往需要藉由實驗來求得 (參看 (2-1) 節)，故實驗分析亦是材料力學的一部分。

1-2 | 應力 (Stress)

1-2.1 正應力 (Normal Stress)

在圖 (1-1) 中，我們考慮桿 BC 受到軸向負荷 P 的作用下，此桿材料是否能承受，顯然這與桿的材質與截面積有關，故我們定義出：單位面積上的力，或分佈在所給截面上的力量強度，稱為該斷面上之正應力 (normal stress)，並以希臘字母 σ(sigma) 表示之，即

$$\sigma = \frac{P}{A} \tag{1-1}$$

Stress is the measure of an external force acting over the cross sectional area of an object. Let's consider a BC bar in Figure1-1. The cross section of the bar is circular, and the uniaxial force P is acting on it, perpendicular to the cross sectional area of bar. This force exerts a normal stress within the bar. The normal stress is usually denoted by the Greek letter sigma σ. The unit of stress is Pa.

$$\sigma = \frac{P}{A}$$

Here, normal stress is σ, axial force is P, and cross sectional area is A

此項公式必須注意下述事項：

1. 此應力值是截面上的平均應力值而非特定點的應力。
2. 作用的力量要與截面垂直，若不垂直，則把力量分解到垂直方向代入。
3. 此值為正時，表示拉伸應力，桿件承受拉伸 (tension)。
4. 此值為負時，表示壓縮應力，桿件承受壓縮 (compression)。

在 SI 單位系統中，應力的單位為巴斯卡 (pascal)(Pa，$1\text{Pa} = 1\text{N/m}^2$)，而一般此一單位值非常小，故通常我們皆以仟倍 (KPa)，百萬倍 (MPa)，甚至十億倍 (GPa) 來使用：

The condition of normal stress occurs when a loaded member is in tension(positive)or compression(negative).
Stress has units of force per area: N/m^2(SI) or lb/in^2(US). The SI units are commonly referred to as Pascals, abbreviated Pa. Since the 1 Pa is inconveniently small compared to the stresses most structures experience, we'll often encounter $10^3 Pa = 1KPa$(kilo Pascal), $10^6 Pa$ = MPa(mega Pascal), or $10^9 Pa = GPa$(giga Pascal).

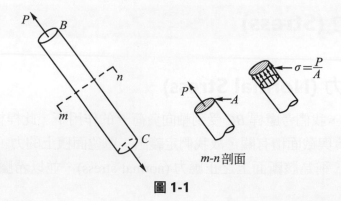

圖 1-1

$$1\text{KPa} = 10^3\text{Pa} = 10^3\text{N/m}^2$$

$$1\text{MPa} = 10^6\text{Pa} = 1\text{N/mm}^2$$

(在計算的過程中長度使用 mm，力量為 N，則應力單位即為 MPa)

$$1\text{GPa} = 10^9\text{Pa} = 10^9\text{N/m}^2 = 10^3\text{N/mm}^2$$

當採用英制時，則為每平方吋之磅數 (lb/in², 可以 Psi 表示)，或仟倍 (Ksi) 來表示，公制與英制則有下述換算公式：

$$1\text{Psi} \simeq 7\text{KPa}$$

$$1\text{Ksi} \simeq 7\text{MPa}$$

接下來，我們來舉個例子，試試看你瞭解的程度。

--- 例題 1-1 |--

如圖 (1-2) 所示受軸向負荷的桿件

(1) 若桿件為結構鋼則材料產生允許應力 $\sigma = 190\text{MPa}$，所需的軸向負荷為何？假設此桿材為直徑 10mm 的圓截面。

(2) 若桿件為鋁 195-T6，且軸向負荷 P 為 15kN 的情況下，其截面直徑 d 要等於多少 mm？使其造成的允許應力 $\sigma = 50\text{MPa}$。

解

(1) 根據式子 (1-1)，其中：

$$\sigma = 190\text{MPa} = 190 \times 10^6\text{N/m}^2$$

$$A = \frac{1}{4}\pi \times (10 \times 10^{-3})^2\,\text{m}^2$$

$$190 \times 10^6 = \frac{P}{\frac{1}{4}\pi \times (10 \times 10^{-3})^2}$$

$P = 14.9\text{kN}$(須注意此為允許最大負荷)

故力量大小為 14.9kN

(2) 桿件換成鋁材並且

$\sigma = 50 \times 10^6 \text{N/m}^2 \,,\, P = 15 \times 10^3 \text{N}$

$$50 \times 10^6 = \frac{15 \times 10^3}{\frac{1}{4}\pi \times d^2} \,,\, d \fallingdotseq 6\ 19.52\text{mm}$$

故直徑等於 19.52mm(須注意此為允許最小直徑)

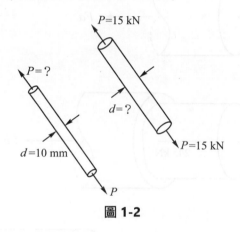

圖 1-2

例題 1-2

如圖 (1-3) 所示,一根圓形截面的組合桿件,它是由三種不同材質所組成,分別為鋼、黃銅、鋁,試求在 A、B、C、D 四點軸向負荷作用下:

(1) 各段應力值為何?

(2) 假設三段材質允許應力分別為鋼:125MPa,黃銅:70MPa,鋁:85MPa,則在此負荷作用下那段桿件不安全?補救的方法是將該桿件直徑增大至多少?

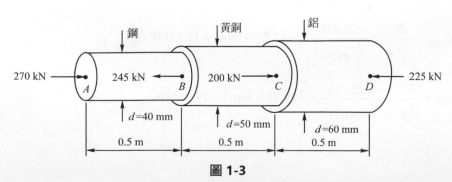

圖 1-3

解

首先畫出各段自由體圖求各段之負荷：

參看圖 (1-3.1)

$\Sigma F_x = 0$; $270 + F_a = 0$

$F_a = -270\text{kN} = 270\text{kN}$ 壓力

$\Sigma F_x = 0$; $270 - 245 + F_b = 0$

$F_b = -25\text{kN} = 25\text{kN}$ 壓力

$\Sigma F_x = 0$; $270 - 245 + 200 + F_c = 0$

$F_c = -225\text{kN} = 225\text{kN}$ 壓力

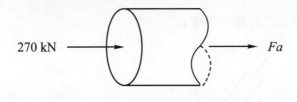

270 kN → Fa

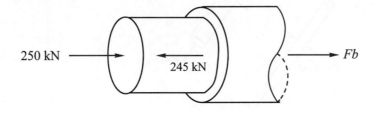

250 kN → ← 245 kN → Fb

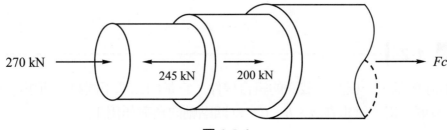

270 kN → ← 245 kN → 200 kN → Fc

圖 1-3.1

(1) 故各段應力：

$$\sigma_{鋼} = \frac{F_a}{A_{鋼}} = \frac{-270 \times 10^3}{\frac{1}{4}\pi(40)^2} = -214.86\text{N/mm}^2 = 214.86\text{MPa} \text{ 壓應力}$$

$$\sigma_{黃銅} = \frac{F_b}{A_{黃銅}} = \frac{-25 \times 10^3}{\frac{1}{4}\pi(50)^2} = -12.73\text{N/mm}^2 = 12.73\text{MPa} \text{ 壓應力}$$

$$\sigma_{鋁} = \frac{F_c}{A_{鋁}} = \frac{-225 \times 10^3}{\frac{1}{4}\pi(60)^2} = -79.58\text{N/mm}^2 = 79.58\text{MPa} \text{ 壓應力}$$

(2) 因為答案 (1) 中僅有鋼承受的應力值大於其允許應力

$\quad$ 214.86MPa > 125MPa

故三段中鋼材段不安全

解決辦法：加大該段截面直徑，若承受應力值要小於允許應力時之直徑為 d，則

$$\sigma_{鋼} = \frac{270 \times 10^3}{\frac{1}{4}\pi d^2} < 125\text{MPa} \ (\text{在此長度直接使用 mm，力量 N，則應力為 MPa})$$

$\therefore d > 52.46\text{mm}$

故鋼段直徑至少要加大至 52.46mm 方使此段安全。 ◼

■ 註：除非特別提起，否則在本書中各個桿件皆不計其重量。

---- **例題** **1-3** --

圖 (1-4) 所示的簡易吊架中，若吊燈重量為 10N，試求對吊架造成的各段應力值為若干？其中 AB 桿截面為 100mm^2，桿為 110mm^2，並決定何桿承受較大應力。

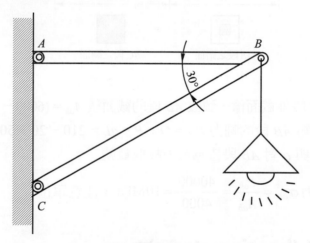

圖 1-4

解

首先針對 B 點的自由體圖寫出靜力平衡方程式：

$\quad \Sigma F_x = 0 \ ; \ F_{ab} + F_{bc} \times \cos 30° = 0$

$\quad \Sigma F_y = 0 \ ; \ F_{bc} \times \sin 30° + 10 = 0$

得 $\quad F_{bc} = 20\text{N}$ 壓

$\quad F_{ab} = 10\sqrt{3}$ 拉

由式子 (1-1) 得 AB 桿之應力

$$\sigma_{ab} = \frac{F_{ab}}{A_{ab}} = \frac{17.3}{100 \times 10^{-6}} = 173\text{KPa}$$

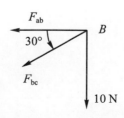

BC 桿之應力

$$\sigma_{bc} = \frac{F_{bc}}{A_{bc}} = \frac{-20}{110 \times 10^{-6}} = 182\text{KPa} \text{ 應壓力}$$

BC 桿承受較大應力

例題 1-4

斷面為正方形的複合實心桿 ABC，A 端為固定端。AB 段為空心，其中空心部分截面積 $A_i = 2,000\text{mm}^2$。BC 段截面積 $A_S = 6,000\text{mm}^2$。若 B 及 C 兩點分別承受集中軸力 P 及 Q 作用，同時 BC 段承受均勻軸力 q。設 L = 0.3m，Q = 210kN，q = 500kN/m，P = 20kN 試求 AB 段軸向應力

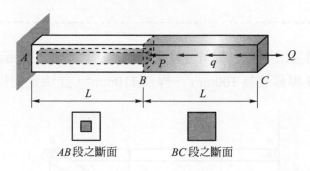

AB 段之斷面　　　BC 段之斷面

解

由於 AB 段與 BC 段外截面積一致故 AB 段的截面積 $A_{ab} = (6000 - 2000) = 4000\text{mm}^2$
利用自由體圖可知 AB 段的軸力 $P_{ab} = Q - P - qL = 210 - 20 - 500 \times 0.3 = 40\text{kN}$
此處注意負載 P 與 q 對 AB 段皆為壓力故取負號

故 AB 段軸向應力 $\sigma_{ab} = \dfrac{P_{ab}}{A_{ab}} = \dfrac{40000}{4000} = 10\text{MPa}$ ，注意單位

1-2.2 承應力 (bearing stress)

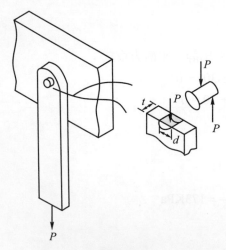

在 (1-2.1) 裡我們已瞭解：桿件受軸向負荷，所形成的正應力 σ，在此節中我們將要介紹另一種類似壓應力的應力型態，稱之承應力。主要是螺栓、銷及鉚釘等沿承面或接觸面，因與構件連接所產生的一種應力型態。如圖 (1-5) 所示，在桿件受到負荷 P 的作用下，鉚釘對桿件所產生的作用力除以鉚釘在桿件上的投影面積，便為承應力：

其中投影面積　$A = d \times t$

故承應力　$\sigma_b = \dfrac{P}{d \times t}$ (1-2)

The bearing stress is the force that pushes a structure divided by the area. We can define it as a contact pressure between two separate bodies. If we apply a compressive stress on a body, then there will be a reaction as internal stress in the material of the body. This internal stress is known as the bearing stress.

Consider the figure of a section with tensile force P acting as Fig1-5

$$\sigma_b = \frac{P_b}{A_b}$$

If the width of the bearing area is d and the thickness of the bearing area is t, then the bearing stress will be as given below.

Projection area A = d × t

Then bearing stress $\sigma_b = \dfrac{P}{d \times t}$

在此需說明的是：此種應力分佈相當地複雜，故此處係以平均應力值代表。亦即 σ_b 為支承面的平均承應力。

1-2.3　剪應力 (shear stress)

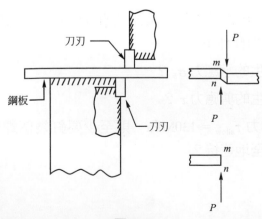

刀刃

鋼板

刀刃

圖 1-6

最後一種應力型態為剪應力，它是發生在如圖 (1-6) 中的剪床剪鋼板的過程中，剪床上下兩個刀刃以大小相等，但方向相反，作用線距離很近的兩個力量 P(稱之剪力) 作用於鋼板上，使鋼板在 *m-n* 截面的左右兩部分沿 *m-n* 截面發生相對的錯動，直至剪斷。此時剪應力便是此單位面積上所受的剪力 P，以字母 τ(tau) 表示之：

$$\tau = \frac{P}{A} \tag{1-3}$$

Shear stress is a force that breaks the structures and takes place along one or more planes. When a shear machine is employed to cut a piece of steel plate, the two sections apply lateral stresses that put the member(plate)under shear stress, allowing the steel plate to cut. The shear stress is usually denoted by the Greek letter tau τ.

Shearingstress $\tau = \dfrac{P}{A}$; A: m-n section area

到此你是否有注意到：**正應力與承應力中作用力與截面必成垂直，故正應力亦可稱為「垂直應力」，而剪應力中的作用力則與截面平行。**

Normal stress is the stress that is perpendicular to the cross-sectional area. When the applied force is perpendicular to the cross-sectional area, the normal stress produced is known as a pure normal stress or pure vertical stress. Otherwise in the context of shear stress, the applied force and the cross-sectional area must be parallel to each other.

剪應力常發生於機器中的聯接件，如螺栓、銷、鉚釘以及鍵等。以下我們將舉幾個剪應力的應用實例。

--- **例題 1-5** ------------------------------------

兩塊厚度 1cm 的鋼板用螺栓加以連接如圖 (1-7) 所示，若在螺栓直徑為 2cm 且鋼板承受 80kN 的拉力條件下：

(1) 螺栓對鋼板所產生的承應力 σ_b？

(2) 負荷對螺栓所產生的剪應力 τ？

(3) 若螺栓之允許應力 $\tau_{\text{allow}} = 130$MPa，則至少要釘幾個螺栓才能在負荷 80kN 作用下使鋼板安全地連接？

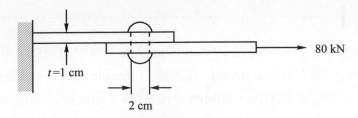

解

(1) 首先計算出螺栓與鋼板承接面上的投影面積：由式子 (1-2)：

$$A = t \times d = 10 \times 20 = 200\text{mm}^2$$

故承應力 $\sigma_b = \dfrac{P}{A} = \dfrac{80 \times 10^3}{200\text{mm}^2} = 400\text{N/mm}^2 = 400\text{MPa}$

(2) 算出螺栓截面積

$$A = \frac{1}{4}\pi d^2 = \frac{1}{4}\pi \times (20)^2 = 314.16\text{mm}^2$$

由式子 (1-3)

$$\tau = \frac{P}{A} = \frac{80 \times 10^3}{314.16} = 254.65\text{N/mm}^2 = 254.65\text{MPa}$$

(3) 由 (2) 中可知螺栓承受的剪應力 254.65MPa 大於其允許應力 130MPa，故假設至少需要 n 個螺栓，則新的剪應力 τ'：

$$\tau' = \frac{P'}{A} < \tau_{\text{allow}}$$

其中

$$P' = \frac{P}{n}$$

若每個螺栓大小相等則

$$\frac{P'}{A} = \frac{P}{n \times A} < \tau_{\text{allow}}$$

$$\frac{80 \times 10^3}{n \times 314.16} < 130$$

$$n > 1.96 \qquad 取 \ n = 2$$

故螺栓至少要 2 個，亦可直接：

$$n > \frac{254.65}{130}$$

$$n > 1.96 \qquad 取 \ n = 2$$

例題 1-6

如圖所示之兩塊平板由 4 顆直徑 20-mm 鉚釘連接，假設力量由 4 顆平均承擔，此接頭材料中的剪應力 (shear stress)、拉伸應力 (tensile stress)、承壓應力 (bearing stress) 分別都不能超過 50MPa、80MPa、100MPa，則此接頭所能承受之最大負載 P 為多少？

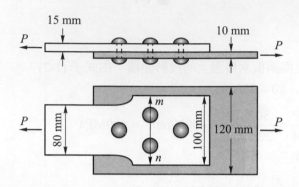

解

允許剪應力發生在鉚釘；鉚釘剪力作用面積 A_s 此處注意有四顆鉚釘故必須乘以 4

$$A_s = 4A = 4 \times \frac{\pi \times 20^2}{4} = 1256 \text{mm}^2$$

$$P = \tau_a \times A_s = 50 \times 1256 = 62.8 \text{kN}$$

允許拉應力發生在板塊截面最小處即板厚 15mm 的 *m-n* 截面
(因為它的寬度只有 100mm 再扣除鉚釘兩顆的直徑)

$$A_s = (100 - 2 \times 20) \times 15 = 900 \text{mm}^2$$

$$P = \sigma_t \times A_s = 80 \times 900 = 72 \text{kN}$$

允許壓應力 (承應力) 發生在板塊與鉚釘接合處

$$A_s = 4 \times 20 \times 10 (\text{選厚度小的板塊}) = 800 \text{mm}^2$$

$$P = 100 \times 800 = 80 \text{kN}$$

選小者故 $P = 62.8 \text{kN}$

此題充分將前面所教三種應力組合一起！同學務必好好練習方可區分三種應力的差別處

學生練習

1-2.1 一根圓形截面的桿件直徑 50mm，試求在 10kN 的軸向拉力作用下造成的應力 σ 為何？

Ans：$\sigma = -5.09$MPa

1-2.2 一桿件如下圖所示承受著 10kN，15kN 與 20kN 的軸向負荷作用，試求此桿件最大應力 σ 產生於那一段？其值為何？其中桿件截面 $A = 100$mm²。

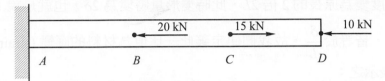

習 1-2.2

Ans：AB 段有最大壓應力 150MPa

1-2.3 兩鋼板以兩根鉚釘連接，試問在拉力 $P = 20$kN 的作用下，對鉚釘造成的剪應力 τ 與鉚釘對鋼板造成的承應力 σ_b 各為何？其中鋼板厚度與鉚釘直徑皆為 2cm，鋼板寬度 20cm。

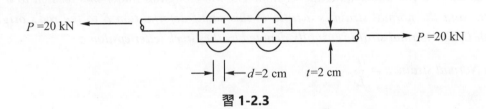

習 1-2.3

Ans：$\tau = 31.8$MPa，$\sigma_b = 25$MPa，$\sigma_t = 5.56$MPa

1-2.4 兩塊木板以膠黏接，若膠的強度為 0.2MPa，則二塊木板相連接的長度 d 至少要多少，才能使木板在 5kN 的拉力作用下兩塊木板不至分離？

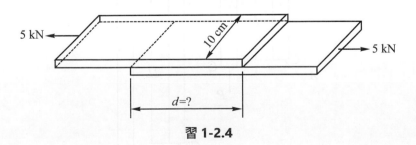

習 1-2.4

Ans：$d = 25$cm

1-3 ┊ 應變 (strain)

　　當材料受到負荷時，它的外形一定會隨著負荷而有所改變，此一改變量便稱為變形量 (deformation)，其中負荷的形式除了作用力外亦可能為溫度的變化。至於變形量則與材質、尺寸甚至負荷大小有關。(變形量與材質、截面積、負荷大小的關係將於 (2-3) 節中詳細探討，在此章中我們先不加介紹) 現在我們考慮一根桿件受到軸向拉力 P 的作用如圖 (1-8) 所示，因負荷 P 使得桿件伸長了 δ，此時的 δ 即為桿件的變形量，若將此桿件長度變為原長的 2 倍 $2L$，此時變形量將變為 2δ，也就是說：單位長度的變形是相同的，皆等於 $\dfrac{\delta}{L}$。故我們便定義此一比值為材料的應變 (strain)，以希臘字母 ε(esiplon) 表示之：

$$\varepsilon = \frac{\delta}{L} \tag{1-4}$$

Deformation is a measure of how much an object is stretched, and strain is the ratio between the deformation and the original length.

Let's consider a rod under uniaxial tension. The rod elongates under this tension to a new length, and the normal strain is a ratio of this small deformation δ to the rod's original length L. The normal strain is usually denoted by the Greek letter epsilon ε

Then Normal strain $\varepsilon = \dfrac{\delta}{L}$

　　此項公式需注意：

1. 應變值為桿件的平均值，事實上材料內各點的應變並不均勻。

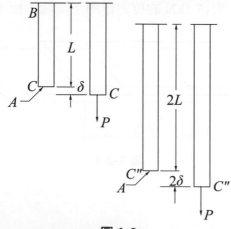

圖 1-8

2. 此一應變是由軸向負荷所造成的軸向變形，故稱為正應變 (normal strain)，若受剪力 V 作用，如圖 (1-9)，則造成的應變為剪應變 (shearing strain)，以希臘字母 γ(cama) 表示，其定義如下：

$$\gamma = \frac{\delta_s}{L} \qquad\qquad (1\text{-}5)$$

當 δ_s 值很小時，趨近於夾角 $\frac{\pi}{2} - \theta'$ 即

$$\gamma = \frac{\pi}{2} - \theta'$$

Shear strain is the deformation of an object caused by shear force V. It is usually denoted by the Greek letter cama γ

Then shear strain $\gamma = \frac{\delta_s}{L}$;

When δ_s is very small, γ approaches $\frac{\pi}{2} - \theta'$

3. 此一應變值的正負定義與正應力相似，拉伸為正，壓縮為負。

4. 應變的單位是長度／長度，故為無因次量。

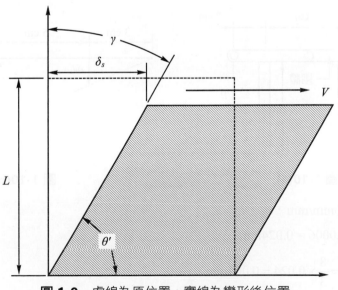

圖 1-9 虛線為原位置，實線為變形後位置

--- 例題 **1-7** |--

某桿件受軸向負荷後，長度由原 1m 變為 1.001m，試問對桿件造成的正應變為何？

解

由式子 (1-4) 可知，

$$\varepsilon = \frac{\delta}{L}$$

其中　$L = 1\text{m}$；$\delta = L' - L = 1.001 - 1 = 0.001$

故　$\varepsilon = \frac{(1001-1)}{1} = 10^{-3}\ \text{mm/mm} = 10^{-3}(\text{無因次})$

--- 例題 **1-8** |--

一根剛體桿件 C 以二根鐵桿 A、B 支撐著如圖 (1-10a) 所示，若負荷 P 對鐵桿 B 造成 0.0006mm/mm 的正應變，則同一負荷對桿 A 造成的應變為何？

解

因為桿 C 為剛體，故它是不會產生變形的，只會移動至圖 (1-10b) 中虛線位置，利用三角形相似原理：

$$\frac{\delta_B}{\delta_A} = \frac{3}{8}$$

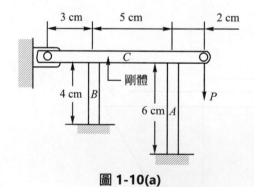

圖 1-10(a)

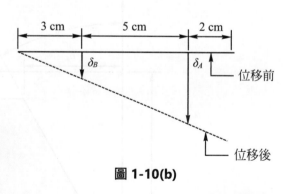

圖 1-10(b)

因為 $\varepsilon_B = 0.0006\text{mm/mm}$，$\delta_B = L_B \times \varepsilon_B$　　　　　　　　　　（公式 1-4）

故　$\delta_B = 40 \times 0.0006 = 0.024\text{mm}$

$$\delta_A = \frac{8}{3}\delta_B = \frac{8}{3} \times 0.024 = 0.064\text{mm}$$

得到了 A 點的變形量 δ_A，則 A 點的應變為

$$\varepsilon_A = \frac{\delta_A}{L_A} = \frac{0.64\text{mm}}{60\text{mm}} = 0.00107\text{mm/mm}$$

--- 例題 **1-9**

有一平板如圖 (1-11a) 所示，若此平板受力量 P 作用以致於移動到虛線位置試求出：

(1) AB 邊的平均正應變。

(2) 相對於 x-y 軸的平均剪應變。

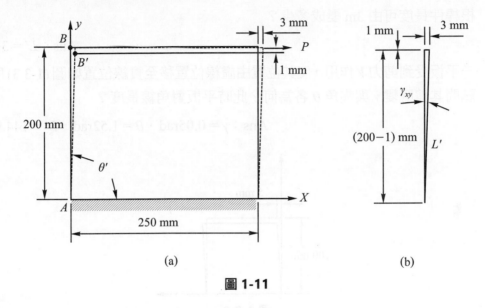

(a)　　　　　　　　　　　(b)

圖 1-11

解

(1) 根據圖 (1-11b)，求出 AB 邊變形後的長度 L'

$$L' = AB' = \sqrt{3^2 + (200-1)^2} = 199.023 \text{mm}$$

則變形的量 $\delta_{ab} = L' - L$

$$\delta_{ab} = 199.023 - 200 = -0.977 \text{mm}$$

故 $\varepsilon_{ab} = \dfrac{\delta_{ab}}{L} = \dfrac{-0.977}{200} = -0.00489 \text{mm/mm} = 4.89 \times 10^{-3} \text{mm/mm}$ 縮短

(2) 由於位移量 δ_s 跟原長比較極小 (3 ≪ 200) 故

$$\gamma_{xy} = \frac{\pi}{2} - \theta' = \frac{\pi}{2} - \tan^{-1}\left(\frac{200-1}{3}\right) = \frac{\pi}{2} - 1.5557 = 0.0151 \text{rad}$$

或依據公式 (1-5)

$$\gamma_{xy} = \frac{3}{200} = 0.015 \text{rad}$$

學生練習

1-3.1　某桿件受負荷後造成了 − 0.003 的正應變，若此桿原長為 2m，試求其變形量 δ 與桿件最後長度？

Ans：$\delta = 6$mm，$L' = 1.994$m

1-3.2　二桿件擁有相同的應變值，若其中一根桿件長度由 1m 變為 1.005m，則另一根桿件長度可由 3m 變成多少？

Ans：$L' = 3.015$m

1-3.3　一平板受到剪力 V 作用，使其位置由虛線位置移至實線位置如圖 (1-3.3) 所示，試問其剪應變 γ 與夾角 θ 各為何？此時平板對角線長度？

Ans：$\gamma = 0.05$rad，$\theta = 1.52$rad，$L' = 144.96$mm

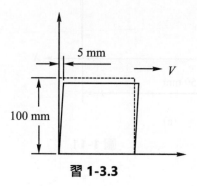

習 1-3.3

重點公式：

應力 (stress)

$$正應力\ \sigma = \frac{P}{A}\ (作用力與截面垂直)$$

$$承應力\ \sigma_b = \frac{P}{d \times t}\ (作用力與投影面垂直)$$

$$剪應力\ \tau = \frac{P}{A}\ (作用力與截面平行)$$

應變 (strain)

$$正應變\ \varepsilon = \frac{\delta}{L}$$

$$剪應變\ \gamma = \frac{\delta_s}{L} \fallingdotseq \frac{\pi}{2} - \theta'$$

學後 總 評量

基本習題

- **P1-1**：設計機構時，應使構件具有足夠的_____，_____和_____，才能確保整個機構的安全。

- **P1-2**：何謂穩定性？試舉一機構中的構件是特別要求穩定性。

- **P1-3**：一根均勻的剛體桿件，在 B、D 兩端分別以 AB、CD 兩根木桿懸吊著如圖(P1-3)所示，求在負荷 6kN 的作用下，對 AB、CD 二根木桿所產生的應力各為多少，才能確保整個機構的安全？其中 AB 桿與 CD 桿截面分別為 $12mm^2$，$8mm^2$。

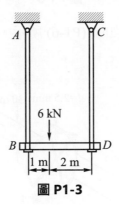

圖 P1-3

- **P1-4**：一根鋁棒受到 50kN 的拉力作用，若其允許應力 $\sigma = 150MPa$，且自重忽略不計，試求鋁棒的最小直徑 $d = ?$

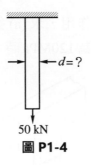

圖 P1-4

- **P1-5**：一根不同截面之鐵棒，若自重忽略不計，每一段軸向應力皆不超過 200MPa 則各段之直徑至少要多少？

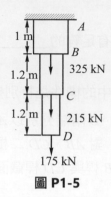

圖 **P1-5**

- **1-6**：考慮二軸以萬向接頭銜接如圖 (P1-6) 所示，在拉力 5kN 的作用下，對兩軸與銷 *A* 產生的應力各為多少？

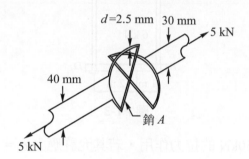

圖 **P1-6**

- **P1-7**：已知連桿 *AB* 受拉力 27kN 作用，求 (a) 銷之平均剪應力為 100MPa 時，銷之直徑 *d*？ (b) 桿之最大平均正應力為 120MPa 時，桿之寬度 *b*？ (c) 桿之相對承應力。

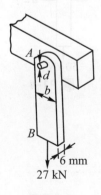

圖 **P1-7**

- **P1-8**：一根剛體在 B 與 C 兩點以鋼索 BD 與 CE 懸吊著，若重物 W 向下位移了 10mm，則求在此重物負荷下對鋼索 BD 與 CE 所產生的正應變各為多少？如圖 (P1-8) 所示。

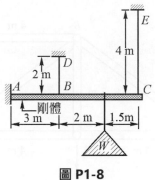

圖 **P1-8**

- **P1-9**：一平板如圖 (P1-9) 所示，若產生如虛線的位移，則平板的平均剪應變為何？

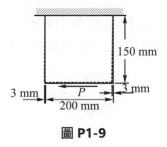

圖 **P1-9**

進階習題

- **P1-10**：一柱在頂面承受 10kN 的軸向壓力，假如其截面尺寸如圖 (P1-10) 所示，試求 $a\text{-}a$ 截面之平均正應力。

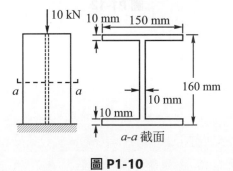

圖 **P1-10**

- **P1-11**：有一桁架如圖 (P1-11) 所示，若在 A、B 兩點各有 8kN，6kN 的力量作用，試求對各根桿件造成正應力為何？(需標註出為拉應力或壓應力) 其中各桿截面積均為 $1.25cm^2$。

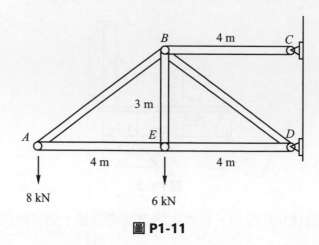

圖 P1-11

- **P1-12**：如圖 (P1-12) 中所所示之柱密度為 $20Mg/m^3$，若頂點 B 承受 150kN 之軸向壓力作用下，試決定距離底端 z 處之正應力表示式為何？(此處需考慮柱的重量)

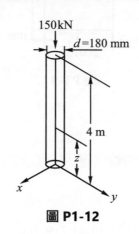

圖 P1-12

- **P1-13**：一根螺絲鎖住一片寬度為 30mm 之面板，若螺絲承受 5kN 之軸向力，試決定

  (a) 對螺桿造成之正應力。

  (b) 面板中沿著 *a-a* 圓柱截面 (即螺桿圓周乘以面寬) 之平均剪應力，如圖 (P1-13) 所示。

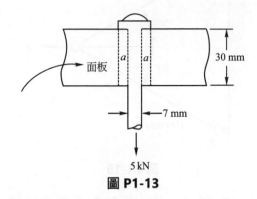

圖 **P1-13**

- **P1-14**：以二根螺絲固定住三塊平板如圖 (P1-14) 所示，試求螺絲之平均剪應力 $\tau = 80\text{MPa}$ 情況下，螺絲直徑為何？

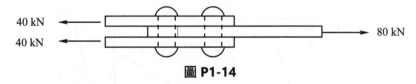

圖 **P1-14**

- **P1-15**：一根細長桿件隨著溫度之變化而產生軸向應變 $\varepsilon = 40 \times 10^{-3} Z^{\frac{1}{2}}$ (這裡的 Z 單位為公尺 m)，試求

  (a) 隨溫度升高造成點之位移量 δ_B？

  (b) 桿件之平均應變？其中桿件全長 $L = 200\text{mm}$。

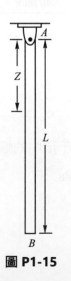

圖 **P1-15**

- **P1-16**：二條鐵索以扣環 A 連接住，並在 A 點施以拉力 P 使 A 點水平向右位移 6mm，試求此負荷 P 對鐵索造成之正應變為何？如圖 (P1-16) 所示。

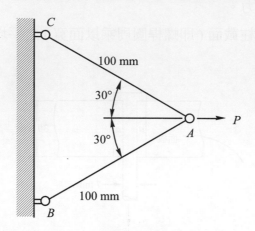

圖 P1-16

- **P1-17**：一平板如圖 (P1-17) 所示，若平板移動至虛線位置，且對角線長 AB' 變為 50.05mm，則此時剪應變 γ_{xy} 為何？

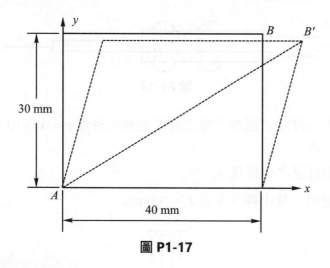

圖 P1-17

解答

P1-1   強度，剛度，穩定性

P1-2   例如：內燃機中的挺桿、千斤頂中的螺桿等

P1-3 σ_{ab} = 333.3MPa，σ_{cd} = 250MPa

P1-4 d = 20.6mm

P1-5 $d_{AB} = 48.2\text{mm}$ ，$d_{BC} = 16\text{mm}$ ，$d_{CD} = 33.4\text{mm}$

P1-6   軸：$\sigma_{40mm} = 3.98\text{MPa}$

   $\sigma_{30mm} = 7.07\text{MPa}$

   銷：$\tau_{平均} = 509\text{MPa}$

P1-7 $d_{銷} = 16\text{mm}$

   $B_{桿} = 43.8\text{mm}$

   $\sigma_b = 208.3\text{MPa}$

P1-8 $\varepsilon_{bd} = 0.003\text{mm/mm}$ ，$\varepsilon_{ce} = 0.00325\text{mm/mm}$

P1-9 $\gamma_{xy} = 0.02\text{rad}$

P1-10 $\sigma = 2.3\text{MPa}$ 壓應力

P1-11 $\sigma_{ab} = 107\text{MPa}$ 拉，$\sigma_{ae} = 85.3\text{MPa}$ 壓，$\sigma_{ed} = 85.3\text{MPa}$ 壓

   $\sigma_{eb} = 480\text{MPa}$ 拉，$\sigma_{bc} = 24\text{MPa}$ 拉，$\sigma_{bd} = 187\text{MPa}$ 壓

P1-12 $\sigma = (6.68 - 0.2z)\text{KPa}$

P1-13 (a) $\sigma = 130\text{MPa}$ 拉，(b) $\tau_a = 7.58\text{MPa}$

P1-14 $d = 17.85\text{mm}$

P1-15 (a) $\delta_b = 2.39\text{mm}$ 向下，(b) $\varepsilon_{平均} = 0.0119\text{mm/mm}$

P1-16 $\varepsilon = 8.86 \times 10^{-3}\text{mm/mm}$

P1-17 $\gamma_{xy} = 0.002\text{rad}$

Mechanics of Materials

第 **02** 章

軸向負荷

學習目標

1. 瞭解材料在拉伸試驗時的機械性質。
2. 瞭解材料在軸向負荷下變形量與材料的材質、尺寸及載重大小的關係。
3. 瞭解因變形產生的靜不定現象。
4. 瞭解何謂材料之應變能。
5. 瞭解何謂塑性變形。

2-1 材料拉伸時的機械性質

在第一章中我們大抵已瞭解，材料中應力與應變所代表的意義了，這時你會產生一個疑問：應力與應變是否有關連呢？事實上，它們之間的關係，我們可藉由拉伸試驗來獲得。使用圖 (2-1) 中所示之拉伸試驗機，和圖 (2-2) 的標準測試桿件，首先把測試桿件中央斷面積 A_0 求出來，再將此部分兩端打上記號，稱試驗標記 (gage marks)，其距離 L_0，稱為試驗長度 (gage length)。

圖 2-1　拉伸試驗機

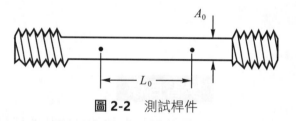

圖 2-2　測試桿件

然後將此試桿置於試驗機中，施予一軸向載重 P，隨著 P 之增加，兩試驗標記間距離 L 亦隨之增加，此一距離可藉由針盤量規 (dial gage) 量得，再將對應每個負荷 P 所造成的變形量 $\delta = L - L_0$ 記錄下來，藉由 P、δ 之讀數，算出應力 σ(以 P 除以原截面積 A_0) 和應變 ε(以 δ 除以原長度 L_0)，最後以 ε 為橫座標，σ 為縱座標，畫出應力 - 應變圖。

這裡要注意的是各材料之應力 - 應變圖皆不相同，其變化的範圍很廣，就是同一材料作不同的拉力試驗亦可能產生不同的結果，端看試件之溫度和載重速率而定。

然而，我們可在各群材料之應力 - 應變圖中區分出某些共同特性，據此將材料分成兩大類，即延性材料 (ductile materials) 和脆性材料 (brittle materials)。

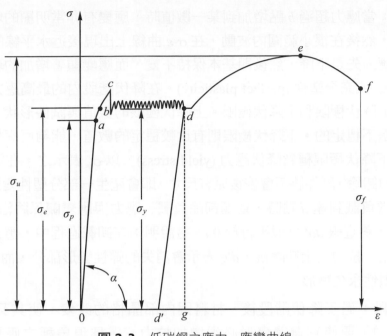

圖 2-3 低碳鋼之應力 - 應變曲線

一、延性材料 (ductile materials)

此類材料 (包括各種金屬合金及結構鋼) 的特徵為在常溫下會有降伏 (Yielding) 之現象。我們舉一個低碳鋼的應力 - 應變曲線如圖 (2-3) 所示來加以介紹：

1. **彈性階段：** 在拉伸的初始階段，σ 與 ε 之關係為直線 $0a$，這表示在這一階段內 σ 與 ε 成正比，即，$\sigma \propto \varepsilon$ 或者把它寫成等式

$$\sigma = E \times \varepsilon \tag{2-1}$$

這就是拉伸或壓縮時的虎克定律 (Hooke's law)，式中比例常數 E 值為與材料有關的彈性模數 (modulus of elasticity) 或稱為楊氏模數 (Young's modulus) 因為應變 ε 為無因次量，故 E 之單位與 σ 相同，通常使用 GPa(即 $10^9 \mathrm{N/m^2}$)，事實上，E 亦為直線 $0a$ 之斜率。而直線 $0a$ 之最高點 a 所對應的應力，以 σ_p 來表示，稱為比例極限 (proportional limite)，也就是說，當應力低於比例極限時，應力與應變成正比，材料符合虎克定律。

超過比例極限後，從 a 點到 b 點，σ 與 ε 的關係不再是直線，但變形仍屬於彈性的，即當載重卸除後，變形將完全消除，材料恢復原狀。b 點所對應的應力便為材料彈性變形的極限值，用 σ_e 來表示 (Elastic limit)，在 σ-ε 的曲線上，a、b 兩點非常之接近，所以工程上對彈性極限與比例極限並不嚴格區分，因而也經常說，當應力低於彈性極限時，σ 與 ε 成正比，材料符合虎克定律。

2. **降伏階段：**當應力超過 b 點增加到某一數值時，應變有非常明顯的增加，而應力先是下降，然後在很小範圍內波動，在 σ-ε 曲線上出現接近水平線的小鋸齒形線段。這種應力先是下降，然後即基本保持不變，而應變顯著增加的現象，稱為降伏 (yielding) 或完全塑性 (perfect plasticity)。在降伏階段內的最高應力和最低應力分別稱為上降伏極限和下降伏極限。上降伏極限的數值與試件形狀、載重速率有關，一般是不穩定的。下降伏極限則有比較穩定的數值，能夠反應材料的性質。通常就把下降伏極限稱為降伏應力 (yield stress)，以 σ_y 表示之。在這一階段，如把試件拉力卸除，試件將不會恢復原有尺寸，即會產生一部分塑性變形，如圖 (2-3) 中所示，當負載到達 d 點時，逐漸卸除負載，應力與應變關係將沿著斜直線 dd' 回到 d' 點。斜直線 dd' 近似平行於 $0a$。這說明：在卸載過程中，應力和應變按直線規律變化。拉力完全卸除後，$d'g$ 表示會消失的彈性變形部分，而 $0d'$ 則表示不會消失的塑性永久變形。

3. **再硬化階段：**過了降伏階段後，材料因內部晶格的改變，使其又恢復了抵抗變形之能力，要使它繼續變形必須增加拉力。這種現象稱之應變硬化 (strain hardening)，此硬化過程中最大應力值即稱為極限應力 (ultimate stress) 以 σ_u 表示之，此時在硬化的過程中，試件的橫向尺寸有明顯的減小。

4. **局部變形階段：**過了 e 點後，在試件的某一局部範圍內，橫向尺寸突然急劇縮小，形成頸縮 (necking)。由於在頸縮過程中，橫截面積迅速縮小，使試件繼續伸長所需要的拉力也相對減少。在應力 - 應變圖中，用橫截面積 A 算出之應力 $\sigma = \dfrac{P}{A}$ 隨之下降，降至 f 點試件被拉斷，此時對應的應力即稱為破壞應力 (fracture stress) 以 σ_f 表示。因為應力到達極限應力後，試件出現頸縮現象，隨後即被拉斷，所以極限應力 σ_u 為衡量材料強度的重要指標。

　　圖 (2-3) 中是典型的延性材料 (低碳鋼) 之應力 - 應變圖，但工程上常用的塑性材料，除低碳鋼外，還有中碳鋼，某些高碳鋼和合金鋼、鋁合金、青銅、黃銅等。圖 (2-4) 中是幾種延性材料的 σ-ε 曲線。其中有些材料，如 $16M_n$ 鋼，和低碳鋼一樣，有明顯的彈性階段、降伏階段、強化階段和局部變形階段，有些材料，如黃銅，沒有降伏階段，但其他三段卻很明顯。還有些材料，如高碳鋼，沒有降伏階段和局部變形階段，只有彈性階段及強化階段。

　　對於沒有明顯降伏階段的延性材料，通常以產生 0.2% 的塑性應變所對應的應力作為降伏應力，以 $\sigma_y^{0.2}$ 表示之，此法稱之偏位法 (offset method)。如圖 (2-5) 所示。

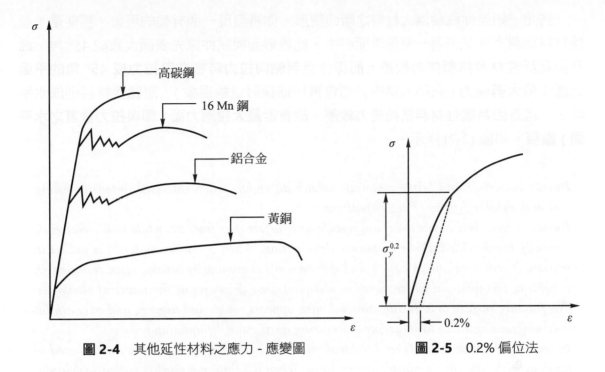

圖 2-4 其他延性材料之應力 - 應變圖　　　　圖 2-5 0.2% 偏位法

二、脆性材料 (brittle material)

此類材料的特徵是其 σ-ε 曲線中，沒有降伏與頸縮現象，拉斷前其應變值很小，如圖 (2-6) 所示的灰口鑄鐵之 σ-ε 圖。

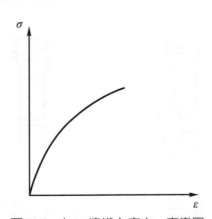

圖 2-6 灰口鑄鐵之應力 - 應變圖

由於鑄鐵的 σ-ε 圖沒有明顯的直線部分。故其彈性模數的數值會隨著應力大小而變。但在工程上鑄鐵的拉應力不能太大，而在較低的拉應力下，則可近似地認為變形符合虎克定律。通常取 σ-ε 曲線之切線來代替線性部分，而此切線之斜率即當成彈性模數。鑄鐵在拉斷時，其破裂應力即為極限應力，故此一應力為衡量強度的唯一指標。

到此，如果你檢驗兩大材料之斷口情形，你將發現一個有趣的現象，那便是：延性材料斷裂方式是沿著一錐形表面發生，此錐形面與試件原先表面大致成 45° 角，**此乃因為延性材料抗剪能力較差，而桿件受到軸向拉力時會在與拉力成 45° 角的平面上產生最大剪應力**（在第六章中我們會再仔細探討這些現象），而脆性材料則成水平斷裂，這是因為脆性材料抗拉能力較差，故會從最大拉應力面（即與拉力垂直之水平面）斷裂。如圖 (2-7) 所示。

Ductile materials and brittle materials behave differently when subjected to tensile testing and may exhibit different fracture patterns.

Ductile materials are able to deform significantly before they fracture, while brittle materials typically break with little or no plastic deformation. When a ductile material is pulled in tension, it will continue to stretch and deform until it eventually breaks, often resulting in a necking phenomenon where the cross-sectional area decreases as the material elongates. The fracture surface of a ductile material often appears rough and uneven, and may exhibit a 45-degree angle due to shear forces occurring during the deformation process.

In contrast, brittle materials tend to break suddenly and catastrophically when subjected to tension, with little or no plastic deformation. When a brittle material is pulled in tension, it will crack and fracture almost immediately. The fracture surface of a brittle material is typically smooth and flat, and may exhibit a 0-degree angle due to the fact that the fracture occurred perpendicular to the direction of the applied force. We will discuss this result in detail in Chapter 6.

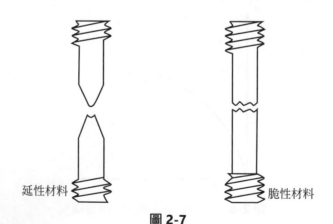

延性材料　　　　　　脆性材料

圖 2-7

除了以 σ-ε 曲線來判斷材料為脆性或延性外，通常我們亦可由延伸率或斷面收縮率來判定，以下便為此二種材料性質之定義。

△延伸率 (Elongation)

一般低碳鋼之延伸率平均值約等於 20% ～ 30%，而工程上則把延伸率 > 5% 的材料稱為延性材料，如碳鋼、黃銅、鋁合金等；而把延伸率 < 5% 的材料稱為脆性材料，如灰鑄鐵、玻璃、陶瓷等。

Elongation, also known as elongation at break or percent elongation, is a measure of a material's ability to deform or stretch before breaking. It is defined as the percentage increase in length of a material specimen that has been stretched to its breaking point during a tensile test, relative to its original length.

在各類碳鋼中隨含碳量的增加，降伏應力與極限應力相對增高，但延展性較差，而延展性可藉由延伸率之定義來判定，所謂延伸率 (percent elongation) 即指：試件拉斷後，桿長 L_f 與原始長度 L_0 之變化百分比

$$延伸率 = \frac{L_f - L_0}{L_0} \times 100\% \tag{2-2}$$

一般低碳鋼之延伸率平均值約等於 20% ～ 30%，而工程上則把延伸率 > 5% 的材料稱為延性材料，如碳鋼、黃銅、鋁合金等；而把延伸率 < 5% 的材料稱為脆性材料，如灰鑄鐵、玻璃、陶瓷等。

The elongation of a material is an important mechanical property that can help to indicate its ductility and toughness. Ductile materials, such as metals and plastics, have a high elongation (> 5%) before breaking, meaning that they can be stretched or deformed significantly without fracturing. In contrast, brittle materials, such as ceramics and some glasses, have a low elongation(< 0.5%)before breaking, meaning that they fracture with little deformation.

Elongation can be calculated using the following formula:

$$Elongation(\%) = \frac{L_f - L_0}{L_0} \times 100\%$$

Where L_f "Final gauge length" is the length of the specimen at the point of fracture and L_0 "Original gauge length" is the initial length of the specimen before testing. The elongation value is typically reported as a percentage.

△截面收縮率 (Percent reduction of area)

此時尚有一種判定延展性的方法，稱之截面收縮率 (Percent reduction of area) 定義如下

$$截面收縮率 = \frac{A_0 - A_f}{A_0} \times 100\% \tag{2-3}$$

其中 A_0 為原試件面積，A_f 為頸縮斷裂後最小截面面積。

綜合上述，衡量材料機械性質的重要指標有：比例限度 (或彈性限度)σ_p，降伏應力 σ_y，極限應力 σ_u，彈性模數 E，延伸率等，附錄 B 列出了幾種常用材料在常溫、固定負載下 σ_y，σ_u 與延伸率等機械性質。

The reduction of area is an important mechanical property that provides information on the ability of a material to resist deformation and fracture. Ductile materials generally have a high reduction of area, indicating that they can undergo significant plastic deformation before fracturing. In contrast, brittle materials tend to have a low reduction of area, indicating that they fracture with little deformation.

The reduction of area can be calculated using the following formula:

$$Reduction\ of\ area(\%) = \frac{A_0 - A_f}{A_0} \times 100\%$$

Where A_0 "Original cross-sectional area" is the initial cross-sectional area of the specimen before testing and A_f "Final cross-sectional area" is the cross-sectional area of the specimen at the point of fracture. The reduction of area value is typically reported as a percentage.

例題 2-1

測試飛機中零件鋁合金得其彈性係數 $E = 69\text{GPa}$，試求在彈性限度內，當應力 $\sigma = 300\text{MPa}$ 時，其對應的應變值為何？若桿長 2m 則產生的變形量 δ 為何？

解

(1) 由式子 (2-1) 可得

$$\sigma = E \times \varepsilon$$

$$\varepsilon = \frac{\sigma}{E}$$

則 $$e = \frac{300 \times 10^6}{69 \times 10^9} = 4.35 \times 10^{-3}\,\text{m/m}$$

$$\varepsilon = 0.004\text{m/m}$$

(2) 由 $\varepsilon = \dfrac{\delta}{L}$

$$\delta = \varepsilon \times L$$

得　$\delta = \varepsilon \times L = 0.0087\text{m} = 8.7\text{mm}$ ◪

--- 例題 **2-2** |--

測試飛機中零件鋁合金之機械性質,獲得其應力 - 應變曲線如圖 (2-8) 所示,試求其彈性係數 E。

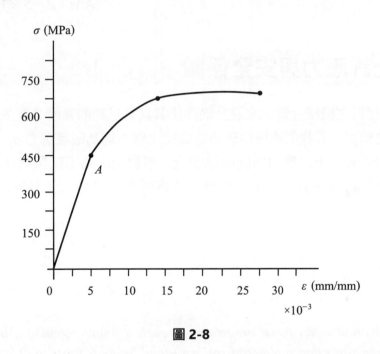

圖 2-8

解

首先針對線性部分 $\overline{OA}$,求此直線之斜率獲得彈性係數 E,依式子 (2-1) 得

$$E = \frac{\sigma_p}{\varepsilon_p}$$

觀察圖 (2-8) 得 A 點之坐標:

$\sigma_p = 450\text{MPa}$

$\varepsilon_p = 5 \times 10^{-3}\text{mm/mm}$

故　$E = \dfrac{450}{4 \times 10^{-3}}$

$E = 90\text{GPa}$ ◪

學生練習

2-1.1　一材料在拉伸測試時，比例限度 $\sigma_p = 80\text{MPa}$，對應出其應變為 $\varepsilon = 0.0005\text{mm/mm}$，試求此材料的彈性係數 $E = ?$

Ans：$E = 160\text{GPa}$

2-1.2 鋼桿彈性係數 $E = 200\text{GPa}$，試問若負荷應力 $\sigma = 100\text{MPa}$ 小於比例限度 σ_p 時，在此負荷下應變 ε 為何？此時，若桿長 2m 則其變形量 $\delta = ?$

Ans：$\varepsilon = 5 \times 10^{-4}$，$\delta = 1\text{mm}$

2-2 ｜ 允許應力與安全係數

　　如何藉由材料之機械性質，來設計構件使其具有足夠的強度？首先我們討論軸向拉 (壓) 桿件之情況，若我們將桿件破壞斷裂時之應力稱為破壞應力 σ_f，則我們知道，桿件必須承受比 σ_f 更小之應力方能確保安全。事實上，為了確保構件之安全，我們通常把破壞應力除以一個大於 1 之係數，並將所得結果稱為允許應力 σ_{all}(allowable stress)。即

$$\sigma_{\text{all}} = \frac{\sigma_f}{n}$$

Allowable stress and safety factor are related through a simple equation. Allowable stress is the maximum stress that a material can withstand before it starts to deform plastically or break. Safety factor is a numerical factor that represents the ratio between the maximum allowable stress and the fracture stress that the material is subjected to.

The relationship between allowable stress and safety factor can be expressed as:

Allowable stress $\sigma_{all} = \dfrac{\sigma_f}{n}$

Where σ_f: Fracture stress; n: Factor of safety

　　式中 σ_f 對脆性材料而言，因其在破壞前無明顯之塑性變形，故 σ_f 直接取用拉伸試驗中之破壞應力；若對延性材料，因材料有明顯之塑性變形的現象，亦即當材料超過降伏應力時，會因塑性變形而嚴重影響其正常運作。故一般認為此時材料已經破壞，故把降伏應力 σ_y 當成延性材料之破壞應力。

$$\text{脆性材料：} \sigma_{\text{all}} = \frac{\sigma_f (\text{破壞應力})}{n}$$

$$\text{延性材料：} \sigma_{\text{all}} = \frac{\sigma_y (\text{降伏應力})}{n} \tag{2-4}$$

式子 (2-4) 便是設計構件的重要依據，而 n 值則是有名的安全係數 (factor of safety)。

The relationship between allowable stress and safety factor for brittle and ductile materials can be expressed as:

For brittle materials: $\sigma_{all} = \dfrac{\sigma_f}{n}$; *Allowable stress = Ultimate stress/Safety factor*

For ductile materials: $\sigma_{all} = \dfrac{\sigma_y}{n}$ *Allowable stress = Yield stress/Safety factor*

where "Ultimate stress" is the maximum stress a material can withstand before fracture and "Yield stress" is the stress at which a material begins to deform plastically. The safety factor is typically chosen to ensure that the material does not fail under expected loading conditions.

　　我們知道安全係數之選取，直接影響允許應力的大小，故如何決定適當的安全係數，以適用於各種場合，便是工程師最重要的工作，如果安全係數太小，允許應力接近破壞應力，則材料產生破裂的可能性過大，令人難以接受，但如安全係數太大，則設計出之產品又可能不合經濟效應甚至對整體產生不良影響，故安全係數必須綜合各方面考慮因素而作判定。

　　決定完安全係數後，我們便得到材料之允許應力，而根據此一應力則可從三方面來解決材料的強度問題。

1. **強度檢驗**：若已知材料之尺寸、負荷便可計算出材料之應力看是否在允許應力之下，也就是達到強度的要求。

2. **截面設計**：若已知材料之負荷，則可藉由允許應力來反算出材料之最小截面積，即材料之尺寸大小。

3. **允許負荷**：若已知材料之尺寸截面，則可算出達到允許應力下之最大負荷即允許負荷。

　　現在我們舉一例題來試試看以上所提到的觀念你是否清楚。

--- **例題** **2-3** ---

鋼桿的降伏應力 $\sigma_y = 300\text{MPa}$，試問在安全係數 $n = 4$ 的條件下：

(1) 鋼桿的允許應力 $\sigma_{\text{all}} = ?$

(2) 若鋼桿為圓形截面且其直徑 $d = 80\text{mm}$，則在軸向拉力 400kN 作用下，造成的應力 σ 是否比允許應力 σ_{all} 大？

(3) 若答案 (2) 中桿件應力 σ 大於允許應力 σ_{all} 致使材料設計上不安全，則有何種補救的方法？

解

(1) 首先代公式 (2-4) 求出允許應力 σ_{all}

$$\sigma_{\text{all}} = \frac{300}{4} = 75\text{MPa}$$

(2) 算出軸向拉力 400kN 對桿件造成的應力 σ

$$\sigma = \frac{P}{A} = \frac{400 \times 10^3}{\frac{1}{4}\pi(80)^2} = 79.6\text{MPa}$$

79.6Mpa > 75MPa

即 $\sigma > \sigma_{\text{all}}$

(3) 由於答案 (2) 中負荷造成的應力 σ 大於允許應力 σ_{all}，致使桿件不安全，故補救之法有二：

① 降低負荷：

將原負荷 400kN 降為 P' 則造成的應力 σ' 為：

$$\sigma' = \frac{P'}{A} = \frac{P'}{\frac{1}{4}\pi(80)^2} < 75\text{MPa} \ ; \ P' < 376.8\text{kN}$$

$P' < 376.8\text{kN}$

故負荷必須小於 376.8kN

② 增大截面積：

將桿件原直徑 $d = 80\text{mm}$ 增大至 d'，則造成的應力 σ' 為

$$\sigma' = \frac{P}{A'} = \frac{400 \times 10^3}{\frac{1}{4}\pi d'^2} < 75\text{MPa} \ ; \ d' > 82.4\text{mm}$$

故鋼桿直徑 d' 必須大於 82.4mm

③ 選擇低合金高強度的鋼材來增加其降伏強度 σ_y

---- **例題** **2-4** ---

氣動夾具如圖 (2-9a) 所示，已知氣缸內徑 $D = 140\text{mm}$，缸內氣壓 $p = 0.6\text{MPa}$。活塞桿材料為合金鋼其降伏應力與極限應力分別為 $\sigma_y = 539\text{MPa}$，$\sigma_u = 834\text{MPa}$，則在安全係數 5 的考慮下：

(1) 若活塞桿直徑 10mm 之情況下其安全性如何？

(2) 若不安全則活塞桿直徑應至少加大至多少才能安全？

(3) 若不安全，在活塞桿尺寸不變的情況下，氣體壓力 P 必須降低至多少才能保證安全？

解

由於合金鋼為延性材料故當材料降伏時便可視其材料已破壞，因此允許應力 σ_{all}(由式子 (2-4)

$$\sigma_{\text{all}} = \frac{\sigma_y}{n} = \frac{539 \times 10^6}{5} = 107.8\text{MPa}$$

(1) 活塞桿承受之拉力 P 圖 (2-9b)

$$P = p \times \frac{1}{4}\pi D^2 \ (\text{這裡省略活塞桿之面積})$$

$$P = 0.6 \times \frac{1}{4} \times \pi \times 140^2$$

$$P = 9.236\text{kN}$$

活塞桿之面積

$$A = \frac{1}{4}\pi d^2 = \frac{1}{4}\pi \times 0.01^2 = 78.54 \times 10^{-6}\,\text{m}^2$$

故活塞桿承受之應力大小

$$\sigma = \frac{P}{A} = \frac{9.236 \times 10^3}{78.54 \times 10^{-6}} = 117.59\text{MPa}$$

因 $117.59 > 107.8$；$\sigma > \sigma_{\text{all}}$ 故不安全。

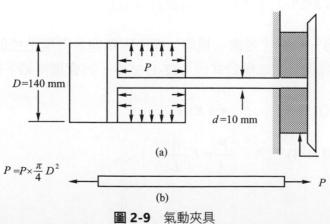

(a)

$$P = P \times \frac{\pi}{4}D^2$$

(b)

圖 2-9 氣動夾具

(2) 要安全則

$\sigma < \sigma_{\text{all}}$

故

$$\frac{9.236 \times 10^3}{A} < 107.8 \times 10^6$$

$$A > 85.677 \times 10^{-6}$$

$$\frac{1}{4}\pi d^2 > 85.677 \times 10^{-6}$$

$$d > 10.44\text{mm}$$

故直徑至少要 10.44mm

(3) 要安全則

$\sigma < \sigma_{\text{all}}$

故

$$\frac{P}{78.54 \times 10^{-6}} < 107.8 \times 10^6$$

$$P < 8466.612\text{N}$$

$$p \times \frac{1}{4}\pi 140^2 \times 10^{-6} < 8466.612$$

$$p < 0.55\text{MPa}$$

故氣壓必須降到 0.55MPa 以下

學生練習

2-2.1 某材料矩形截面邊長 15mm × 10mm，若其極限應力為 650MPa，則在安全係數 3.5 的考慮下，其允許軸向負荷 P 為何？

Ans：$P = 27.9$kN

2-3 軸向負荷下桿件之變形量

讓我們回到第一章裡，考慮一根均勻桿件因軸向負荷所造成的應力與應變公式 (1-1) 與 (1-4)。若我們將這二個公式代入 (2-1) 式中，將會獲得如下結果：

(2-1) 式中　　　　$\sigma = E \cdot \varepsilon$

(1-1) 與 (1-4) 代入　　$\dfrac{P}{A} = E \cdot \dfrac{\delta}{L}$

則 $$\delta = \frac{PL}{EA} \tag{2-5}$$

在此公式裡，我們必須注意的是：

1. 桿件為均質 (E 值一定)，截面積亦為定值 (A 值固定)。

2. 負荷 P 造成之應力 σ 必須在比例限度內 (使式子 (2-1) 成立)。

3. 如桿件由不同材料組成，且各段截面積亦不相同時，整根桿件變形量將寫成各段變形量之總和，

$$\delta = \sum_i \frac{P_i L_i}{E_i A_i} \tag{2-6}$$

其中 P_i，L_i，A_i，E_i 代表 i 段內之內力、長度、面積、彈性模數。

4. 對長度相同，受力相等之桿件，EA 值越大則變形 δ 愈小，所以 EA 可稱為桿件的抗拉 (抗壓) 剛度。

The formula for axial elongation caused by an applied tensile force is typically given by:

$\delta = \frac{PL}{EA}$ *(2-5)*

where δ is the axial elongation,P is the applied tensile force, L is the original length of the bar, A is the cross-sectional area of the bar, and E is the modulus of elasticity of the material.

We must pay attention to this formula :

1. The bar is made of homogenous material.

2. The stress caused by the tensile force must be within the proportional limit, which means that is follow Hooke's law.(Formula 2-1)

3. The same general approach can be used when the bar consists of several prismatic segments, each having different axial forces P, different dimensions AL, and different materials E. Thee change in length may obtains from the equation 2-6

$\delta = \sum_i \frac{P_i L_i}{E_i A_i}$

4. The product EA is known as axial rigidity of the bar.

現在就讓我們舉個例題做做看吧！

--- 例題 **2-5** |--

長度 2m 鋼桿 (E = 200GPa)，若截面為矩形截面，且其邊長為 65mm × 100mm，則在 100kN 的軸向負荷拉力作用下，試求鋼桿的伸長量 δ。若要限制其伸長量 δ < 0.1mm，則負荷拉力必須如何？

解

由公式 (2-6) 中可知

$$\delta = \frac{PL}{EA}$$

其中 P = 100kN；L = 2m，E = 200GPa，A = 65 × 100 = 6500mm²，
則

$$\delta = \frac{100 \times 10^3 \times 2000}{200 \times 10^3 \times 65 \times 100}$$

$$\delta = 0.153\text{mm}$$

$$\frac{P' \times 2000}{200 \times 10^3 \times 65 \times 100} < 0.1 \ ; \ P' < 65\text{kN}$$

★注意這邊的單位計算：因為應力 Pa 單位極小故常以 MPa 表示之故若長度單位統一用 mm 力量單位為 N 則計算出應力即為 MPa 後續例題計算方式將沿用這樣的方式

--- 例題 **2-6** |--

考慮如圖 (2-10) 所示之鋼桿，若此根桿件由三段不同面積構成 A_{ab} = 200mm²，A_{bc} = 150mm²，A_{cd} = 100mm²，各段尺寸如圖所示，則在 B、C、D 三點軸向負荷下，對 B、C、D 三點造成的位移各為多少？鋼之彈性模數 E = 200GPa。

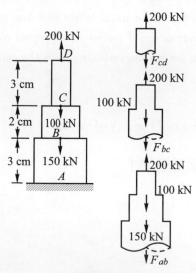

圖 2-10

解

首先畫自由體圖求各段內力：

$$200 - F_{cd} = 0$$

$$F_{cd} = 200\text{kN 拉}$$

$$200 - 100 - F_{bc} = 0$$

$$F_{bc} = 100\text{kN 拉}$$

$$200 - 100 - 150 - F_{ab} = 0$$

$$F_{ab} = -50\text{kN}$$

$$F_{ab} = 50\text{kN 壓}$$

由 (2-6) 式

$$\delta = \delta_b = \delta_{b/a} = \frac{-50 \times 10^3 \times 30}{200 \times 10^3 \times 200} = -0.375 = 0.0375\text{mm 向下}$$

(因為 F_{ab} 為壓力故位移向下即桿件 AB 縮短)

$$\delta_c = \delta_{c/b} + \delta_b$$

$$\delta_c = \frac{100 \times 10^3 \times 20}{200 \times 10^3 \times 150} + (-0.375)$$

$$\delta_c = 0.0292\text{mm 向上}$$

$$\delta_d = \delta_{d/c} + \delta_c$$

$$\delta_d = \frac{200 \times 10^3 \times 20}{200 \times 10^3 \times 100} = +0.0292$$

$$\delta_d = 0.3292\text{mm 向上 (此值亦為整根桿件之總伸長量)}$$

例題 2-7

一根剛性樑 AB 受到兩根桿件支撐如圖 (2-11a) 所示，若 AC 桿件為直徑 20mm 之鋼桿，BD 桿件為直徑 40mm 之鋁桿，試決定在剛性樑上 F 點施以 90kN 之負荷下，F 點向下位移量？若 $E_{鋼} = 200\text{GPa}$，$E_{鋁} = 70\text{GPa}$，且 AB 桿原先保持水平狀態。

解

首先畫出樑 AB 的自由體圖 (2-11b)，利用靜力平衡方程式，求兩桿件之內力：

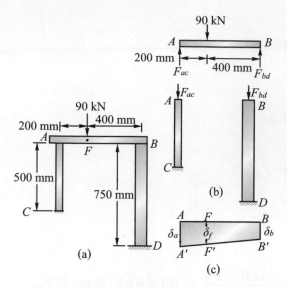

圖 2-11

$$\Sigma F_x = 0$$

$$\Sigma F_y = 0 , F_{ac} + F_{bd} - 90 = 0$$

$$\Sigma M_A = 0 ; 90 \times 200 = F_{bd} \times 600$$

$$F_{bd} = 30$$

故　$F_{ac} = 60\text{kN}\uparrow$，$F_{bd} = 30\text{kN}\uparrow$

再求出各桿件之變形量：

AC 桿：

$$\delta_a = \frac{-60 \times 10^3 \times 500}{200 \times 10^3 \times \frac{1}{4}\pi \times 20^2}$$

$$\delta_a = -0.477\text{mm} = 0.477\text{mm} \text{ 向下}$$

BD 桿：

$$\delta_b = \frac{-30 \times 10^3 \times 750}{70 \times 10^3 \times \frac{1}{4}\pi \times 40^2}$$

$$\delta_b = -0.256\text{mm} = 0.256\text{mm} \text{ 向下}$$

根據位移圖 (2-11c) 得 δ_f

$$\delta_f = \delta_b + \delta_a - \delta_b \times \frac{0.4}{0.6}$$

$$\delta_f = 0.255\text{mm} + 0.222 \times \frac{0.4}{0.6}\text{mm}$$

$$\delta_f = 0.403\text{mm} \text{ 向下}$$

學生練習

2-3.1　試求下圖鋼桿 $E = 200\text{GPa}$ 在軸向負荷 200N 作用下，伸長量 δ 為何？

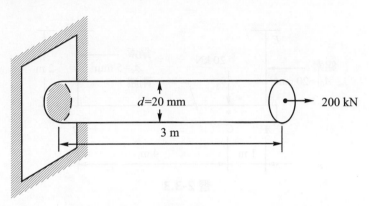

習 2-3.1

Ans：$\delta = 9.5 \times 10^{-3}\text{mm}$

2-3.2　試求下圖鋼桿 $E = 200\text{GPa}$ 中 BC 兩點的位移 δ_b 與 δ_C？

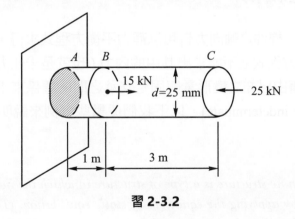

習 2-3.2

Ans：$\delta_b = 0.1\text{mm}$ 向左，$\delta_c = 0.4\text{mm}$ 向左

2-3.3　剛體桿件以鋼索和鋁索懸掛著，如圖 (2-3.3) 所示，試問在 20kN 的負荷作用下，兩索的伸長量與 C 點的位移量各為何？其中鋼索與鋁索的彈性係數 E 分別為 200GPa 與 70GPa。

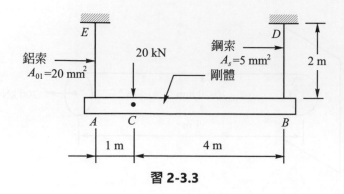

習 2-3.3

Ans：$\delta_{鋁} = 0.023\text{m}\downarrow$，$\delta_{鋼} = 0.008\text{m}\downarrow$，$\delta_c = 0.020\text{m}\downarrow$

2-4 靜不定結構

在前面的討論中，桿件之軸向力皆可以靜力平衡方程式求得，事實上，有許多問題，單是由靜力平衡方程式並不能求出其中的內力 (也就是未知力數目比靜力平衡方程式數目多)，必須藉由已知之變形量與固定支承之間的關係來求得，這類型的問題稱為靜不定 (statically indeterminate)，以下我們便舉些實例來說明如何處理這一類型的問題。

A statically indeterminate structure is a type of structure in which the internal forces cannot be determined solely by applying the equations of static equilibrium. (This is because there are more unknown forces than there are equilibrium equations available.)
In other words, a statically indeterminate structure has more support reactions or internal forces than can be determined using the equations of equilibrium alone. This means that additional information or equations are required to solve for all of the internal forces.

在軸向負載靜不定的情況中我們舉些例題來說明如何處理。

▲類型一：利用幾何位置求各桿受力與變形

--- 例題 2-8

一根柱子，上下兩端皆固定住，且由鋁與鋼兩種金屬組合而成，若在連接處承受著 200kN 向下負荷，試問上下兩固定端對柱子造成的反作用力各若干？其中柱為均勻截面，且截面積為 500cm²。

解

首先畫出柱 AB 的自由體圖 (2-12b) 並列出靜力平衡方程式：

$\Sigma F_x = 0$；$0 = 0$

$\Sigma F_y = 0$；$R_A + R_B = 200\text{kN}$ ①

$\Sigma M_A = 0$；$0 = 0$

由上式可知方程式數目為 $1(\Sigma F_y = 0)$，而未知數數目為 $2(R_A，R_B)$，故為靜不定結構。

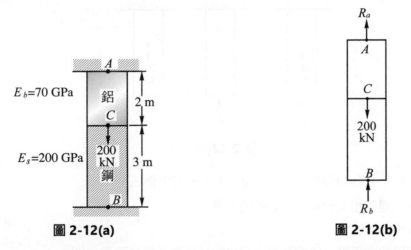

圖 2-12(a)　　　　　圖 2-12(b)

解決方法有 2 種，係介紹如下：

(1) 位移法

因 AB 桿為連續桿件，故 AC 段之總變形量 δ_1 應該和 BC 段之總變形量 δ_2 相等，即 AC 段之 δ_1 為

$$\delta_1 = \frac{R_a \times 2000}{70 \times 10^3 \times A} \downarrow$$

BC 段之 δ_2 為

$$\delta_2 = \frac{R_b \times 3000}{200 \times 10^3 \times A} \downarrow$$

$\delta_1 = \delta_2$

$$\frac{R_a \times 2000}{70 \times 10^3 \times A} = \frac{R_b \times 3000}{200 \times 10^3 \times A}$$

$R_a = 0.525 R_b$

代入靜力平衡方程式得

$R_a = 68.9 \text{kN} \uparrow$，$R_b = 131.1 \text{kN} \uparrow$

AC 桿之應力

$$\sigma_{ac} = \frac{R_a}{A} = \frac{68.9 \times 10^3}{500 \times 10^2} = 1.378 \text{MPa} \text{ 拉伸}$$

BC 桿之應力

$$\sigma_{bc} = \frac{-R_b}{A} = \frac{-131.1 \times 10^3}{500 \times 10^2} = -2.625 \text{KPa} = 2.62 \text{MPa} \text{ 壓縮}$$

(2) 贅力法 (重疊法)

此法之步驟如下：

① 任選一支承，將此支承卸除，並將此端之反作用力當成外力作用於柱子上，如
圖 (2-12c)。

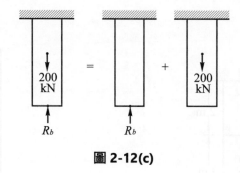

圖 2-12(c)

② 計算出柱子上各個負荷所造成的變形量 (使用重疊法)。

③ 將各別的變形相加形成柱子之總變形量

$\delta_b = \delta_1 + \delta_2$

④ 因為卸除的支承端，原本為固定端也就是此端並無位移量，即

$\delta_b = 0$，故

$$\frac{-R_b \times 2000}{70 \times 10^3 \times 500 \times 10^2} + \frac{-R_b \times 3000}{200 \times 10^3 \times 500 \times 10^2} + \frac{200 \times 10^3 \times 2000}{70 \times 10^3 \times 500 \times 10^2} = 0$$

$R_b = 131.1 \text{kN}$ 代入①式中，得

$R_a = 68.9 \text{kN}$

---- **例題** **2-9** |---

如圖 (2-13) 中直徑 350mm 之鋼筋混凝土的柱子內埋設 3 根直徑為 18mm 的鋼筋以增加其強度,求在承受 800kN 的壓力作用下造成混凝土與鋼筋之應力分別為多少?其中混凝土之 $E_c = 25$GPa 而鋼筋之 $E_s = 200$GPa。

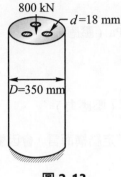

800 kN

d=18 mm

D=350 mm

圖 2-13

解

若假設混凝土承受力量為 P_c,而鋼筋承受力量為 P_s,則

$$P_c + P_s = 800 \times 10^3 \text{N}$$

因鋼筋與混凝土為複合體,故其個別的變形量也要相同,即

$$\delta_c = \delta_s$$

$$\frac{R_c \times L}{E_c A_c} = \frac{R_s \times L}{E_s A_s}$$

其中鋼筋之面積

$$A_s = 3 \times \frac{1}{4} \pi \times 18^2 = 763.4 \text{mm}^2$$

混凝土面積

$$A_c = \frac{1}{4} \pi \times 350^2 - 763.4 = 95447.9 \text{mm}^2$$

所以

$$\frac{R_c \times L}{25 \times 10^3 \times 95447.9} = \frac{R_s \times L}{200 \times 10^3 \times 763.4}$$

$$P_c = 15.63 P_s$$

因

$$P_c + P_s = 800 \times 10^3 \text{N}$$

故

$$15.63P_s + P_s = 800 \times 10^3 \text{N}$$

$$P_s = 48.1 \text{kN}$$

$$P_c = 751.9 \text{kN}$$

混凝土承受之應力為：

$$\sigma_c = \frac{P_c}{A_c} = \frac{751.9 \times 10^3}{95447.9} = 7.9 \text{MPa}（壓應力）$$

鋼筋承受之應力為：

$$\sigma_s = \frac{P_s}{A_s} = \frac{48.1 \times 10^3}{763.4} = 63 \text{MPa}（壓應力）$$

※ 此外溫度變化與裝配誤差對靜不定結構而言，會因變形受到約束而引起構件的內力，並形成溫度應力與裝配應力。

▲類型二：桿件因溫度變化導致變形受到拘束而產生熱應力

桿件因為溫度變化所產生的變形量 δ

$$\delta = \alpha(T_2 - T_1)L$$

α：熱膨脹係數；L：桿件原長；$T_2 - T_1$：溫度變化

例題 2-10

如圖 2-14 長度 300mm 直徑 5mm 的實心鋁棒在溫度 (25℃) 的環境中與牆面有 0.5mm 的空隙，若環境溫度上升至 140℃時此時造成的熱應力？其中鋁棒截面積 A = 2000mm²；E = 75GPa；熱膨脹係數 $\alpha = 23 \times 10^{-6}$/℃

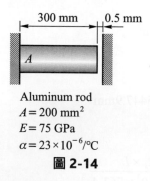

Aluminum rod
$A = 200 \text{ mm}^2$
$E = 75 \text{ GPa}$
$\alpha = 23 \times 10^{-6}/℃$

圖 2-14

解

首先針對因為溫度上升所導致鋁棒的伸長量

$$\delta = \alpha(T_2 - T_1)L = 23 \times 10^{-6} \times (140 - 25) \times 500 = 1.3225 \text{mm}$$

但因與牆面只有 0.5mm 的間隙故牆面會產生反作用力 R 使其有

$1.3225 - 0.5 = 0.8225 \text{mm}$；的壓縮變形量

$$0.8225 = \frac{R \times 500}{75 \times 10^3 \times 2000} \quad ; R = 246.75 \text{kN}$$

此時產生的熱應力 $\sigma = \dfrac{246750}{2000} = 123.375 \text{MPa}$

▲類型三：桿件因裝配而產生的裝配應力。如螺栓套管因裝配導致內應力

例題 2-11

如圖 2-15 所示，一鋁套管及鋼螺栓之組合。鋼螺栓之長度 $L = 20\text{mm}$，剖面積是 $A_s = 1\text{cm}^2$，螺紋之螺距 (pitch) $p = 0.3175\text{mm}$，鋁套管之剖面積是 $A_a = 2\text{cm}^2$，今如將螺帽旋轉 $\dfrac{1}{4}$ 轉 (見圖)，試問在鋼螺栓及鋁套管中各產生應力多少？(假設：$E_s = 200\text{GPa}$ 與 $E_a = 70\text{GPa}$)。

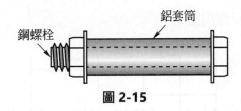

鋼螺栓　　　　　　　　　　鋁套筒

圖 2-15

解

當螺帽旋轉前進時套筒會對鋼螺栓產生拉力 P_s 導致最終平衡位置在 C 處 (螺帽前進 δ 減掉因此拉力 P_s 所產生的變形量 δ_s) 同時根據作用力等於反作用力此拉力等於對套筒壓力 P_a 即 $P_s = P_a$

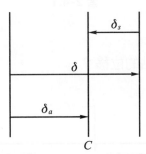

在螺帽旋轉四分之一圈後，螺帽前進 $\delta = \dfrac{1}{4} \times 0.3175 = 0.079375\text{mm}$

再由幾何位置可知 $\delta_a + \delta_s = \delta$

$$\frac{P_a L}{E_a A_a} + \frac{P_s L}{E_s A_s} = \delta \quad ; \text{可算出 } P_a = P_s = 20.6 \text{kN}$$

鋁套管 $\sigma = \dfrac{P_a}{A_a} = 102.9 \text{MPa}$ （壓）

鋼螺栓 $\sigma_s = \dfrac{P_s}{A_s} = 205.8 \text{MPa}$ （拉）

學生練習

2-4.1 兩段線彈性桿件結合在一起，端點 A 固定支撐 (fixed support) 於剛性牆面，端點 C 與另一剛性牆面間有一微小間隙 δ，如圖所示。兩段材料具有相同的彈性常數及長度 L，截面積分別為 $A_1 = A$、$A_2 = 1.5A$。若施加於接點 B 的軸力負載 P 使得端點 A、C 的支撐反力相等，求解間隙 δ 的長度。

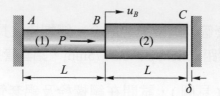

Ans：$\delta = \dfrac{PL}{6AE}$

2-4.2 試求下圖桿件的反作用力。

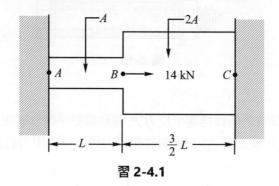

習 2-4.1

Ans：$R_a = 6\text{kN}\leftarrow$，$R_c = 8\text{kN}\leftarrow$

2-4.3 求下圖桿件中 B、C 兩點的位移？

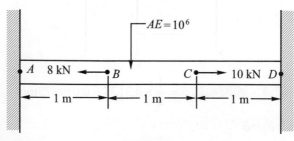

習 2-4.2

Ans：$\delta_B = 2\text{mm}\leftarrow$，$\delta_C = 4\text{mm}\rightarrow$

2-4.4 複合構件包含實心鋼桿與鋁桿其中鋼桿在固定端 A 與鋁桿在 C 端皆連接剛性牆面如圖所示若原本環境溫度 20℃ 在兩根桿件存有 0.8mm 的情況下環境溫度上升至幾度兩根桿件將碰觸？其中相關桿件性質鋼桿：$\alpha_s = 18 \times 10^{-6}/℃$，$E = 200GPa$，鋁桿 $\alpha_A = 23 \times 10^{-6}/℃$，$E = 70GPa$

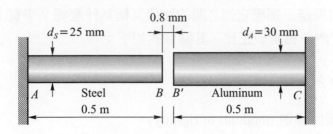

Ans：$T = 59℃$

2-4.5 承 2-4.4 若溫度上升至 80℃ 兩根桿件將產生多大內力，其溫度應力分別為何？

ANS：$P = 28.3kN$，$\sigma_s = 57.6MPa$ 壓，$\sigma_a = 40MPa$ 壓

2-4.6 試求下圖混泥土中的鋼筋至少要幾條方使混泥土的應力不超過 15MPa？若混泥土之 $E_c = 25GPa$，而每根鋼筋截面積皆為 $1000mm^2$，且 $E_s = 200GPa$。

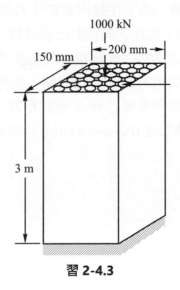

習 2-4.3

Ans：至少要 6 根

2-5 | 軸向拉伸下：E、G 及 v 之間的關係

根據式子 (2-1) 我們可知材料在彈性限度內正應力 σ 與正應變 ε 之間是成一個彈性係數 E 值的正比關係。聰明的你，是否聯想到：剪應力 τ 與剪應變 γ 在彈性限度內，是否也成正比？如果是，那麼它們之間的比值又稱為什麼呢？事實上，剪應力 τ 與剪應變 γ 在彈性限度內，確實成正比，其關係式如下：

$$\tau = G \times \gamma \tag{2-13}$$

其中 G 稱為剛性係數 (modulus of rigidity)。

> For values of the shearing stress that do not exceed the proportional limit in shear, we can therefore write for any homogeneous isotropic material,
> $\tau = G \times \gamma$ *2-13*
> The modulus of rigidity G is the ratio of shear stress to shear strain.

再來看桿件受軸向負荷時，除了在軸向會產生長度之變化，在橫截面方向亦會產生一收縮的效果如圖 (2-14)。在此之前我們已假設材料為均質 (homogenous)，也就是，其各種機械性質與所考慮點的位置無關。現在我們要進一步假設材料的等向性 (isotropic)，也就是機械性質與所考慮的方向無關，就圖 (2-15) 來講，軸向負荷對桿件橫截面軸 Y 與 Z 軸產生的橫向應變 ε_y 與 ε_z 應該相等，即 $\varepsilon_y = \varepsilon_z$，而此橫向應變對軸向應變比的絕對值便稱為蒲松比 (Poissoii's ratio) 以希臘字母 v(nu) 表示：

$$v = \left| \frac{\text{橫向應變}}{\text{軸向應變}} \right|$$

或

$$v = \left| \frac{\varepsilon_y}{\varepsilon_x} \right| = \left| \frac{\varepsilon_z}{\varepsilon_x} \right| \tag{2-14}$$

對於在比例限度內的負荷情況，蒲松比為一常數，且對大多數材料而言，其值介於 $\frac{1}{3} \sim \frac{1}{4}$。

Poisson's ratio is a material property that describes the relative deformation of a material when it is subjected to an applied load in different directions. Specifically, it is the negative ratio of transverse strain to longitudinal strain, i.e., the ratio of the amount a material contracts in the direction perpendicular to an applied force to the amount it elongates in the direction of the applied force.

Poisson's ratio is a dimensionless quantity, typically ranging from $\dfrac{1}{3}$ to $\dfrac{1}{4}$ for most materials.

E、G 及 v 這三個常數，藉由桿件受軸向拉力作用產生的應力及應變而得到下述關係式：

$$G = \frac{E}{2(1+v)} \tag{2-15}$$

此式子將於例題 6-7 證明之

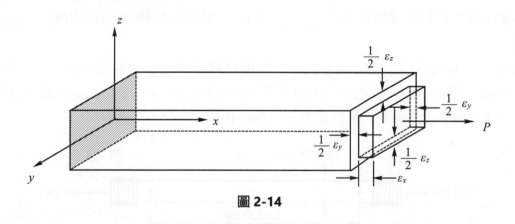

圖 2-14

重點公式

材料在比例限度內：

虎克定律：

$$\sigma = E \times \varepsilon$$

$$\tau = G \times \gamma$$

變形量：

$$\delta = \frac{PL}{EA}$$

應變能：

$$U = \frac{P^2 L}{2EA} \;\; ; \;\; u = \frac{1}{2}\sigma\varepsilon$$

允許應力：

$$\sigma_{\text{all}} = \frac{\sigma_f}{n}$$

$\sigma_f = \sigma_y$ 延性材料

$\sigma_f = \sigma_u$ 脆性材料

學後 總 評量

▌基本習題

- **P2-1**：一般延性材料抗＿＿＿＿＿性較弱，脆性材料抗＿＿＿＿＿性較弱，故在拉伸試驗中，延性材料斷面與拉力成＿＿＿＿＿夾角，而脆性材料斷面與拉力成＿＿＿＿＿夾角。

- **P2-2**：一根鋁材試件如圖 (P2-2)，若其試桿直徑 $d_0 = 25\text{mm}$，標記長度 $L_0 = 250\text{mm}$，則在 165kN 的軸向拉力作用下，標記長度 L_0 伸長了 1.2mm，試求其彈性係數 E。其中已知鋁材之降伏應力 $\sigma_y = 440\text{MPa}$。

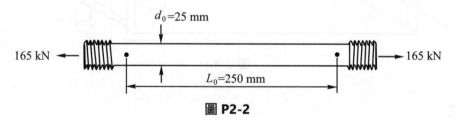

圖 **P2-2**

• **P2-3**：直徑為 10mm 的某黃銅試樣進行拉力試驗，試驗規的長度為 50mm(見圖)。當拉力負載 P 達到 25kN 時，規記號之間的距離增加 0.152mm。蒲生比 $\upsilon = 0.34$。

(1) 試問黃銅的楊性模數為何？

(2) 桿的直徑減少量 $\triangle d$ 為何？

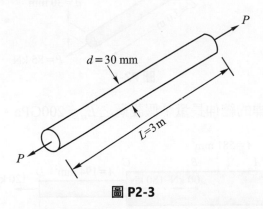

$d = 30$ mm

P

$L=3$m

P

圖 P2-3

• **P2-4**：桿件的頂端固定在一圓盤並插入直徑 40mm 的洞內，如圖 (P2-4) 所示，若圓盤厚度為 5mm 試求在 15kN 的拉力作用下，(a) 對圓盤造成的剪應力 τ？ (b) 若桿件的允許正應力 $\sigma_{all} = 60$MPa，則此桿的直徑 d 至少要多少？

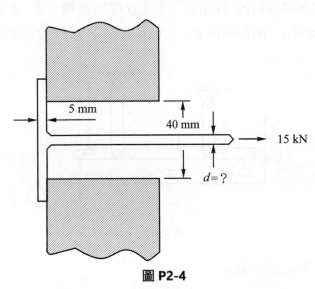

5 mm

40 mm

15 kN

$d = ?$

圖 P2-4

- **P2-5**：一均質鋁桿承受拉力 P 作用，若鋁的楊式係數 $E = 70\text{GPa}$；試求其伸長量 $\delta = ?$

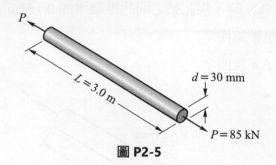

圖 **P2-5**

- **P2-6**：試求圖 2-6 鋼桿的總伸長量？假設鋼之 $E_{st} = 200\text{GPa}$。

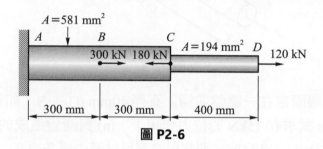

圖 **P2-6**

- **P2-7**：銷接桿件結構如圖 (P2-7) 所示，若 CD 桿為剛體，A、B 兩根之截面積皆為 1000mm^2，$E = 200\text{GPa}$，則在負荷 $P = 150\text{kN}$ 作用下，A、B 兩根桿件之應力為何？

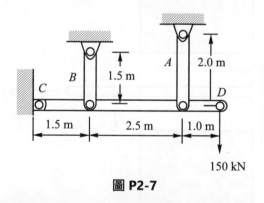

圖 **P2-7**

- **P2-8**：同上題，D 點之位移量 $\delta_D = ?$

- **P2-9**：有一混凝土內插了六根直徑 28mm 鋼筋，如圖 (P2-9)，若在頂端承受 1550kN 之壓力作用下，對鋼管與混凝土造成之應力各為何？鋼之楊氏係數 E_{st} = 200GPa，混凝土 E_c = 25GPa。

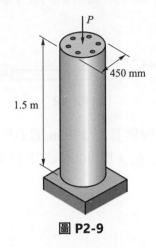

圖 P2-9

- **P2-10**：如圖 2-10 所示，兩端均固定之受一外力 P 為 1000N 作用。桿之截面積為 0.01m²，材料彈性模數 E 為 200GPa，求解 AB 兩端之反力大小？

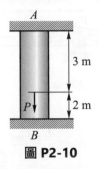

圖 P2-10

- **P2-11**：如圖 (P2-11) 所示之桁架是由三根 E = 200GPa 的鋼桿所組合，若在 B 點承受 8kN 之垂直力與 5kN 之水平力，則桁架中各桿之應變能與整體桁架之總應變能各為多少？若每根桿件之截面皆為 400mm²。

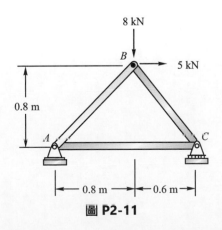

圖 P2-11

▌ 進階習題

- **P2-12**：二塊鋁板以二根鉚釘連接住，若鉚釘的降伏剪應力為 190MPa，則在 100kN 之軸向拉力作用下，二鋁板不產生明顯滑動的最小鉚釘直徑為多少？考慮安全係數 為 2 的情況下。

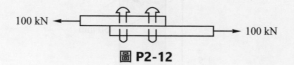

100 kN ←   → 100 kN

圖 P2-12

- **P2-13**：直徑 12mm 的 CE 鋁桿與直徑 18mm 的 DF 鋁桿連接在視為鋼體的 ABCD 桁架上若如圖 (P2-13) 中所示在 A 處 40kN 向下拉力，且此二桿之彈性係數皆為 70GPa，試求

  (a) 二桿之軸向應力。

  (b) D 點的垂直位移。

  (c) A 點的垂直位移。

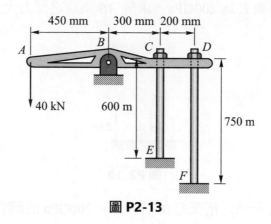

450 mm 300 mm 200 mm

A   B   C   D

40 kN   600 m

750 m

E

F

圖 P2-13

- **P2-14**：一中空黃銅 ($E = 100$GPa) 管 A；外徑為 100mm，內徑為 50mm，與一直徑 50mm 的實心鋼桿 $B(E = 200$GPa) 在軸環 C 處連接，如圖 (P2-14)，若在 C 處承受 500kN 之負荷，試求

(a) 各桿件之應力。

(b) 軸環 C 之位移量，若將軸環視為剛體。

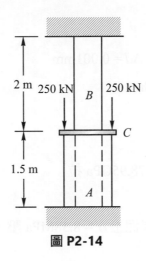

圖 P2-14

- **※P2-15**：一根延性桿件長 1.5m，若軸向負荷 $P = 80$kN 作用其上，試求其長度、寬度與高度之變化量。其 $E = 200$GPa，$\nu = 0.3$，原始長 × 寬 × 高為 $500 \times 100 \times 50$，且符合彈性範圍。

- **※P2-16**：長度 500mm 直徑 16mm 延性實心桿件承受軸向 12kN 的拉力作用若長度因此伸長 300μm 直徑縮減 2.4μm，則此材料的楊氏係數 E、蒲松比 ν 與剛性係數 G。

- **※P2-17**：兩段不同面積的桿件在溫度 $24°C$ 降至 $-45°C$ 後因 AB 兩端受限於剛性牆壁使其無法產生位移的情況下其各段溫度應力為何？其中材料的楊氏係數 $E = 200$GPa；$\alpha = 11.7 \times 10^{-6}/°C$

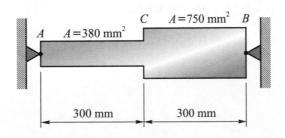

解答

P2-1　(a) 剪、拉

(b) 剪、拉

(c) 延伸率、截面收縮率

(d) 降伏應力

P2-2　$E = 70.0\text{GPa}$

P2-3　$E = 106\text{MPa}$；直徑減少 $\Delta d = 0.001\text{mm}$

P2-4　(a)23.9MPa，(b)$b > 17.8\text{mm}$

P2-5　$\delta = 5.1\text{mm}$

P2-6　$\delta = 1.73\text{mm}$

P2-7　$\sigma_a = 157.9\text{GPa}$ 拉，$\sigma_b = 78.95\text{GPa}$ 拉

P2-8　$\delta_D = 1.97\text{mm}\downarrow$

P2-9　鋼：$\sigma = 67.1\text{MPa}$ 壓，混泥土 $\sigma = 8.38\text{MPa}$ 壓

P2-10　$R_A = 400\text{N}$；$R_B = 600\text{N}$

P2-11　$U_{bc} = 0.54\text{J}$，$U_{ac} = 0.27\text{J}$，$U_{ab} = 0.0046\text{J}$，$U_{\text{total}} = 0.815\text{J}$

P2-12　25.9mm

P2-13　(a) $F_{DF} = 30\text{kN}$；$\sigma_{DF} = 118\text{MPa}$ 拉；$F_{CE} = 10\text{kN}$；$\sigma_{CE} = 88.5\text{MPa}$ 拉

(b) $\delta_D = 1.2\text{mm}$；$\uparrow$

(c) $\delta_A = 1.13\text{mm}$；$\downarrow$

P2-14　(a) $\sigma_a = 56.6\text{MPa}$ 壓，$\sigma_b = 85.4\text{MPa}$ 拉，(b) $\sigma_C = 0.85\text{mm}\downarrow$

P2-15　$\delta_z = 120 \times 10^{-6}\text{m}$，$\delta_x = -2.4 \times 10^{-6}\text{m}$，$\delta_y = -1.2 \times 10^{-6}\text{m}$

P2-16　$E = 99.5\text{GPa}$；$v = 0.25$，$G = 39.8\text{GPa}$

P2-17　$\sigma_{AC} = 214\text{MPa}$ 拉；$\sigma_{CB} = 108.5\text{MPa}$ 拉

第 **03** 章

扭矩

1. 瞭解扭矩對圓形截面的桿件所造成的應力分佈。

2. 瞭解扭矩在彈性範圍內對桿件造成變形的扭角。

3. 解薄壁截面的桿件,承受扭力所造成的剪應力。

4. 瞭解扭轉造成桿件之應變能。

3-1 何謂扭矩 (torsion)

在前面章節中，我們大抵已瞭解：桿件受到軸向負荷 (即作用力沿著桿件之中心軸方向)，所造成之應力、變形，而在這章中，我們將探討另一種負荷型態 - **扭矩**。何謂扭矩？同學們，當你們要去鎖緊螺絲時，你會用如何使用螺絲起子？你會在螺絲起子的把手上施加一個力使其旋轉後鎖緊螺絲！在鎖緊的過程裡，你對螺絲便是施以扭矩負荷。

> *Now, we consider a slightly more complex type of behavior known as Torsion. For example, when you turn a screwdriver, your hand applies a torque T to the handle and twist the shank of the screwdriver.*

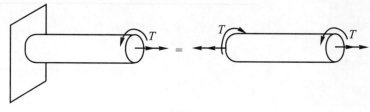

圖 3-1

至於扭矩的標註方式，可以 "順時針" 或 "雙箭頭 ←" ， "逆時針" 或 "雙箭頭 →" 。

在實際工程裡有很多零件，如車床的螺桿、汽車的傳動軸，甚至電動機的主軸、內燃機曲軸等皆會承受扭矩負荷，而作用於軸上的扭矩大小，往往無法直接看出，而必須經由軸所傳送的功率與轉速算出，例如圖 (3-2) 的電動機系統，其中電動機輸出功率為 P，而扭矩 T 作用於傳動軸上的功 W 為扭矩 T 乘以軸轉速 ω，即 $W = T \times \omega$，若不考慮能量散失，輸出的功率 P 等於扭矩 T 所作的功 W，於是便會有下述等式：

$$P = T\omega \tag{3-1}$$

需注意的是，等式內功率 P 的單位為瓦 N · m/s，而扭矩 T 為 N · m，轉速 ω 為 rad/s。假如功率 P 的單位為馬力 HP，而轉速 ω 為 rpm 時，則必須經由下式換算：

$$1HP = 745.7N \cdot m/s$$

$$1rpm = 1rev/min = 1 \times \frac{2\pi}{60} rad/s$$

$$\omega = 2\pi N/60 rad/s$$

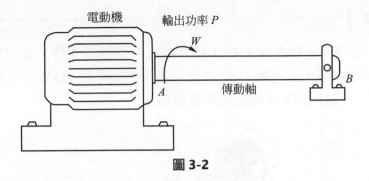

圖 3-2

Power and torque are two important physical quantities that describe the performance of an engine or a machine. Power is the rate at which work is done or energy is transferred, while torque is the rotational force that causes an object to rotate about an axis.

The relationship between power and torque can be understood using the following equation: $Power(P) = Torque(T)x\ Angular\ Velocity(\omega)$. This equation states that power is directly proportional to torque, and also to the rotational speed at which the torque is applied. The units to be used in Eq. (3-1)are as follows. The power is expressed in watts(W). One watt is equal to one newton meter per second. Otherwise, one horsepower is approximately 745.7 watts.

Angular speed is often expressed radians per second. Another commonly used unit is the number of revolutions per minute(rpm). Therefore, we also have the relationships 1rpm =

$1rev/min = 1 \times \dfrac{2\pi}{60}\ rad/s$

--- **例題** **3-1** --

針對圖 (3-2) 中的電動機與傳動軸，考慮電動機輸出功率為 5HP 而傳動軸轉速為 175rpm 時，其作用於傳動軸 AB 上的扭矩 T 為若干？

解

首先將單位換算成公式內之單位：

$P = 5\text{HP} = 5 \times 745.7\text{N} \cdot \text{m/s} = 3728.5\text{N} \cdot \text{m/s}$

$\omega = 175\text{rpm} = 175 \times \dfrac{2\pi}{60}\text{rad/s} = 18.326\text{rad/s}$

將換算後之功率 P 與轉速 ω 代入公式 (3-1) 中

$P = T \cdot \omega$

$T = \dfrac{P}{\omega} = \dfrac{3728.5}{18.326} = 203.45\text{N} \cdot \text{m}$

故作用於軸上之扭矩

$T = 203.45\text{N} \cdot \text{m}$

---- 例題 **3-2** |--

以 20Hz 頻率旋轉的不銹鋼軸，在 A 和 B 處由平滑軸承支持，並可自由旋轉，馬達輸出功率為 30kW，齒輪 C 和 D 分別使用 18kW 和 12kW，且摩擦損失可以忽略的情況下齒輪 C 與 D 輸出扭矩各為多少？

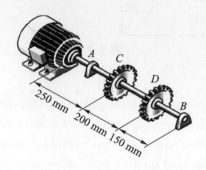

解

這邊要特別注意在工程計算中轉速的單位為每秒多少徑 rad/s

但實際運用上轉速常用的單位為 Hz 或 rpm

1Hz 代表一秒轉幾圈 rev/s 因為一圈是 2π 徑

故換算單位如下

$$\omega = 20\text{Hz} = 20\text{rev/s} = 20 \times 2 \times \pi = 125.6\text{rad/s}$$

功率 $P = T\omega$；$P_c = T_c \times \omega$；齒輪 C 扭矩 $T_c = \dfrac{P_c}{\omega} = \dfrac{1800}{125.6} = 143.3\text{N-m}$

同理　齒輪 D 扭矩 $T_d = 95.5\text{N-m}$

▌學生練習

3-1.1　如圖所示，鋁軸 AB 緊密地結合至黃銅軸 BD，而黃銅軸中的 CD 部分是中空的中空部分內部直徑為 40mm。黃銅的剛性模數 (modulus of rigidity)$G = 39\text{GPa}$，鋁的 $G = 27\text{GPa}$。試求 AB 與 BD 兩段承受扭矩？

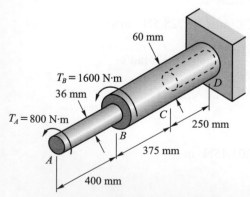

Ans：$T_{ab} = 800\text{N} \cdot \text{m}\curvearrowright$；$T_{ba} = 2400\text{N} \cdot \text{m}\curvearrowright$

3-1.2 功率為 3HP 之馬達 C，帶動 A，B 兩齒輪，若 A 齒輪與 B 齒輪之輸出功率各為 1HP 與 2HP，則求 AB 段與 BC 段二軸所示受之扭矩？若馬達之轉速為 1140rpm。

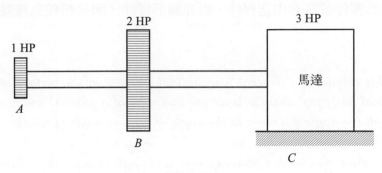

習 3-1.2

Ans：$T_{ab} = 6.2$N · m
$T_{bc} = 18.5$N · m

3-2 │ 扭矩對圓桿造成之應力與變形

當桿件受到扭矩 T 作用時，軸向 pq 線會螺旋移動至 pq′ 線此時 q 移動到 q′ 時原 pq 線與 pq′ 線形成了某一角度，此角度便稱為扭角 (angle of twist or angle of rotation)，通常以希臘字母 φ 表示，如下圖 (3-4) 所示。

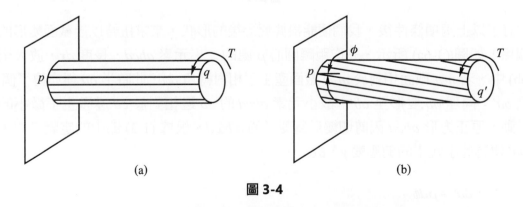

(a)   (b)

圖 3-4

在探討扭矩與扭角之間的關係時，必須先有以下的基本條件：

1. 扭轉變形前的橫截面，變形後仍保持為平面且其形狀和大小不變。

2. 在產生扭角很小的情況下桿件徑向與長度不產生變化。

　　以上兩個條件對圓形截面桿件而言，經過工程實驗檢測，是合理而正確的，但對非圓形截面的桿件，如方形桿件，在承受扭矩作用時，其截面會產生翹曲，亦即不再保持原平面狀態如圖 (3-5) 所示。故在此我們研究桿件承受扭矩作用後的變形狀態，一般只針對圓形桿件或圓形中空桿件，對非圓形桿件，因分析較為複雜，故在本書內將不予介紹。

Because of this torque T, a straight longitudinal line pq on the surface of the bar will become a helical curve pq',where q' is the position of point q after the end cross section has rotated through the angle ϕ, known as the angle of twist or angle of rotation shown in Fig 3-4.

When discussing the relationship between torque and angle of twist, the following condition must be met:

1. The cross sections of the bar do not change in shape as they rotate about the longitudinal axis. In the other words, all cross sections remain plane and circular and all radii remain straight.

2. The angle of rotation between one end of the bar and the other is small, neither the length of the bar nor its radius will change.

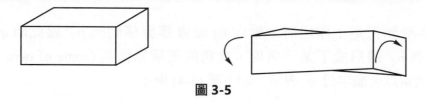

圖 3-5

　　有了以上兩項條件後，我們便能根據變形後的形狀，來求扭轉以後截面變形的幾何關係，如圖 (3-6a) 所示，先取距離圓心 ρ 處的一小元素 abcd，長度 dx，放大至圖 (3-6b) 中，若 *n-n* 截面相對於 *m-m* 截面產生了相對轉角 $d\phi$，此時半 oa 徑亦轉了個 $d\phi$ 角到 oa'；同理 ob 變形至 ob'，故小元素 abcd 的 ab 邊相對於 cd 邊發生了微小的相對錯動，原正方形 abcd 因剪切變形為菱形的 a'b'cd。根據 (1-3) 節中的定義可知角度 ∠ada' 便為此小元素的剪應變 γ，故

$$aa' = \rho d\phi$$

$$\gamma = \frac{aa'}{ad} = \frac{\rho d\phi}{dx} = \rho \frac{d\phi}{dx} \tag{3-2}$$

當截面決定後，扭角中沿 x 軸的變化率 $\dfrac{d\phi}{dx}$ 成一定值，亦即若桿件全長 L，總扭角為 ϕ，則

$$\frac{d\phi}{dx} = \frac{\phi}{L}$$

故 (3-2) 式可重寫成

$$\gamma = \rho \cdot \frac{\phi}{L} \tag{3-3}$$

由 (3-3) 式，我們可獲得一結論：對長度 L 不變的桿件而言，剪應變 γ 與扭角 ϕ，是和圓心距離 ρ 成正比。甚至在扭角 ϕ 固定下，剪應變 γ 與圓心距 ρ 成線性正比，如圖 (3-7a) 所示，在圓心處 r 為零，在圓桿表面 γ 值最大（即 $\rho_{max} = r$），故

$$\gamma_{max} = r \cdot \frac{\phi}{L} \tag{3-4}$$

再來，我們根據材料的虎克定律可知剪應力與剪應變的線性關係：

$$\tau = G \cdot \gamma$$

G 為剛性係數 (Torsional rigidity)。則將式子 (3-3) 代入上式可得剪應力 τ(Shear stress) 為

$$\tau = G \cdot \rho \cdot \frac{\phi}{L} \tag{3-5}$$

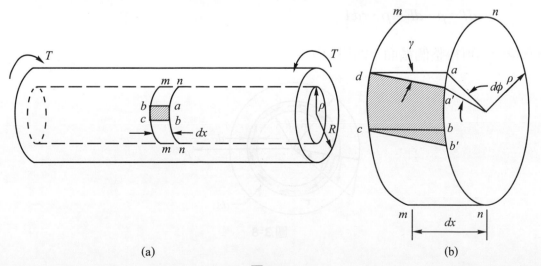

(a)　　　　　　　　　　　　　　(b)

圖 3-6

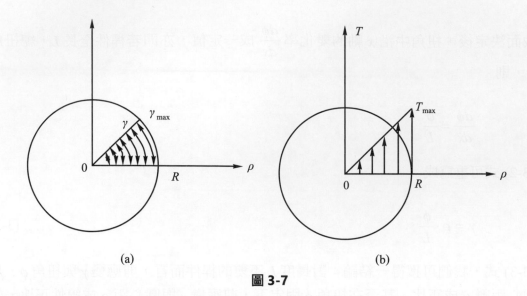

(a)   (b)

圖 3-7

同樣的剪應力 τ 與圓心距 ρ 成線性變化，如圖 (3-7b) 所示，其最大值 τ_{max} 亦產生於圓桿表面上：

$$\tau_{max} = g \cdot r \cdot \frac{\phi}{L} \tag{3-6}$$

講到這裡，我們乃不知扭角 ϕ 與扭矩 T 之間的關係，故我們必須寫出桿件的靜力平衡方程式，首先取截面上距離圓心 ρ 的環形微分面積 dA，如圖 (3-8) 所示。其中

$$dA = 2\pi\rho \cdot \rho \tag{3-7}$$

由於環形面積 dA 上各點至圓心等距 (皆為 ρ)，故其剪應力 τ 皆相等，且垂直於通過各點之半徑，此應力對圓心會產生一個微分扭矩 dT

$$dT = \rho \cdot dF = \rho \cdot \tau dA$$

通過積分，可得整個截面上的扭矩 T

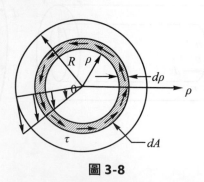

圖 3-8

$$T = \int_A \rho \cdot \tau \, dA \qquad \text{(3-8)}$$

將 (3-5) 式代入 (3-8) 式後，可得

$$T = \int_A \rho \cdot G \cdot \rho \cdot \frac{\phi}{L} \, dA$$

因 G，ϕ，L 皆為定值故上式積分值可重寫成

$$T = \frac{G\phi}{L} \int_A \rho^2 \cdot dA$$

此時積分值 $\int_A \rho^2 \, dA$ 定義為桿件之極慣性矩 J，而上式亦可改寫成

$$T = \frac{G\phi}{L} \cdot J$$

$$\frac{\phi}{L} = \frac{T}{GJ}$$

$$\phi = \frac{TL}{GJ} \qquad \text{(3-9)}$$

將 (3-9) 式中 $\dfrac{\phi}{L} = \dfrac{T}{GJ}$ 代回 (3-5) 後可得

$$\tau = \frac{T \cdot \rho}{J} \qquad \text{(3-10)}$$

(3-9)、(3-10) 兩式顯出扭角 ϕ 與剪應力 τ，和扭矩 T 之間的關係，其中扭角 ϕ 單位為 (rad)，若要轉換成度必須再乘以 $\dfrac{180°}{\pi}$。值得注意的是，圓軸之極慣性矩 $J = \int_A \rho^2 \, dA$，將 (3-7) 式代入後

$$J = \int_A \rho^2 \, dA$$

$$J = \int_0^r \rho^2 \cdot 2\pi\rho \, d\rho$$

$$J = 2\pi \int_0^r \rho^3 \, d\rho$$

$$J = 2\pi \times \left. \frac{\rho^4}{4} \right|_0^r$$

$$J = \frac{2\pi r^4}{4}$$

$$J = \frac{\pi d^4}{32} \tag{3-11}$$

單位為長度四次方，亦即 m^4，若為中空桿件，我們亦可類似導出

$$J = \frac{\pi}{32}(d_o^4 - d_i^4)$$

d_o：外徑

d_i：內徑 （3-12）

若我們要求最大剪應力發生處

$\rho_{\max} = r$（圓桿表面）

$$\tau_{\max} = \frac{Tr}{J} = \frac{T}{\dfrac{J}{r}} = \frac{T}{S} \tag{3-13}$$

其中 J/r 定義為截面模數 S，對圓桿而言此模數 S 為

$$S = \frac{J}{r} = \frac{\dfrac{1}{2}\pi r^4}{r} = \frac{1}{2}\pi r^3 \tag{3-14}$$

仔細看式子 (3-13)，是否與軸向負荷造成的應力公式很類似，所不同的是一個取截面積 A，一個取截面模數 S。

> *The location of maximum shear stress τ_{max} occurs at the surface of the cylindrical bar, where*
>
> *$S = J/r$ is defined as the section modulus.* $S = \dfrac{J}{r} = \dfrac{\dfrac{\pi r^4}{2}}{r} = \dfrac{\pi r^3}{2}$

現在我們就以上導出的公式來作幾個例題吧！

--- 例題 **3-3** │--

直徑 50mm 實心圓桿在 BC 兩點處分別承受 100N-m 與 150N-m 扭矩試問:

(1) B 端的總扭角 ϕ_b,桿中間的扭角 ϕ_c。

(2) 距離圓心 10mm 處的剪應力 τ。

(3) 對圓桿造成的最大應力 τ_{max},其中此圓桿之剛性係數 $G = 80$GPa。

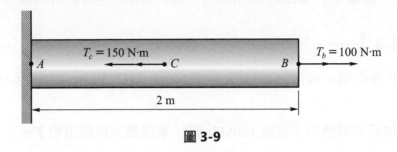

圖 3-9

解

首先算出實心圓桿的極慣性矩 J

$$J = \frac{1}{2}\pi r^4$$

$$J = \frac{1}{2}\pi(25)^4 = 613593.8\text{mm}^4 = 6.14\times10^{-7}\text{m}^4$$

(1) 根據自由體圖將各段承受扭矩算出 (以右手定則決定扭矩方向)

　　$T_{cb} = 100\text{N}\cdot\text{m}\backslash$; $T_{ac} = 50\text{N}\cdot\text{m}\circlearrowleft$ 再由公式 (3-9) 得 B 與 C 處相對扭角 $\phi b/c$,$\phi c/a$

$$\phi_{b/c} = \frac{T_{cb}L_{cb}}{GJ} = \frac{100\times1}{80\times10^9\times6.14\times10^{-7}} = 0.002\text{rad} \ ; \circlearrowleft$$

$$\phi_{c/a} = \frac{T_{ac}L_{ac}}{GJ} = \frac{50\times1}{80\times10^9\times6.14\times10^{-7}} = 0.001\text{rad} \ ; \circlearrowleft$$

　　$\phi_c = \phi_{c/a} + \phi_a = 0.001 + 0 = 0.001\text{rad} \circlearrowleft$;因為 A 點固定端同理

　　$\phi_b = \phi_{b/c} + \phi_c = 0.02\text{rad} - 0.001\text{rad} = 0.001\text{rad}\circlearrowleft$;

(2) 由公式 (3-10) 得剪應力 τ:

$$\tau = \frac{T\rho}{J}$$

距離圓心 10mm 處,即 $\rho = 10$mm,則

$$AC \text{ 段 } \tau_{ac} = \frac{\tau_{ac}\rho}{J} = \frac{50\times10\times10^{-3}}{6.14\times10^{-7}} = 0.815\text{MPa}$$

$$CB \text{ 段 } \tau_{cb} = \frac{\tau_{cb}\rho}{J} = \frac{100\times10\times10^{-3}}{6.14\times10^{-7}} = 1.63\text{MPa}$$

(3) 最大剪應力 τ_{max} 發生於較大扭矩段的圓桿表面上即在 CB 段的桿件表面

$$\rho_{max} = r = 25\text{mm}$$

$$\tau_{max} = \frac{100 \times 25 \times 10^{-3}}{6.14 \times 10^{-7}}$$

$$\tau_{max} = 4.1\text{MPa}$$

由此我們已知道桿件承受扭矩作用時，愈靠近圓心處，應力值會變得愈小 (甚至在圓心處，應力值為零)，故為了節省材料，我們也常將桿件設計成圓形中空桿件。

---- **例題 3-4** --

一中空鋼製傳動軸，長度為 1.5m，外徑 80mm 內徑 50mm 如圖 (3-10) 所示，試求

(1) 當傳動軸最大剪應力不超過 120MPa 時，承受最大負荷扭矩 $T = $ ？

(2) 在此扭矩作用下，對傳動軸造成的最小剪應力 $\tau_{max} = $ ？

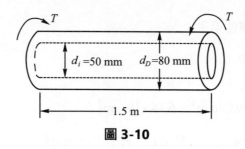

圖 3-10

解

(1) 首先求出此傳動軸之極慣性矩 J，對中空圓形桿件而言其極慣性矩 J 為式子 (3-12)

$$J = \frac{\pi}{32}(d_o^4 - d_i^4)$$

$$J = \frac{\pi}{32}(80^4 - 50^4)\text{mm}^4$$

$$J = 3.4 \times 10^{-6}\text{m}^4$$

代入公式 (3-10) 中，得

$$\tau = \frac{T\rho}{J}$$

τ_{max} 發生於

$\rho_{max} = r_o = 40\text{mm}$，故

$$T = \frac{\tau_{max} \cdot J}{R_o}$$

$$T = \frac{120 \times 10^6 \times 3.4 \times 10^{-6}}{40 \times 10^{-3}}$$

$$T = 10.2\text{kN} \cdot \text{m}$$

(2) 此時最小剪應力 $\tau_{\max}$ 發生於

$\rho = r_i = 25\text{mm}$

$\tau_{\min} = \dfrac{10.2\times10^3\times25\times10^{-3}}{3.4\times10^{-6}}$

$\tau_{\min} = 75\text{MPa}$

針對中空剖面的剪應力可得應力分佈如下：

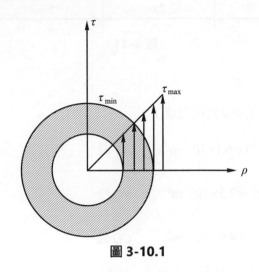

圖 3-10.1

若桿件中每段截面不同 (即 J 非定值)，或每段承受之扭矩大小不同，則應先分段計算各段之扭角，然後相加，得到

$$\phi = \sum_{i=1}^{n} \frac{T_i}{G_i}\frac{L_i}{J_i} \tag{3-15}$$

--- **例題** **3-5** --

一鋼桿由三段不同截面所組成如圖 (3-11)，若在 B、C、D 三點分別承受不同扭矩的情況下，試求：

(1) 造成的最大剪應力 $\tau_{\max}$ 那段最大？

(2) 自由端 D 之總扭角 ϕ_d 為何？其中 $G = 80\text{GPa}$。

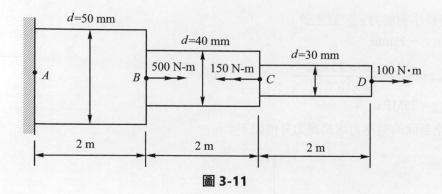

圖 3-11

解

首先計算出各段之極慣性矩 J 與扭矩值 T :

$$J_{ab} = \frac{\pi}{32} \times (50 \times 10^{-3}) = 6.1 \times 10^{-7}\,\text{m}^4 \qquad AB\ \text{段}$$

$$J_{bc} = \frac{\pi}{32}(40 \times 10^{-3})^4 = 2.5 \times 10^{-7}\,\text{m}^4 \qquad BC\ \text{段}$$

$$J_{cd} = \frac{\pi}{32}(30 \times 10^{-3})^4 = 8.0 \times 10^{-8}\,\text{m}^4 \qquad CD\ \text{段}$$

畫出各段自由體圖,如圖 (3-11.1),求各段之扭矩大小

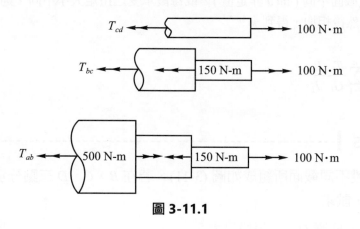

圖 3-11.1

$T_{cd} - 100 = 0$; $T_{cd} = 100\,\text{N} \cdot \text{m}\circlearrowleft\leftarrow$

$T_{bc} - 100 + 150 = 0$; $T_{bc} = -50\,\text{N} \cdot \text{m} = 50\,\text{N} \cdot \text{m}\circlearrowleft\rightarrow$

$T_{ab} - 500 + 150 - 100 = 0$; $T_{ab} = 450\,\text{N} \cdot \text{m}\circlearrowleft\leftarrow$

(1) 計算各段之最大剪應力 τ

$$\tau_{ab} = \frac{450 \times 25 \times 10^{-3}}{6.1 \times 10^{-7}} = 18.4\text{MPa}$$

$$\tau_{bc} = \frac{50 \times 20 \times 10^{-3}}{2.5 \times 16^{-7}} = 4\text{MPa}$$

$$\tau_{cd} = \frac{100 \times 15 \times 10^{-3}}{8 \times 10^{-7}} = 18.8\text{MPa}$$

由上可知最大剪應力 $\tau_{\max}$ 以 CD 段最大 $\tau_{\max} = 18.8\text{MPa}$

(2) 根據式子 (3-15) 可知

$$\phi_d = \frac{T_{ab}L_{ab}}{GJ_{ab}} + \frac{T_{bc}L_{bc}}{GJ_{bc}} + \frac{T_{cd}L_{cd}}{GJ_{cd}}$$

$$\phi_d = \frac{2}{80 \times 10^9}\left[\frac{450}{6.1 \times 10^{-7}} - \frac{50}{2.5 \times 10^{-7}} + \frac{100}{8 \times 10^{-8}}\right]$$

$$\phi_d = 0.045\text{rad}$$

△要注意 BC 段因扭矩方向與 AB、CD 二段不同，故在計算扭角時，BC 段要以負號代入。

--- **例題** 3-6 |---

如例題 3-2 中 20Hz 頻率旋轉的不銹鋼軸，在 A 和 B 處由平滑軸承支持，並可自由旋轉。已知不銹鋼的容許剪應力 $\tau_{\text{allow}} = 56\text{MPa}$，剪模數 $G = 76\text{MPa}$，而 C 相對於 D 容許的扭轉角為 $0.2°$，試求不銹鋼軸直徑應為多少？設若馬達輸出功率為 30kW，齒輪 C 和 D 分別使用 18kW 和 12kW，且摩擦損失可以忽略。

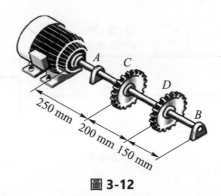

圖 3-12

解

轉速單位記得換算

$$\omega = 20\text{Hz} = 20\text{rad/s} = 20 \times 2 \times \pi = 125.6\text{rad/s}$$

功率 $P = T\omega$; $P_c = T_c \times \omega$; $T_c = \dfrac{P_c}{\omega} = \dfrac{18000}{125.6} = 143.3$N-m

同理 $T_d = 95.5$N-m

首先根據扭角要求

$$\phi_{c/d} = \frac{Tcd \times Lcd}{GJ} < \frac{0.2}{180}\pi\,\text{rad}$$

$L_{cd} = 0.2$m ; $T_{cd} = T_d = 95.5$N-m ; $\dfrac{95.5 \times 0.2}{76 \times 10^9 \times J} < \dfrac{0.2}{180} \times \pi$; $J > 7.2 \times 10^{-8}$

$\dfrac{\pi d^4}{32} > 7.2 \times 10^{-8}$; $d^4 > \dfrac{7.2 \times 10^{-8} \times 32}{\pi} = 73.4 \times 10^{-8}$; $d > 2.93 \times 10^{-2}$m $= 29.2$mm

再來根據剪應力要求

$\tau = \dfrac{16T}{\pi d^3}$; $\tau_{max} = \dfrac{16T_{max}}{\pi d^3} < \tau_a$; 其中 T_{max} 發生在 AC 段 $T_{max} = T_d + T_c = 238.8$N-m

$\dfrac{16 \times 238.8}{\pi d^3} < 56 \times 10^6$; $d^3 > \dfrac{16 \times 238.8}{56 \times 10^6 \times \pi}$ $d^3 > 21.73 \times 10^{-6}$;

$d > 2.79 \times 10^{-2}$m $= 27.9$mm

故二者求交集 $d > 29.2$mm

學生練習

3-2.1　一圓形截面的鋼桿，如圖 (3-2.1) 所示承受扭矩 T，若其扭角 ϕ 不超過 2° 的情形下，試求最大扭矩 T 為何？其中 $G = 78$GPa，$d = 50$mm。

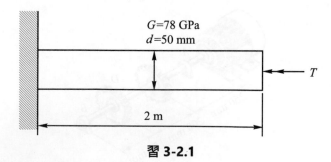

習 3-2.1

Ans：830N · m

3-2.2　同上題，若將鋼桿改為外徑 50mm，內徑 30mm 之中空圓截面，則扭矩 T 最大值為何？

Ans：$T = 726.6$N · m

3-2.3　如圖所示，鋁軸 *AB* 緊密地結合至黃銅軸 *BD*，而黃銅軸中的 *CD* 部分是中空的中空部分內部直徑為 40mm，計算在 *A* 端的扭角 (angle of twist)。黃銅的剛性模數 (modulus of rigidity)*G* = 39GPa，鋁的 *G* = 27GPa。

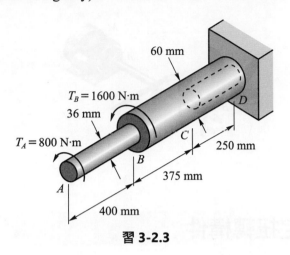

習 3-2.3

Ans：$\phi_a = \phi_{a/b} + \phi_{b/c} + \phi_{c/d} = 0.1\text{rad}$

3-2.4　二傳動軸桿以齒輪 *B* 與 *C* 來傳動，若以扭矩 *T* = 45N · m 來作用且 *GJ* = 1.25 × 10³N · m，試求齒輪 *C*、*B* 及自由端 *A* 的扭角為多少？

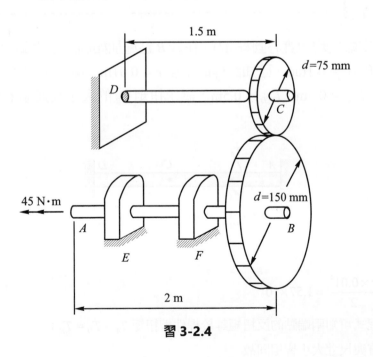

習 3-2.4

Ans：$\phi_c = 0.0269\text{rad}$，$\phi_b = 0.0134\text{rad}$，$\phi_a = 0.0855\text{rad}$

3-2.5　下圖顯示一出力 3750W 之馬達透過圓形實心轉軸、理想軸承與皮帶輪帶動皮帶，已知轉軸轉速為 175rpm，而轉軸之容許剪應力為 100MPa，試求轉軸最小直徑應為何？

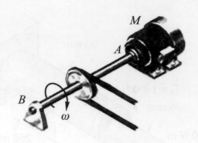

Ans：$D = 21.8$mm

3-3 ┊ 靜不定扭轉構件

當扭矩負荷作用於靜不定桿件時，其分析方法一如軸向負荷般：將已知位移的方程式與靜力平衡方程式聯立來求未知的反作用力。

----- **例題** **3-7** ┊ ---

兩端均為固定端之均勻實心圓桿 AD，在其 B 點施加如圖所示之集中扭矩 T_B 時，C 點的扭轉角 $\phi_c = 0.1$rad。已知該桿的半徑 $r = 0.01$m，剛性係數 $G = 100$MPa，$L_{AB} = 0.2$m、$L_{BC} = 0.3$m、$L_{CD} = 0.5$m，試求扭矩 T_B 的大小及通過 C 點斷面之最大剪應變。

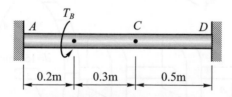

解

$$GJ = 10^{10} \times \frac{\pi \times 0.01^4}{2} = 1.57 \times 10^2$$

首先平衡方程式可知兩端點的反扭矩等於桿件總扭矩 $T_A + T_D = T_B$；

因為桿件材質與尺寸大小皆相同故

$\phi_B = \phi_{B/A} = \phi_{B/D}$；可知 $T_A : T_D = L_{BD} : L_{AB} = 0.8 : 0.2 = 4 : 1$

$T_A + T_B - T_D = 0$；可得 $T_B = 5T_D$

$$f_C = f_{C/D} + f_D = \frac{T_{cd} \times L_{cd}}{GJ} = 0.1 \; ; \; T_{cd} = 31.4\text{N-m} = T_D \; ; \text{因為 } D \text{ 點固定端 } \phi_D \text{ 為零}$$

$$T_B = 5T_D = 157\text{N-m}$$

虎克定律

$$\tau = G\gamma \; ; \quad \gamma_{max} = \frac{\tau_{max}}{G} = \frac{\frac{16T_D}{\pi d^3}}{G} = \frac{16 \times 31.4}{10^{10} \times \pi \times 0.02^3} = 2 \times 10^{-3}$$

---- **例題 3-8** --

一複合桿件以鋼製套管內含黃銅製心軸，若在其 A 端承受 $100\text{N} \cdot \text{m}$ 的扭矩作用，試求

(1) 桿件截面上的應力分佈。

(2) 整根桿件的扭角，若鋼 $G_s = 75\text{GPa}$，黃銅 $G_b = 40\text{GPa}$。

解

(1) 首先針對作用於鋼管的扭矩 T_s 與黃銅軸的扭矩 T_b 來作靜力平衡方程式得：

$$T_s + T_b = 100$$

一樣地，方程式數目不及未知數的數目，故我們尚要列出另一方程式才能解 T_s，T_b 這兩個未知數。

由於此桿件為複合材料，故鋼管扭角 ϕ_s 與黃銅的扭角 ϕ_b 必須相等，此兩材料才能複合而不致剝離。

即

$$\phi_b = \phi_s$$

$$\frac{T_b L_b}{G_b J_b} = \frac{T_s L_s}{G_s J_s}$$

其中

$$L_b = L_s = L = 2\text{m}$$

$$J_b = \frac{1}{2}\pi r_b^4 = \frac{1}{2}\pi \times (10 \times 10^{-3})^4 = 1.57 \times 10^{-8}\,\text{m}^4$$

$$J_s = \frac{1}{2}\pi(r_b^4 - r_c^4) = \frac{1}{2}\pi[25 \times 10^{-3})^4 - (10 \times 10^{-3})^4] = 6 \times 10^{-7}\,\text{m}^4$$

$$G_b = 40 \times 10^4\text{Pa}$$

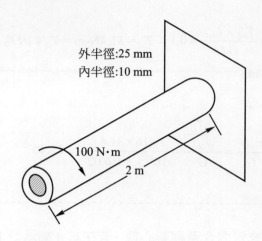

外半徑:25 mm
內半徑:10 mm

100 N·m

2 m

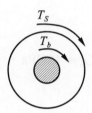

T_s

T_b

圖 3-14

$G_s = 75 \times 10^9 \text{Pa}$

$$\frac{T_b \times 2}{40 \times 10^9 \times 1.57 \times 10^{-8}} = \frac{T_s \times 2}{75 \times 10^9 \times 6 \times 10^{-7}}$$

$T_b = 0.014 T_s$

代入原方程式中，故

$0.014 T_s + T_s = 100$

$T_s = 98.6 \text{N} \cdot \text{m}$

$T_b = 1.4 \text{N} \cdot \text{m}$

此時黃銅鋼心軸的最大剪應力 τ_b

$$\tau_b = \frac{T_b \cdot R_b}{J_b}$$

$$\tau_b = \frac{1.4 \times 10 \times 10^{-3}}{1.57 \times 10^{-8}}$$

$\tau_b = 8.9 \times 10^5 \text{Pa}$

$\tau_b = 0.89 \text{MPa}$

對鋼管之最大剪應力 τ_s' 與最小剪應力 τ_s''

$$\tau_s' = \frac{98.6 \times 25 \times 10^{-3}}{6 \times 10^{-7}}$$

$\tau_s' = 4.1 \text{MPa}$

$$\tau_s' = \frac{98.6 \times 10 \times 10^{-3}}{6 \times 10^{-7}}$$

$$\tau_s' = 1.6 \text{MPa}$$

故整個截面的應力分佈如下：

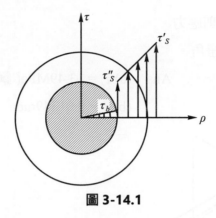

圖 3-14.1

(2) 扭角 ϕ

$$\phi = \phi_b = \phi_s$$

$$\phi_b = \frac{T_b L_b}{G_b J_b}$$

$$\phi_b = \frac{1.4 \times 2}{40 \times 10^9 \times 1.57 \times 10^{-8}}$$

$$\phi_b = 0.0045 \text{rad}$$

$$\phi = 0.0045 \text{rad}$$

△你也可以檢驗看看是否也為 0.0045rad！

學生練習

3-3.1　如圖所示，一截面為圓形的軸 AB，係利用一長度 250mm、直徑 20mm 的圓柱狀鋼材，從 B 端鑽一長度 125mm、直徑 16mm 的內孔所構成。該軸被固定支持在 A、B 兩端，並在中央處受到扭矩 120N·m 的作用。試求該軸在兩端受到的扭矩作用各為若干？

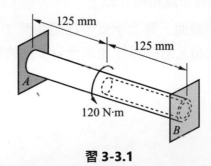

習 3-3.1

Ans：T_A = 74.4N-m；T_B = 44.54N-m

※3-3.2 一鋼管 (G = 80GPa) 外徑 125mm 內徑 100mm，套入一外徑 175mm 的鎳銅合金內 (G = 65GPa)，如圖 (3-3.2) 所示，假如此複合桿件在自由端承受 15kN · m 的扭矩，試求

(a)每種材料的最大剪應力。

(b)自由端 5m 處的扭角。

Ans：(a) τ_s = 13.49MPa(鋼)，τ_m = 15.35MPa(合金)

(b) ϕ = 0.01349rad

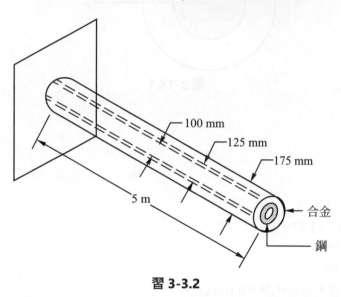

100 mm
125 mm
175 mm
5 m
合金
鋼

習 3-3.2

3-4 ┆ 薄壁中空軸

在前面我們曾經指出非圓形截面承受扭矩時，因其截面會產生所謂的翹曲而無法滿足我們在分析變形後幾何關係的基本假設，且需要高深的數學分法來分析，故在本書中將不予介紹。然而，對薄壁中空的傳動軸，我們利用簡單的計算卻可得到相當好的應力分佈值。故在此我們將予以粗略介紹。

首先考慮一中空非圓形截面，其上承受一扭矩負荷 T 如圖 (3-15a)，在此桿件上取一元素 AB 放大至圖 (3-15b)。由於桿件並未受到 x 軸的軸向負荷，故 AB 元素上 x 軸的合力應為零。即

$$V_1 = V_3$$

而 $\qquad V_1 = \tau_a \cdot dx \cdot t_a$

$\qquad\qquad V_3 = \tau_b \cdot dx \cdot t_b$

故 $\qquad \tau_a \cdot dx \cdot = \tau_b \cdot dx \cdot t_b$

$\qquad\qquad \tau_a \cdot t_a = \tau_b \cdot t_b$ $\hfill$ (3-16)

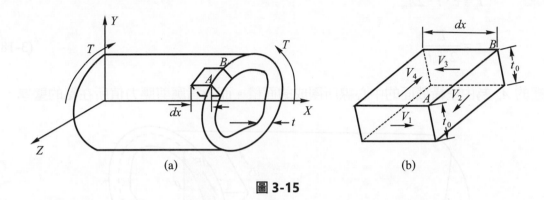

圖 3-15

在 (3-16) 式中，我們可知 A 點上的剪應力與其厚度乘積等於 B 點上剪應力與其厚度的乘積，因 AB 元素可取在桿件上作何位置，故我們可得以下結論：中空桿件上任一點的剪應力與其所在位置的厚度乘積為一定值，此一定值我們將之定義為一**剪力流 q**，此一定值我們將之定義為一**剪力流 q**(shear flow)，即

$\qquad q = \tau \cdot t =$ 常數 $\hfill$ (3-17)

為了求出作用於截面上的扭矩 T，我們由圖 (3-16) 中可得

$\qquad dT = \rho \cdot dF$

而 $\qquad dF = \tau \cdot dA = \tau \cdot t \cdot ds$

故 $\qquad T = \oint dT$

$\qquad\qquad T = \oint \rho \cdot \tau \cdot t ds$

由於 $\tau \cdot t$ 為定值，故可將取出積分外，

$\qquad T = \tau \cdot t \cdot \oint \rho ds$

積分值內 $\rho \cdot ds$ 可看成圖 (3-16) 中斜線三角形面積 dA_m 的 2 倍

即

$$\oint \rho ds = 2dA_m$$

因此整個扭矩 T 可表示成

$$T = \tau \cdot t \cdot 2A_m$$

$$\tau = \frac{T}{2A_m t} \tag{3-18}$$

這裡的 A_m 為由壁橫截面的中心線所圍成的面積。而為對應剪應力值所在點的壁厚。

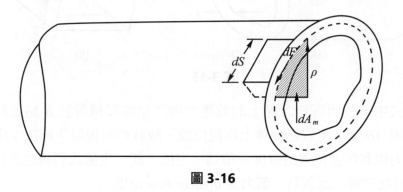

圖 3-16

---- **例題** **3-9** |--

一矩形中空截面的黃銅管件如圖 (3-17) 中承受 60N·m 與 25N·m 的扭矩作用，試求對 A、B 兩點造成的剪應力。

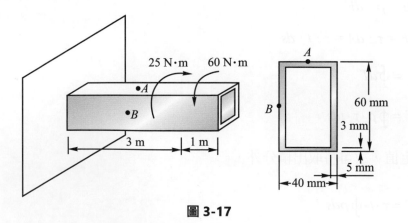

圖 3-17

解

首先解出通過 A、B 二點截面上所受的扭矩 T 為

$T = 60 - 25$

$T = 35\text{N} \cdot \text{m}$

再求截面 A_m

$$A_m = \left[60 - 2 \times \left(\frac{1}{2} \times 3 \right) \right] \times \left[40 - 2 \times \left(\frac{1}{2} \times 5 \right) \right]$$

$$A_m = 1995\text{mm}^2 = 0.002\text{m}^2$$

根據公式 (3-18) 得 A、B 兩點的剪應力 τ_a、τ_b 分別為

$$\tau_a = \frac{35}{2 \times 0.002 \times 3 \times 10^{-3}} = 2.92\text{MPa}$$

$$\tau_b = \frac{35}{2 \times 0.002 \times 5 \times 10^{-3}} = 1.75\text{MPa}$$

例題 3-10

如圖所示，一圓管與一方管均用同一材料製成。兩支管的長度、厚度與橫斷面積均相同，且兩者均承受同一轉矩。問兩管的剪應力比值各為何？

■ 註：位在方管角隅的應力集中影響可略去不計。

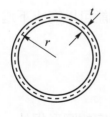
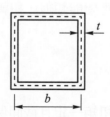

解

圓 $A_m = \pi r^2$ 方 $A_m = b^2$

長度相同

故 $2\pi r = 4b$ ； $b = \frac{\pi r}{2}$ 圓 A_m：方 $A_m = 1 : \frac{\pi}{4}$

剪應力比

$$\tau_{圓} : \tau_{方} = \frac{1}{\pi r^2} : \frac{1}{b^2} ; \frac{1}{\pi r^2} : \frac{4}{\pi^2 r^2} = 1 : \frac{4}{\pi}$$

學生練習

※3-4.1 一鋁管其截面為邊長 150mm × 100mm，厚度 5mm 的中空矩形截面，若承受圖 (3-4.1) 的扭矩作用，試求出此桿件的最大平均剪應力 τ 與其剪力流 q。

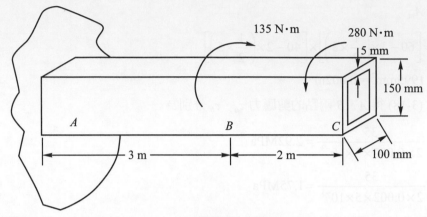

圖 **3-4.1**

Ans：$\tau_{max} = 2.2\text{MPa}$ 在 BC 段上，$q = 1.1 \times 10^4\text{N/m}$

3-5 ┊ 扭轉之應變能

與軸向負荷造成的應變能類似，扭轉應變能可以寫成下述型式：

$$U = \frac{T^2 L}{2GJ} \tag{3-19}$$

當然，上述公式僅限於扭矩一定且截面保持固定的圓形桿件。假如桿件各段扭矩、材質、長度與直徑皆不同，則桿件的總應變能要寫成各段應變能的總合。

$$U = \sum_{i=1}^{n} \frac{T_i^2 L_i}{2G_i J_i} \tag{3-20}$$

重點公式：

圓形截面桿件承受扭矩時：

剪應力：$\tau = \frac{T\rho}{J}$; $\tau_{max} = \frac{Tr}{J} = \frac{T}{S}$

扭角：$\phi = \sum_{i=1}^{n} \dfrac{T_i L_i}{G_i J_i}$ ；應變能 $U = \sum_{i=1}^{n} \dfrac{T_i^2 L_i}{2 G_i J_i}$

對實心圓軸

極慣性矩：$J = \dfrac{1}{2}\pi r^4 = \dfrac{1}{32}\pi d^4$

對中空圓軸

極慣性矩：$J = \dfrac{1}{32}\pi(d_o^4 - d_i^4)$

馬達電動機系統

$$T = P/\omega$$

中空管形桿件承受扭矩時：

剪應力：$\tau = \dfrac{T}{2rA_m}$

學後 總 評量

▌基本習題

- **P3-1**：一柴油引擎輸出功率 250kW 以 240rpm 的轉速來帶動傳動軸，若此傳動軸最大剪應力不得超過 80MPa 則此傳動軸的最小直徑 d 為何？

- **P3-2**：有一均質實心銅桿剛性係數 $G = 45$GPa 在承受純扭矩 $T = 100$N-m 作用下產生最大剪應變 $\gamma = 0.0008$，其最大剪應力與其直徑為何？

- **P3-3**：剛性係數 $G = 75$GPa 的中空圓軸在自由端承受著 950N-m 之扭矩，若此桿全長 3m 內徑 35mm 外徑 60mm，試求：

(a) 最大與最小剪應力發生處，與其值大小。

(b) 自由端扭角。

- **P3-4**：汽車傳動軸 AB 為中空桿件外徑 90mm，管厚 $t = 2.5$mm，承受 $T = 1.5$kN · m 的扭矩，若其材料允許應力為 60MPa，則此傳動軸的尺寸是否符合安全？

- **P3-5**：將 (P3-4) 中的傳動軸 AB 改為圓實心截面，若其承受之應力與上題相同的情況下，則其傳動軸之直徑若干？並比較二者之質量？

- **P3-6**：實心圓軸在 B 與 C 處承受 $T_1 = 2300\text{N-m}$ 與 $T_2 = 900\text{N-m}$ 兩個反向扭矩作用如圖 (P3-6) 所示，其中桿件相關尺寸如下直徑 $d_1 = 58\text{mm}$；$d_2 = 45\text{mm}$，$L_1 = 760\text{mm}$；$L_2 = 510\text{mm}$ 其中 $G = 76\text{GPa}$，此時 C 點之扭角與桿件內最大剪應力為何？

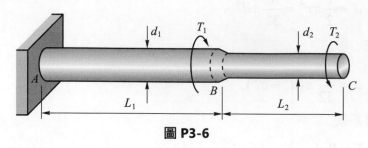

圖 **P3-6**

- **P3-7**：一複合桿件由長 1.5m 的實心鋼軸 ($G = 80\text{GPa}$)，與長 2.5m 的實心青銅 ($G = 45\text{GPa}$) 複合而成圖 (P3-7) 所示，若整根桿的直徑 $d = 80\text{mm}$，則對鋼的允許剪應力 125MPa 與青銅的允許剪應力 40MPa 條件下，試求：

(a) 最大扭矩 T。

(b) 接合點 C 的扭角。

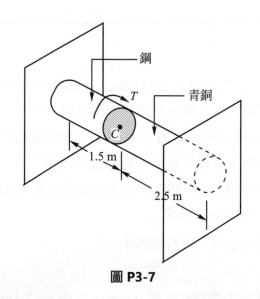

圖 **P3-7**

- **P3-8**：一複合桿件是由青銅 (G = 45GPa) 製的套管，內含鋼製的心軸 (G = 80GPa) 如圖 P3-8 所示，若青銅外徑為 100mm 則試求鋼軸的直徑為多少方使二材料承受相同的扭矩？此時青銅承受最大剪應力為鋼軸承受最大剪應力幾倍？

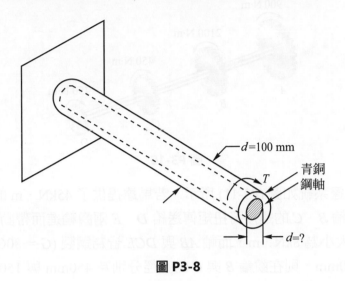

圖 **P3-8**

- **※P3-9**：一鋼管厚度為 10mm，若此鋼管的允許應力為 τ_{allow} = 80MPa，試問所能承受的最大扭矩 T？此處並不考慮此角的應力集中現象。

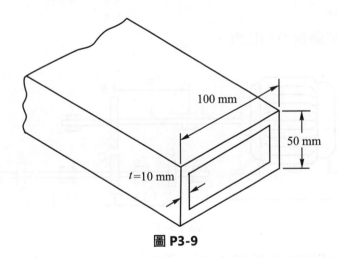

圖 **P3-9**

進階習題

- **P3-10**：傳動軸輪系如圖 P3-10 所示，若此實心軸最大剪應力 70MPa 試求此軸之直徑

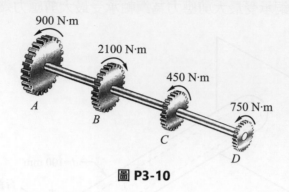

圖 **P3-10**

- **P3-11**：一組馬達系統如圖 (P3-11) 所示，若馬達提供了 45kN · m 的扭矩 給傳動軸 AB，並藉由齒輪 B、C 的連接將扭矩傳送給 D、E 兩齒輪進而帶動機器，若齒輪 E 所分得的扭矩大小為 8kN · m，而軸 AB 與 DCE 皆為鋼製 (G = 80GPa) 其直徑分別為 150mm 與 80mm，則在齒輪 B 與 C 的直徑分別為 450mm 與 150mm 的情況下，試求：

(a) AB 軸的最大剪應力。

(b) CE 軸的最大剪應力。

(c) 齒輪 E 相對於齒輪 D 的扭角。

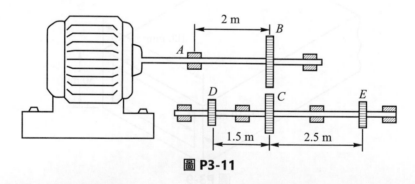

圖 **P3-11**

- **P3-12**：一靜不定桿件是如圖 P3-12 所示若此桿極慣性矩 $J = 10^{-8}\text{m}^4$；G = 70GPa；$L = 0.5$m；$T_0 = 50$N-m 試求此桿產生之最大扭角？

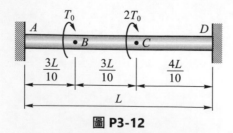

圖 **P3-12**

- **P3-13**：一鋁管內徑 35mm 外徑 60mm，並在自由端 B 承受 850N・m 的扭矩作用，試求欲使自由端 B 的扭角不超過 0.015rad 的條件下，鋁管內注入鋼料的深度至少要多少？若鋼 G_s = 80GPa 而鋁 G_a = 30GPa。

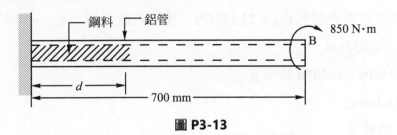

圖 P3-13

- **※P3-14**：一鋁管承受 85N・m 的扭矩作用，假如其截面中心線的尺寸如圖 (P3-14) 所示，試求 A、B 兩點所在處的剪應力為若干？

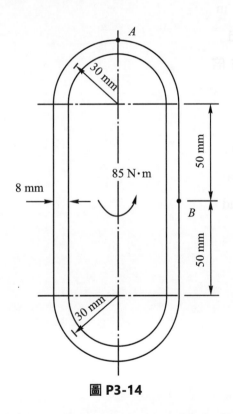

圖 P3-14

解答

P3-1 $d = 85.9\text{mm}$

P3-2 $\tau_{\max} = 36\text{MPa}$；$d = 24\text{mm}$

P3-3   (a) 桿件外徑表面上 $\tau_{\max} = 25.45\text{MPa}$；桿件內徑表面上 $\tau_{\min} = 14.84\text{MPa}$

       (b) $\phi = 0.034\text{rad}$

P3-4 $\tau = 51\text{MPa} < 60\text{MPa}$ 故安全

P3-5 $d = 53.1\text{mm}$

       $\dfrac{實心軸質量}{空心軸質量} = 0.31$ 故空心軸較省材料

P3-6 $\phi_c = 0.14°$；$\tau_{\max} = 50.3\text{MPa}$

P3-7   (a) $T = 15.94\text{kN} \cdot \text{m}$

       (b) $\phi_c = 0.0556\text{rad}$

P3-8 $d = 77.5\text{mm}$；2.5 倍

P3-9 $T = 5.76\text{kN} \cdot \text{m}$

P3-10 $d = 44.4\text{mm}$

P3-11 (a) $\tau_{ab} = 67.9\text{MPa}$

       (b) $\tau_{dce} = 79.6\text{MPa}$

       (c) $\phi_{e/d} = 0.0295\text{rad}$

P3-12 $\phi_{\max} = 0.021\text{rad}$

P3-13 $d = 403\text{mm}$

P3-14 $\tau_a = \tau_b = 602\text{KPa}$

第 **04** 章

剪力與彎矩

1. 瞭解各種型態的樑在不同狀況負荷下,如何進行分析。
2. 瞭解樑內各點截面上的剪力與彎矩之定義。
3. 瞭解載荷、剪力與彎矩三者的數學關係式,並學會如何針對不同負荷的樑來求出其剪力與彎矩函數。
4. 學會以推論的方式簡單地畫出剪力圖與彎矩圖並善用之。

4-1 │ 樑的形式

在接下來的幾章裡，我們將針對特定桿件，例如起重機內的大樑、火車輪軸等進行分析。而此類桿件的最大特色是：作用於桿件上的外力垂直於桿件的軸線，使變形前原是直線的軸線，變形後成為曲線。如圖 (4-1) 所示。此形成的變形稱為彎曲變形。而凡以彎曲變形為主的桿件習慣上稱為「樑」。

The external force acting on the member is perpendicular to the axis of the member, causing the initially straight axis to deform into a curve after deformation. This deformation is referred to as bending deformation, as shown in Figure 4-1. Members that primarily undergo bending deformation are commonly referred to as "Beams."

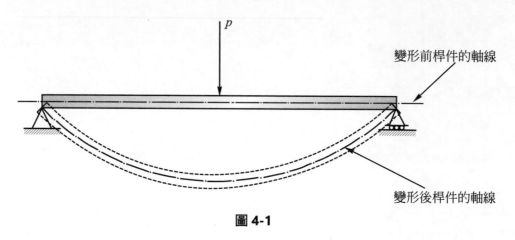

圖 **4-1**

由於樑的支座與載荷情況，比較複雜，故以下我們針對不同的支座與負載作整理與介紹，並舉出幾種常見之樑的型式。

支座

名稱	型式	簡圖符號	反作用力形式
1. 鉸支座	限制了 x，y 方向的位移		F_x F_y
2. 滾支座	限制了 y 方向的位移，在 x 方向可移動		F_y
3. 固定支座	限制了 x，y 兩方向的位移及 x-y 平面上的旋轉		M F_x F_y

載荷 (load)

名稱	型式	簡圖符號	分析簡化
1. 集中載荷 (Concentrated load)	作用力的範圍遠小於樑的長度	P	P
2. 均勻載荷 (Uniformly load)	作用力沿著作用線均勻分佈	q ⟷ x	qx ⟷ $\frac{1}{2}x$ $\frac{1}{2}x$
3. 線性載荷 (Linearly varying load)	作用力沿著作用線作不均勻的線性分佈	q_0 ⟷ x	$\frac{1}{2}q_0 x$ ⟷ $\frac{2}{3}x$ $\frac{1}{2}x$
4. 彎矩 (Moment)	作用力矩	M_0	M_0

樑的型式 (Types of Beams)

名稱	型式	簡圖符號
1. 簡支樑 　(Simply supported beam)	一端鉸支座 一端滾支座	
2. 懸臂樑 　(Cantilever beam)	一端固定支座 一端自由端	
3. 外伸樑 　(Beam with an overhang)	樑一端伸出支座外	

現在我們針對不同支座、不同載荷以及不同型式的樑來求一些反作用力的問題。

--- 例題　**4-1** --

試求圖 (4-2a ～ 4a) 中樑的反作用力。

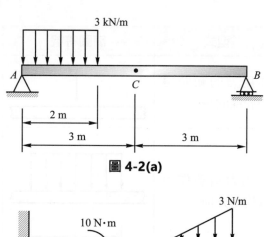

圖 4-2(a)

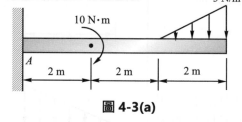

圖 4-3(a)

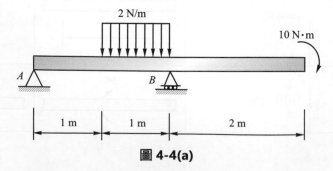

圖 4-4(a)

解

在解反作用力的問題時，可依下述步驟：

(1) 根據前述支座介紹中畫出各支座的反作用力形式：如圖 (4-2b ～ 4b)

(2) 將載荷作分析簡化：圖 (4-2b ～ 4b)

(3) 列出靜力平衡方程式

$$\Sigma F_x = 0 \text{；} F_x^A = 0$$

$$\Sigma F_y = 0 \text{；} F_y^A - 4 - 5 + F_y^B = 0$$

$$\Sigma M_A = 0 \text{；} 4 \times 3 + 5 \times 6 - F_y^B \times 7 = 0$$

得反作用力：

$$F_x^A = 0$$

$$F_y^A = 3\text{N} \uparrow$$

$$F_y^B = 6\text{N} \uparrow$$

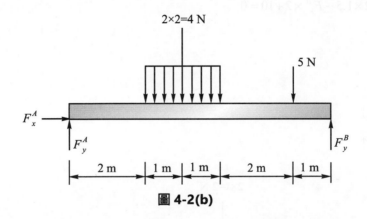

圖 4-2(b)

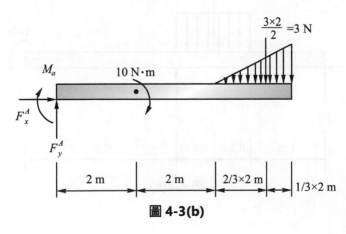

圖 4-3(b)

$$\Sigma F_x = 0 \,;\; F_x^A = 0$$

$$\Sigma F_y = 0 \,;\; F_y^A - 3 = 0$$

$$\Sigma M_a = 0 \,;\; M_a + 10 + 3 \times \left(4 + \frac{4}{3}\right) = 0$$

得

反作用力：

$$F_x^A = 0$$

$$F_y^A = 3\text{N} \uparrow$$

$$M_a = -26\text{N} \cdot \text{m} = 26\text{N} \cdot \text{m} \circlearrowleft$$

$$\Sigma F_x = 0 \,;\; F_x^A = 0$$

$$\Sigma F_y = 0 \,;\; F_y^A - 2 + F_y^B = 0$$

$$\Sigma M_A = 0 \,;\; 2 \times 1.5 - F_y^B \times 2 + 10 = 0$$

得

反作用力：

$$F_x^A = 0$$

$$F_y^A = 4.5\text{N} \downarrow$$

$$F_y^B = 6.5\text{N} \uparrow$$

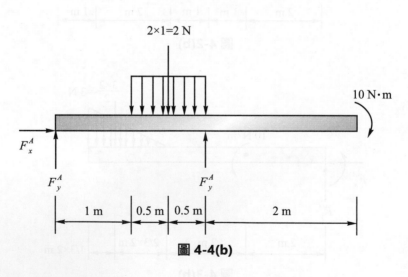

圖 4-4(b)

以上的解題過程，各位同學如果不 "健忘" 的話，應該記得，在應用力學中的靜力部分裡曾經學過，故在此我們並不需要花太多時間介紹此一部分。

學生練習

4-1.1　下圖中支承的反作用力。

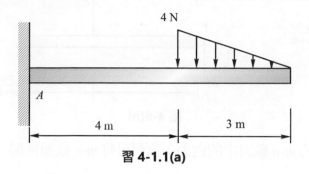

習 4-1.1(a)

Ans：$F_y^A = 30\text{N} \uparrow$，$M_a = 150\text{N-m} \circlearrowleft$

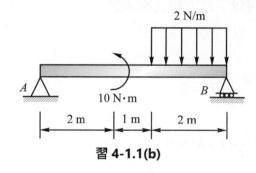

習 4-1.1(b)

Ans：$F_y^A = 2.8\text{N} \uparrow$，$F_y^B = 1.2\text{N} \uparrow$

4-2 剪力與彎矩 (Shear Force and Bending Moment)

　　根據靜力平衡方程式，我們可以清楚地得到各支承的反作用力，於是藉著反作用力與樑上的已知外力便可進一步地求出各截面上的內力了，首先針對圖 (4-5a) 的簡支樑為例，樑上有一個已知的集中荷載 P，

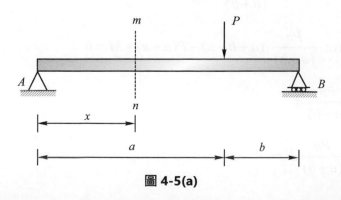

圖 4-5(a)

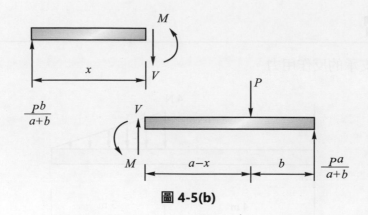

圖 **4-5(b)**

至於距離 A 端的 m-n 截面中的內力，我們可將 m-n 截面剖開，如圖 (4-5b) 所示，

由於 R_a 與 R_b 可由整根樑的靜力平衡方程式中求出 $R_a = \dfrac{Rb}{(a+b)}$；$R_b = \dfrac{Ra}{(a+b)}$，故 m-n

截面上的內力 V，M 便可以下述方程式來求之

左半自由體圖

$$\Sigma F_y = 0 \; ; \; \frac{Rb}{(a+b)} - V = 0$$

$$\Sigma M = 0 \; ; \; \frac{pb}{(a+b)}x - M = 0$$

$$V = \frac{Pb}{(a+b)} \downarrow$$

$$M = \frac{Pb}{(a+b)}x \; \frown$$

右半自由體圖

$$\Sigma F_y = 0 \; ; \; V - P + \frac{Pa}{(a+b)} = 0$$

$$\Sigma M = 0 \; ; \; \frac{Pa}{(a+b)} \cdot (a+b-x) - P(a-x) + M = 0$$

$$V = \frac{Pb}{(a+b)} \uparrow$$

$$M = \frac{Pb}{(a+b)}x \; \frown$$

很明顯地，我們可以發現，同樣 *m-n* 截面的內力對左半段而言與右半段雖然方向相反但數值卻相等，這是很合理的現象，但為了讓你無論由那一半段來算剪力與彎矩，其結果不但數值一樣且正負也一致，故定義如下的剪力、彎矩的方向與正負之關係：

Clearly, we can observe that the internal forces of the same section have opposite directions but equal magnitudes for the left and right segments. This is a reasonable phenomenon. However, in order to ensure that regardless of which segment we use to calculate the shear force and bending moment, the results have both the same numerical value and consistent sign, we define the following directions and sign conventions for shear force and bending moment.

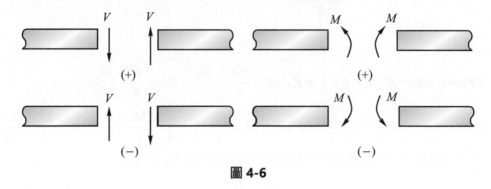

圖 4-6

好了！有了以上的正負與方向關係的定義後，無論我們從任何方向來求樑中橫截面上的彎矩與剪力，都將獲得同樣大小且正負一致的數值了，不信的話，做做看下述的例題。

--- 例題 **4-2** |---

試求圖 (4-7) 中簡支樑 *AB* 內中點 *C* 點橫截面上剪力 *V* 與彎矩 *M*。

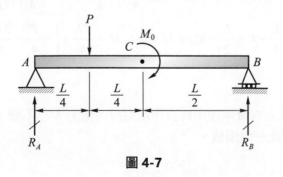

圖 4-7

解

首先利用靜力平衡方程式求出兩支承 A, B 之反作用力 R_A 與 R_B。

$$\Sigma F_y = 0 \; ; \; R_A + R_B = P$$

$$\Sigma M_A = 0 \; ; \; -P \times \frac{L}{4} - M_0 + R_B \times L = 0 \; ; \; R_B = \frac{P}{4} + \frac{M_0}{L} \; ; \; R_A = \frac{3P}{4} - \frac{M_0}{L}$$

若從左半段來求 C 點截面上之內力 (即外部作用力矩 M_0 不計)

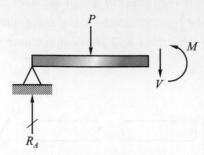

$$\Sigma Fy = 0 \; ; \; R_A - P - V = 0 \; ; \; V = R_A - P = \frac{3P}{4} - \frac{M_0}{L} - P = -\frac{P}{4} - \frac{M_0}{L}$$

$$\Sigma MA = 0 \; ; \; -P \times \frac{L}{4} - V \times \frac{L}{2} + M = 0 \; ; \; M = \frac{PL}{4} + \left(-\frac{P}{4} - \frac{M_0}{L} \right)\frac{L}{2} \; ; \; M = \frac{PL}{8} - \frac{M_0}{2}$$

若從左半段來求 C^+ 點截面上之內力 (即外部作用力矩 M_0 計入)

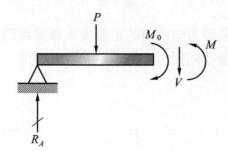

$$\Sigma Fy = 0 \; ; \; R_A - P - V = 0 \; ; \; V = R_A - P = \frac{3P}{4} - \frac{M_0}{L} - P = -\frac{P}{4} - \frac{M_0}{L}$$

$$\Sigma MA = 0 \; ; \; -P \times \frac{L}{4} - V \times \frac{L}{2} - M_0 + M = 0 \; ; \; M = \frac{PL}{4} + \left(-\frac{P}{4} - \frac{M_0}{L} \right)\frac{L}{2} \; ;$$

$$M = \frac{PL}{8} + \frac{M_0}{2}$$

由上可知，若遇到樑上有彎矩作用時該作用點樑內剪力大小不變，但樑內彎矩從左半與右半來分析時將差此一彎矩值。

--- **例題** **4-3** |---

試求圖 (4-8) 中懸臂樑 AB 內 C 點截面上之剪力 V 與彎矩 M？

解

首先一樣把固定端 A 的反作用力求出，其中對此均勻負荷必須先簡化為單一負荷 $P = q \cdot x$ 作用於中點上。

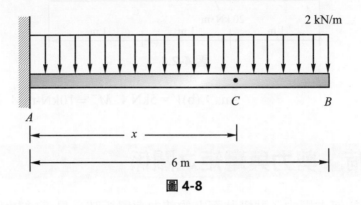

圖 4-8

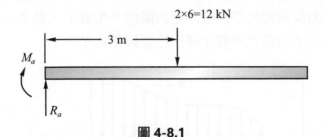

圖 4-8.1

$\Sigma F_y = 0$；$R_a - 12 = 0$；$R_a = 12\text{kN}\uparrow$

$\Sigma M_A = 0$；$M_a + 12 \times 3 = 0$；$M_a = -36\text{kN} \cdot \text{m} = 36\text{kN} \cdot \text{m}\curvearrowleft$

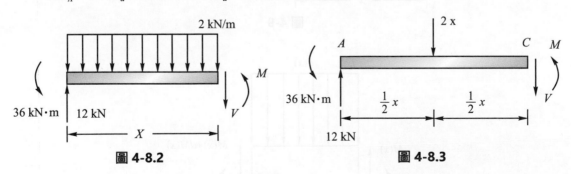

圖 4-8.2　　　　　　　　　　　**圖 4-8.3**

若我們從左半段來求 C 點之剪力 V 與彎矩 M，則：

$\Sigma F_y = 0$；$12 - 2x - V = 0$；$V = (12 - 2x)\text{kN}$

$\Sigma M_C = 0$；$36 - 12x + 2x \cdot \dfrac{1}{2}x + M = 0$

$M = (-x^2 + 12x - 36)\text{kN} \cdot \text{m}$

學生練習

4-2.1　試求下圖中樑受負荷後，C 點橫截面上造成的剪力 V 與彎矩 M。

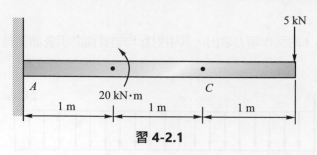

習 4-2.1

Ans：(b)$V = 5$kN；$M_c^- = 10$kN-m；$M_c^+ = -10$kN-m

4-3 ｜ 載荷、剪力與彎矩之關係

　　當你學會了如何求樑中各點橫截面上的剪力與彎矩時，是否曾想過：樑上的載荷造成橫截面上的剪力與彎矩是否存有一定的關係？事實上，負載、剪力與彎矩確實存有一導數的關係，接下來我們便要來導出這個關係式了。

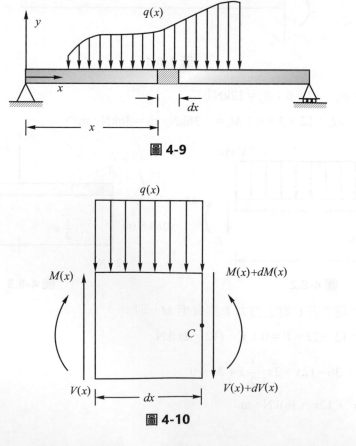

圖 4-9

圖 4-10

首先我們針對圖 (4-9) 中受到荷載的樑，取其一小段元素 dx 的長度來放大至圖 (4-10) 中，此時在這元素的左邊座標 x 的橫截面上，剪力與彎矩分別定義為 $V(x)$ 與 $M(x)$，而在右邊座標 $x + dx$ 的橫截面上的剪力與彎矩分別增加了 $dv(x)$ 而成為 $V(x) + dV(x)$ 與 $M(x) + dM(x)$，由於樑處於平衡狀態，故截出的一段 dx 也應該處於平衡狀態，因此根據靜力平衡方程式，$\Sigma F_y = 0$；與 $\Sigma M = 0$ 可得

$$\Sigma F_y = 0 \text{；} V(x) - [V(x) + dV(x)] - q(x) \cdot dx = 0$$

$$\Sigma M_C = 0 \text{；} M(x) + V(x) \cdot dx - q(x) \cdot dx \cdot \left(\frac{1}{2}dx\right) - [M(x) + dM(x)] = 0$$

將上兩式省略 $\frac{1}{2}q(x) \cdot (dx)^2$ 項可得 (因為 dx 值非常小，故可省略不計)

$$\frac{dV(x)}{dx} = -q(x) \tag{4-1}$$

$$\frac{dM(x)}{dx} = V(x) \tag{4-2}$$

由 (4-1) 與 (4-2) 兩式我們可知，剪力對樑軸線座標 x 的導數會等於負的樑之負載 $q(x)$，當然此處的正負載 $q(x)$ 方向必須向下，而彎矩對 x 的導數又會等於剪力 $V(x)$，若我們將 (4-2) 式再對 x 微分一次，則可得

$$\frac{d}{dx}\left(\frac{dM(x)}{dx}\right) = \frac{dV(x)}{dx}$$
$$\frac{d^2M(x)}{dx} = -q(x) \tag{4-3}$$

故負載 $- q(x)$ 會等於剪力對 x 的一次微分，彎矩對 x 的兩次微分。現在我們針對公式 (4-1)、(4-3) 中剪力、彎矩與負載的關係來做些例題。

Therefore, the negative of the load, $- q(x)$, is equal to the first derivative of the shear force with respect to x, and the second derivative of the bending moment with respect to x.

------ **例題** **4-4** ┃--

一簡支樑 AB 承受均勻負荷 2kN/m，試求樑上剪力函數 $V(x)$ 與彎矩函數 $M(x)$，
並根據此函數求出中點 C 之截面上剪力與彎矩 V。

解

我們由題意中可知 $q(x) = 2$kN/m，故代入式子 (4-1)、(4-2) 中可得

$$\frac{dV(x)}{dx} = -2 \tag{1}$$

$$\frac{dM(x)}{dx} = V(x) \tag{2}$$

欲求 $V(x)$ 與 $M(x)$，則必須將上 (1)、(2) 式分別對 x 積分一次

$$V(x) = \int -2dx = -2x + C_1$$

$$M(x) = \int V(x)dx = \int (-2x + C_1)dx = -x^2 + C_1x + C_2$$

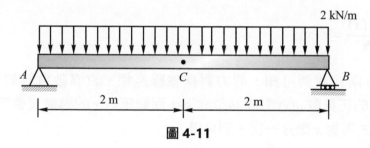

圖 4-11

解到這裡，你會有個疑問！積分產生的常數 C_1，C_2 怎麼辦呢？事實上在這裡我們必須
以支承端已知的剪力與彎矩代入求 C_1、C_2，例如，若我們以支承 A 端來代：

A 端：座標 $x = 0$

則

    $V_a = R_a = 4$kN(可用靜力平衡式求出)

    $M_a = 0$(因為鉸支承無反作用彎矩)

故

代 $x = 0$ 入 $V(x)$ 中得

    $V(0) = 0 + C_1 = V_a = 4$

    $C_1 = 4$

代 $x = 0$ 入 $M(x)$ 中得

    $M(0) = 0 + 0 + C_2 = M_2 = 0$

    $C_2 = 0$

因此 $V(x)$ 與 $M(x)$ 便為

$$V(x) = -2x + 4$$

$$M(x) = -x^2 + 4x$$

現在要求 C 點之 V 與 M，則代入 $x = 2$

$$V_c = V(2) - 2 \times 2 + 4 = 0$$

$$M_c = M(2) = -2^2 + 4 \times 2 = 4$$

故 C 點之

$$V_c = 0$$

$$M_c = 4\text{kN} \cdot \text{m}$$

例題 4-5

簡支樑 AB 承受集中負荷 P，試求樑上剪力函數 $V(x)$ 與彎矩函數 $M(x)$。

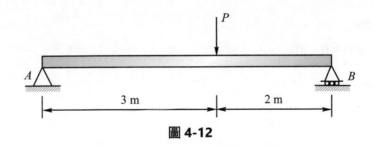

圖 4-12

解

首先用靜力平衡方程式來求出反作用力 R_a 與 R_b。

$$R_a = \frac{2}{5}P\uparrow \;\; ; \;\; R_b = \frac{3}{5}P\uparrow$$

根據樑上的負荷狀態將此樑分成二段來求 $V(x)$ 與 $M(x)$。

第一段：

$$0 < x < 3\text{m}$$

此段分佈負荷 $q(x) = 0$，故

$$\frac{dV(x)}{dx} = 0$$

$$V(x) = C_1$$

$$\frac{dM(x)}{dx} = C_1$$

$$M(x) = C_1 x + C_2$$

將支承 A 上已知 V 與 M 代入，求積分常數 C_1 與 C_2。

A 點：

$$x = 0$$

$$V = \frac{2}{5}P \ ; \ M = 0$$

故

$$V(0) = C_1 = \frac{2}{5}P \ ; \ C_1 = \frac{2}{5}P$$

$$M(0) = C_2 = 0 \ ; \ C_2 = 0$$

則

$$V(x) = \frac{2}{5}P$$

$$M(x) = \frac{2}{5}Px$$

第二段：

$$3\text{m} < x < 5\text{m}$$

此段分佈負荷 $q(x) = 0$，故

$$\frac{dV(x)}{dx} = 0$$

$$V(x) = C_3$$

$$\frac{dM(x)}{dx} = C_3$$

$$M(x) = C_3 + C_4$$

將支承 B 上已知 V 代入，求積分常數 C_3 與 C_4。

B 點：

$$x = 5$$

$$V = \frac{-3}{5}P \ ; \ M = 0$$

故

$$V(5) = C_3 = -\frac{3}{5}P \ ; \ C_3 = -\frac{3}{5}P$$

$$M(5) = \frac{-3}{5}P \times 5 + C_4 = 0 \ ; \ C_4 = 3P$$

則

$$V(x) = -\frac{3}{5}P$$

$$M(x) = -\frac{3}{5}Px + 3P$$

最後我們可得到此樑的剪力函數 $V(x)$ 與彎矩函數 $M(x)$ 為：

$$0 < x < 3 \quad V(x) = \frac{2}{5}P \; ; \; M(x) = \frac{2}{5}Px$$

$$3\text{m} < x < 5\text{m} \quad V(x) = \frac{-3}{5}P \; ; \; M(x) = \frac{-3}{5}Px + 3P$$

學生練習

4-3.1 懸臂樑 AB 承受均勻負載 4N/m，試求出此樑之 $V(x)$ 與 $M(x)$

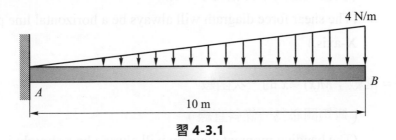

習 **4-3.1**

$$\text{Ans：} V(x) = \left(-\frac{1}{5}x^2 + 20 \right)\text{N} \; ; \; M(x) = \left(-\frac{1}{15}x^3 + 20x - \frac{400}{3} \right)\text{N-m}$$

4-4 ┊ 剪力與彎矩圖

事實上，公式 (4-1)(4-2) 與 (4-3)，主要目的並不是求樑上任一點截面之剪力與彎矩，因為在 (4-2) 節中我們早已學會如何將樑剖開後以靜力平衡方程式來求截面上之剪力與彎矩。那麼 $q(x)$，$V(x)$ 與 $M(x)$ 之間的導數關係可幫助我們做什麼呢？我們可以根據此一關係來正確地繪製或校對剪力圖與彎矩圖。

剪力圖與彎矩圖是以樑的 x 座標為橫座標並把每個 x 座標所對應的樑上截面的剪力與彎矩當成縱座標所得到的曲線圖形。

The shear force diagram and bending moment diagram are graphical representations obtained by plotting the shear force and bending moment at each x-coordinate of the beam's axis as the horizontal axis, and the corresponding values of shear force and bending moment as the vertical axis.

此二者圖形對日後求樑之撓度有莫大的助益，故學會如何繪製正確的剪力圖與彎矩圖便顯得格外重要了！

首先我們先由 $q(x)$，$V(x)$ 與 $M(x)$ 之間的導數關係得到下面一些推論：

1. 當在樑的某一段內，無分佈負荷作用，即

    $$q(x) = 0$$

則

$$\frac{dV(x)}{dx} = 0 \; ; V(x) = 常數$$

（剪力圖必為平行軸的水平線）

(The shear force diagram will always be a horizontal line parallel to the X-axis.)

$$\frac{dM(x)}{dx} = 常數 \; ; M(x) = x\ 的一次函數$$

（彎矩圖必為一條斜直線）

(The bending moment diagram will always be a straight inclined line.)

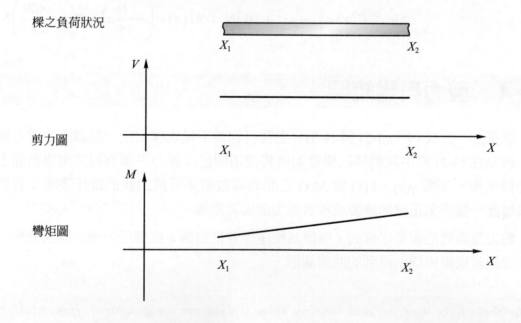

2. 當在樑某一段內，負荷為均勻負荷，即

$q(x) = $ 常數

則

$$\frac{dV(x)}{dx} = 常數 ; V(x) = x \text{ 的一次函數}$$

（剪力圖為一條斜直線）

(The shear force diagram will always be a straight inclined line.)

$$\frac{dM(x)}{dx} = x \text{ 的一次函數} ; M(x) = x \text{ 的二次函數}$$

（彎矩圖為拋物線）

(The bending moment diagram will always be a parabolic curve.)

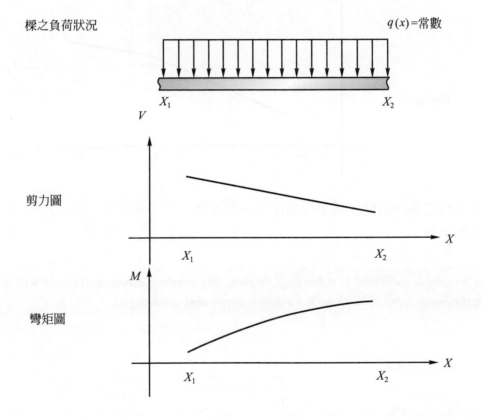

3. 當樑遇到集中負荷作用時，剪力圖會有一突然變化形成一段落差，對應的彎矩圖的斜率亦產生變化形成一個轉折點。

When a beam is subjected to a concentrated load, the shear force diagram will exhibit a sudden change, creating a discontinuity or a jump. Correspondingly, the bending moment diagram will have a change in slope, resulting in a point of inflection.

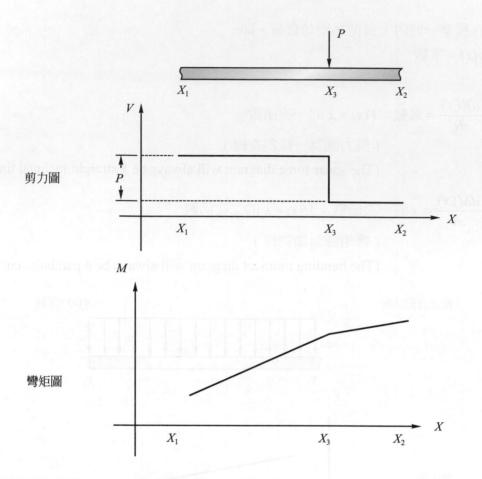

4. 當樑遇到力偶作用時，彎矩圖會產生一段落差。
   剪力圖不變

When a beam is subjected to a bending moment, the bending moment diagram will have a discontinuity or jump. The shear force diagram remains unchanged.

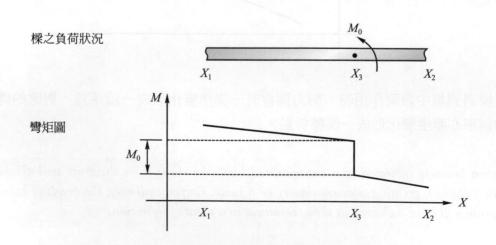

5. 當樑的某一截面上 $V(x) = 0$，此時同一截面上的彎矩為最大值。

When the shear force, V(x), is equal to zero at a certain section of the beam, the bending moment at the same section is at its maximum value.

6. 由於 $M(x)$ 對 x 的一次微分等於 $V(x)$，亦即 $M(x)$ 為 $V(x)$ 對 x 的積分，故彎矩圖為剪力圖下之面積。

Since the first derivative of M(x) with respect to x is equal to V(x), that is, M(x) is the integral of V(x) with respect to x, the bending moment diagram is the area under the shear force diagram.

本來，剪力圖與彎矩圖必須先求出樑上各段之 $V(x)$ 與 $M(x)$ 後再來畫，但有了以上 6 項推論後，我們不必再麻煩地先求出 $V(x)$ 與 $M(x)$，就可輕易畫出剪力圖與彎矩圖了。

--- 例題 **4-6** |--

針對下圖的簡支樑，畫出其剪力圖與彎矩圖。

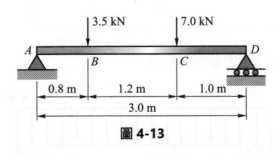

圖 **4-13**

解

首先利用靜力平衡求出 R_a，R_d。

$R_a = 4.9\text{kN}\uparrow$; $R_d = 5.6\text{kN}\uparrow$

再依樑上負荷狀況，將樑分段，依此題所示，樑分成三段：AB、BC 與 CD 段。

AB 段：無均勻負荷故剪力圖為水平線，彎矩圖為斜直線

BC 段：與 AB 段相同

CD 段：與 AB, BC 段相同

得知三段剪力圖與彎矩圖之大略曲線形狀後，必須先知原點即 A 點之剪力與彎矩。

$V_a = R_a = 4.9\text{kN}$

$M_a = 0$

畫出剪力圖與彎矩圖之座標

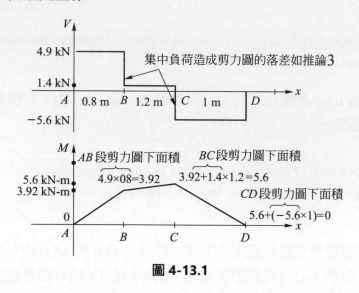

圖 4-13.1

這有一點需注意：由於此樑為簡支樑，A，D 兩端點並無彎矩作用，故在彎矩圖上，A，D 兩點之彎矩座標值都必須為零才合理，且最大彎矩 360N-m 產生於剪力 $V(x)$ 為零的 C 處。

例題 4-7

試繪出圖 (4-14) 中樑之剪力圖與彎矩圖。

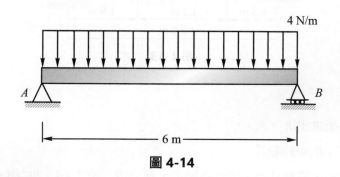

圖 4-14

解

首先以靜力平衡方程式求出支承 A、B 之反作用力 R_a、R_b

$$R_a = 12\text{N}\uparrow$$

$$R_b = 12\text{N}\uparrow$$

故我們可得邊界條件 A、B 兩點之剪力 V 與彎矩 M。

$$V_a = R_a = 12\text{N} \; ; \; M_a = 0$$

$$V_b = -R_b = -12\text{N} \; ; \; M_b = 0$$

■ 註：在此題中，你如何知道彎矩最大 (即剪力為零) 發生處是在 C 點上 ($x = 3\text{m}$) ？我們可令剪力為零是
發生在 x 處如推論 5，即

$$V_x = 12 - 4x = 0$$

$$x = 3\text{m}$$

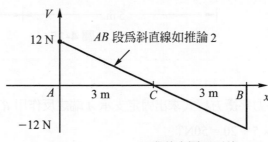

剪力圖

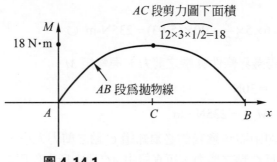

彎矩圖

圖 4-14.1

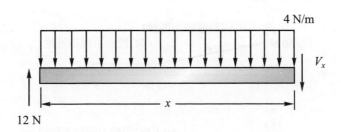

圖 4-14.2

---- **例題** 4-8 ---

試繪圖 (4-15) 中的懸臂樑之剪力圖與彎矩圖。

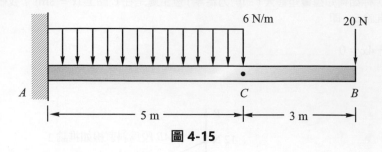

圖 **4-15**

解

首先利用靜力平衡方程式求出固定支承 A 端之反作用 R_a 與反作用彎矩 M_a

$$R_a = 6 \times 5 + 20 = 50\text{N}\uparrow$$

$$M_a = 6 \times 5 \times \frac{5}{2} + 20 \times (5+3) = 235\text{N-m} \circlearrowleft$$

故我們可得邊界條件 A 端之剪力 V 與彎矩 M。

$$V = R_a = 30\text{N}$$

$$M = -M_a = -235\text{N} \cdot \text{m}$$

註：在此題中需注意我們必須知道 C 點之剪力大小，才有辦法將 AC 段剪力圖之斜直線畫出，而 C 點之剪力，可直接由 AC 段上所有作用之合力獲得，即

$$V_c = \Sigma F_{ac} = 50 - 5 \times 6 = 20\text{N}$$

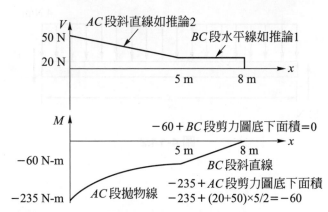

例題 **4-9**

試繪圖 (4-16) 中的懸臂樑之剪力圖與彎矩圖。

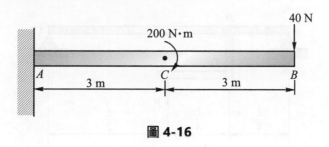

圖 4-16

解

首先利用靜力平衡方程式求出固定支承 A 之反作用 R_a 與反作用彎矩 M_a。

$R_a = 40\text{N}\uparrow$

$M_a = 200 + 40 \times 6 = 440\text{N} \cdot \text{m}$

故我們可得邊界條件 A 端之剪力 V 與彎矩 M。

$V = R_a = 40\text{N}$

$M = -M_a = -440\text{N} \cdot \text{m}$

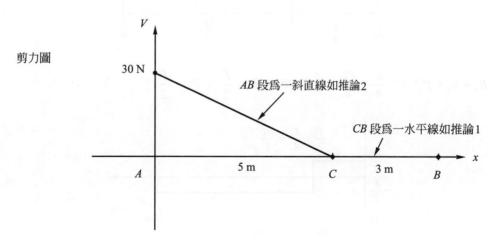

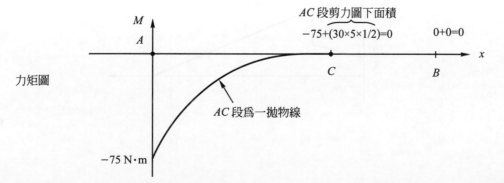

例題 4-10

試繪圖 (4-17) 中樑之剪力圖與彎矩圖。其中 BCE 視為鋼體

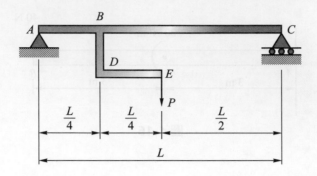

解

首先將負荷 P 移至 B 點將變為向下集中負荷 P 與彎矩 $\dfrac{PL}{4}$ $\circlearrowleft$

根據下圖求得兩支承反力

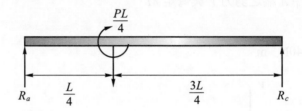

$$R_a + R_b = P \;;\; P \times \frac{L}{4} + \frac{PL}{4} - R_c L = 0 \;;\; R_c = \frac{P}{2} \;;\; R_a = \frac{P}{2}$$

學生練習

4-4.1 ～ 4 　試畫下述各樑之剪力圖與彎矩圖：

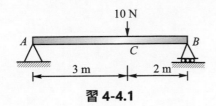

習 4-4.1

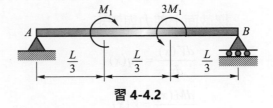

習 4-4.2

Ans：

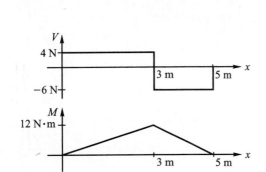

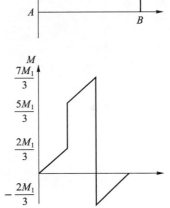

4-4.3

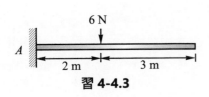

習 4-4.3

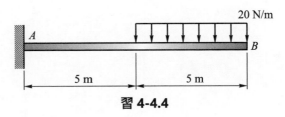

習 4-4.4

Ans：

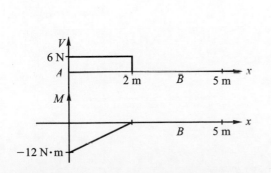

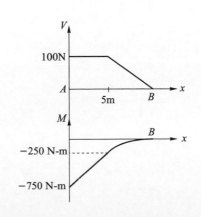

重點公式：

靜力平衡方程式

$$\Sigma F_x = 0 \; ; \; \Sigma F_y = 0 \; ; \; \Sigma M = 0$$

樑截面上剪力與彎矩

$$\frac{dV(x)}{dx} = -q(x)$$

$$\frac{dM(x)}{dx} = V(x)$$

學後 總 評量

▌ 基本習題

- **P4-1 ～ P4-6**：試求出圖 (P4-1) ～ (P4-6) 中各樑支承之反作用力，並以剖面法求 *C* 點截面上剪力與彎矩。

- **P4-7 ～ P4-12**：請畫出圖 (P4-1) ～ (P4-6) 中各樑之剪力圖與彎矩圖，並由圖中求出最大彎矩發生處。

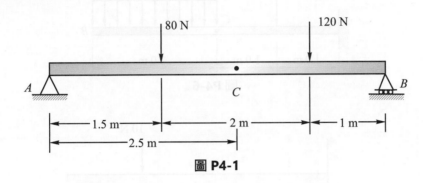

圖 P4-1

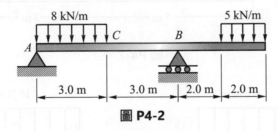

圖 P4-2

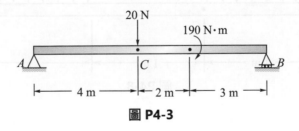

圖 P4-3

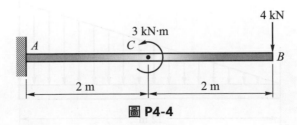

圖 P4-4

4-29

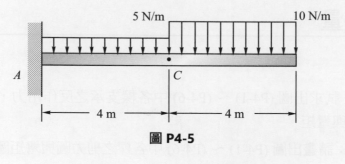

圖 P4-5

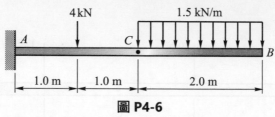

圖 P4-6

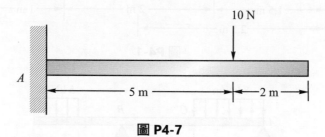

圖 P4-7

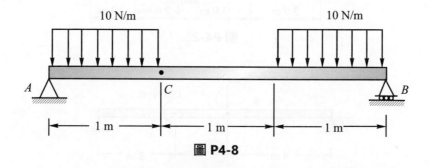

圖 P4-8

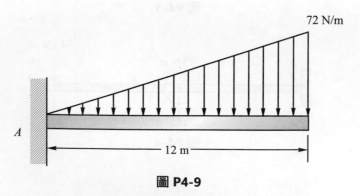

圖 P4-9

- **P4-13 ～ P4-15**：請求出圖 (P4-7) ～ (P4-9) 中各樑之剪力函數 $V(x)$ 與彎矩函數 $M(x)$。

▌進階習題

- **P4-16 ～ P4-19**：請求出圖 (P4-10) ～ (P4-13) 中最大彎矩發生處。

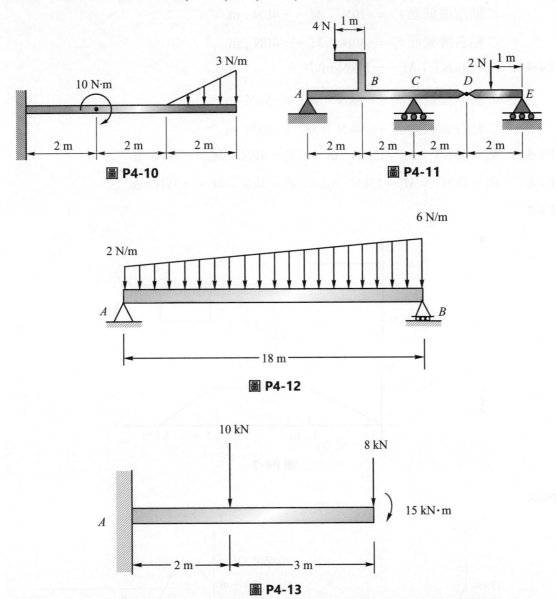

圖 P4-10　　　　　　　　　圖 P4-11

圖 P4-12

圖 P4-13

- **P4-20 ～ P4-23**：請畫出圖 (P4-10) ～ (P4-13) 中各樑之剪力圖與彎矩圖。

解答

P4-1 $R_a = 80\text{N}\uparrow$; $R_b = 120\text{N}\uparrow$, $V_c = 0$; $M_c = 120\text{N} \cdot \text{m}$

P4-2 $R_a = 13\text{kN}\uparrow$; $R_b = 21\text{kN}\uparrow$, $V_c = -11\text{kN}$; $M_c = 3\text{kN} \cdot \text{m}$

P4-3 $R_a = 10\text{N}\downarrow$; $R_b = 30\text{N}\uparrow$

        C 點左邊截面 $V_c^- = -10\text{N}$; $M_c = -40\text{N} \cdot \text{m}$

        C 點右邊截面 $V_c^- = -30\text{N}$; $M_c = -40\text{N} \cdot \text{m}$

P4-4 $R_a = 4\text{kN}\uparrow$; $M_a = -13\text{kN-m}\circlearrowleft$

        C 點左邊截面 $V_c^- = 4\text{kN}$; $M_c^- = -5\text{kN} \cdot \text{m}$

        C 點右邊截面 $V_c^+ = 4\text{kN}$; $M_c^+ = -8\text{kN} \cdot \text{m}$

P4-5 $R_a = 60\text{N}\uparrow$; $M_a = 280\text{N} \cdot \text{m}$, $\circlearrowleft V_c = 40\text{N}$; $M_c = -80\text{N} \cdot \text{m}$

P4-6 $R_a = 7\text{kN}\uparrow$; $M_a = 13\text{kN} \cdot \text{m}\circlearrowleft$; $V_c = 3\text{kN}$; $M_c = -3\text{kN} \cdot \text{m}$

P4-7

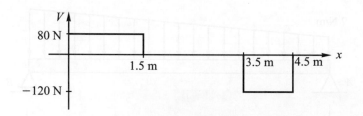

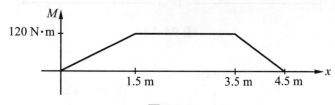

圖 **P4-7**

P4-8

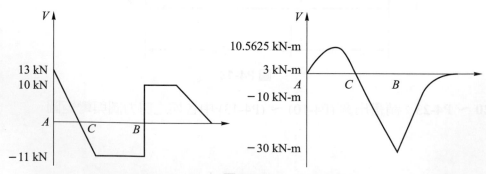

圖 **P4-8**

P4-9

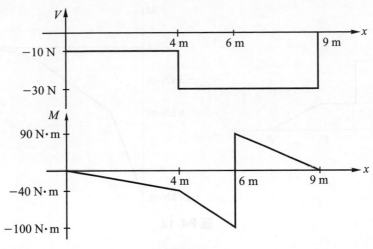

圖 **P4-9**

P4-10

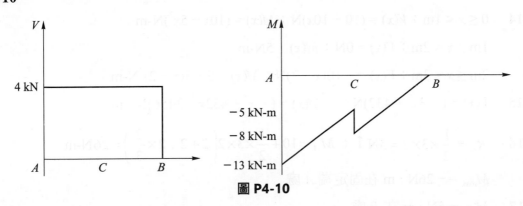

圖 **P4-10**

P4-11

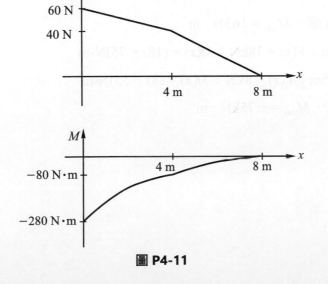

圖 **P4-11**

P4-12

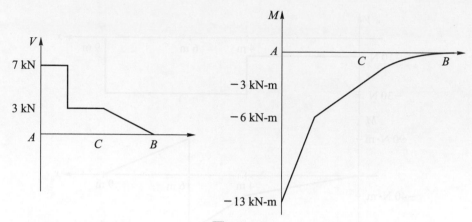

圖 P4-12

P4-13 $0 < x < 5\text{m}$；$V(x) = 0$ $\qquad$ $M(x) = (10x - 50)\text{N} \cdot \text{m}$

$\qquad$ $5\text{m} < x < 7\text{M}$；$V(x) = 0$ $\qquad$ $M(x) = 0$

P4-14 $0 \le x < 1\text{m}$；$V(x) = (10 - 10x)\text{N}$；$M(x) = (10x - 5x^2)\text{N-m}$

$\qquad$ $1\text{m} \le x < 2\text{m}$；$V(x) = 0\text{N}$；$M(x) = 5\text{N-m}$

$\qquad$ $2\text{m} \le x < 3\text{m}$；$V(x) = -10(x - 2)\text{N}$；$M(x) = 5 - 5(x - 2)^2\text{N-m}$

P4-15 $V(x) = (-3x^2 + 432)\text{N}$ $\qquad$ $M(x) = (-x^3 + 432x - 3456)\text{N} \cdot \text{m}$

P4-16 $R_A = \dfrac{1}{2} \times 3 \times 2 = 3\text{N} \uparrow$；$M_A = 10 + \dfrac{1}{2} \times 3 \times 2\left(2 + 2 + 2 \times \dfrac{2}{3}\right) = 26\text{N-m}$

$\qquad$ $M_{\max} = -26\text{N} \cdot \text{m}$ 在固定端 A 處

P4-17 $M_{\max} = 5\text{N} \cdot \text{m}$ 在 B 處

P4-18 $0 \le x < 18\text{m}$；$V(x) = \left(30 - 2x - \dfrac{x^2}{9}\right)\text{N}$；$M(x) = \left(30x - x^2 - \dfrac{x^2}{27}\right)\text{N-m}$

$\qquad$ $x = 9.73\text{m}$ 處，$M_{\max} = 163\text{N} \cdot \text{m}$

P4-19 $0 \le x < 2\text{m}$；$V(x) = 18\text{kN}$；$M(x) = (18x - 75)\text{N-m}$

$\qquad$ $2\text{m} \le x < 5\text{m}$；$V(x) = 8\text{kN}$；$M(x) = (8x - 55)\text{N-m}$

$\qquad$ $x = 0\text{m}$ 處，$M_{\max} = -75\text{kN} \cdot \text{m}$

P4-20

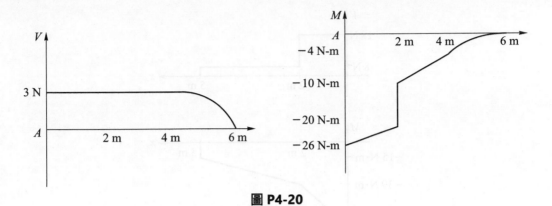

圖 **P4-20**

P4-21

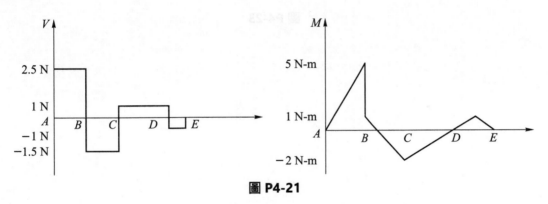

圖 **P4-21**

P4-22

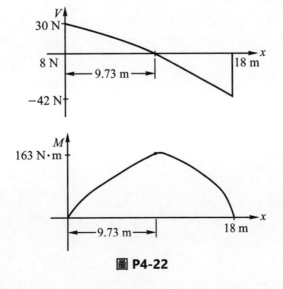

圖 **P4-22**

P4-23

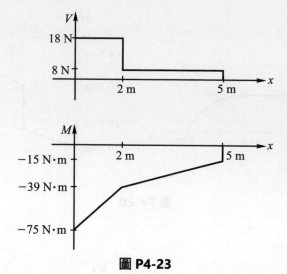

圖 P4-23

第 **05** 章

樑之應力

1. 瞭解樑上負荷所造成的正應力與剪應力在橫截面上的分佈情形。

2. 分析出不同形狀的截面時,對橫向負荷所造成的正應力與剪應力。

3. 瞭解如何分析組合樑與複合樑的應力值。

5-1 ┊ 樑之正向應變與應力 (Stresses in Beams)

　　在上一章裡我們已瞭解到如何求出樑橫截面上的剪力與彎矩,但為了進一步解決樑的強度問題,就必需針對橫截面上各點的應力分佈狀況加以探討。首先我們對承受純彎矩 (pure bending),即樑上各截面剪力為零的樑來分析 (即樑上各截面剪力為零)的樑來分析,因為樑上無剪力負荷故對樑僅會造成正向應力而無剪應力,就圖 (5-1)純彎曲樑而言,實線部分為原始位置,虛線為變形後的位置。

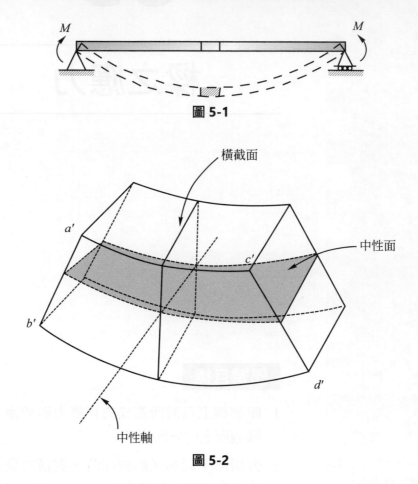

圖 5-1

橫截面

中性面

a'

c'

b'

d'

中性軸

圖 5-2

　　將變形後的樑上取一小元素放大至圖 (5-2) 中,由圖上我們可清楚地發現:彎曲變形後,上頂面長度較原長為短,下底面的長度較原長為長,而在縮短至伸長的過程中,我們可斷定必有一平面的長度不變,此平面便定義為**中性面** (neutral surface),而此中性面與樑橫截面的交軸便稱為樑之**中性軸** (neutral axis)。不過,在進行分析前,我們必須先對樑進行平面假設,所謂平面假設是指:樑在變形前的橫截面在變形後仍保持為平面,並且仍垂直於變形後的樑軸線,事實上,就實驗結果而言,這樣的假設是合理且正確的。

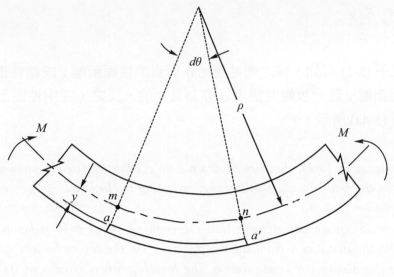

圖 5-3

現在就讓我們根據此一平面假設，在樑變形後截出一段元素如圖 (5-3) 所示，若 $\overset{\frown}{mn}$ 曲線為中性面所在位置，則我們可推論出距離中性面 y 處的 $\overset{\frown}{aa'}$ 曲線的伸長量為

$$\delta = \overset{\frown}{aa'} - \overset{\frown}{mn}$$

$$\delta = (y + \rho) \cdot d\theta - \rho \cdot d\theta$$

$$\delta = yd\theta$$

這裡 ρ 為中性面之曲率半徑 (radius of curvature)，$d\theta$ 為 $\overline{ma}$ 與 $\overline{na'}$ 兩橫截面的相對轉角，故我們可獲得線應變 ε 為

$$\varepsilon = \frac{\delta}{\overset{\frown}{aa'}}$$

$$\varepsilon = \frac{yd\theta}{\rho \cdot d\theta}$$

$$\varepsilon = \frac{y}{\rho} \tag{5-1}$$

由 (5-1) 式可知，樑上應變值與其到中性面距離 y 成正比。再來根據樑之虎克定律 $\sigma = E \cdot \varepsilon$，我們可得

$$\sigma = \frac{E \cdot y}{\rho} \qquad\qquad (5\text{-}2)$$

現在由式子 (5-2) 可知，樑之彎曲應力 σ 與到中性面距離 y 成線性正比，在樑之上，下頂面因距離 y 最大故彎曲應力 σ 亦為最大值，反之，在中性面上彎曲應力應該為零，如圖 (5-4a) 所示。

According to equation (5-1), the normal strain ε on a beam is directly proportional to its distance y from the neutral axis. Furthermore, according to Hooke's Law $\sigma = E\varepsilon$ for beams we can get equation (5-2).

From equation (5-2), we can deduce that the bending stress σ in a beam is linearly proportional to the distance y from the neutral axis. On the top or bottom surface of the beam, where the distance y is maximum, the bending stress is also at its maximum. Conversely, at the neutral axis, the bending stress should be zero, as shown in Figure (5-4a).

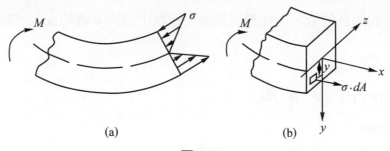

(a)　　　　　　　　　(b)

圖 5-4

我們現在已經知道樑上的彎曲應力 σ 是如何分佈，但尚無法求出其值 (因為尚有一未知量 ρ)，故在這我們必須以靜力平衡方程式來推導，我們可由樑之橫截面上取一平面元素 dA，如圖 (5-4b) 所示，作用於此平面上，平行軸的力為

$$N = \int_A \sigma \cdot dA$$

故對 z 軸造成的彎矩 M_z 與對 y 軸造成的彎矩 M_y 分別為

$$M_z = \int_A y \cdot \sigma \, dA \quad , \quad M_y = \int_A z \cdot \sigma \, dA$$

將 (5-2) 式代入上式

$$M_z = \int_A y \cdot \frac{Ey}{\rho} \, dA = \frac{E}{\rho} \int_A y^2 \, dA$$

$$M_y = \int_A z \cdot \frac{Ey}{\rho} dA = \frac{E}{\rho} \int_A y \cdot z dA$$

由平衡條件可知 M_z 即等於作用於樑上的彎矩 M，而 x 軸上作用力 N 為零，M_y 亦為零，故

$$M = M_z = \frac{E}{\rho} \int_A y^2 dA \qquad (5\text{-}3a)$$

$$N = \frac{E}{\rho} \int_A y dA = 0 \qquad (5\text{-}3b)$$

$$M_y = \frac{E}{\rho} \int_A y \cdot z dA = 0 \qquad (5\text{-}3c)$$

由 $N = 0$ 中，我們可知 $\int_A y dA = 0$，此積分值為零的意義，就是**中性軸必通過橫截面的形心**。此結論對我們如何確定中性軸位置有莫大的幫助。

This equation $\int_A y dA = 0$ states that the first moment of the area of the cross section, evaluated with respect to the z axis, is zero. In other words, the z axis must pass through the centroid of the cross section. Since the z axis is also the central axis, we have the following important conclusion:
The central axis must pass through the centroid of the cross section.

現在讓我們回到 (5-3a) 式

$$M = \frac{E}{\rho} \cdot I_z$$

或 $$\frac{1}{\rho} = \frac{M}{EI_z} \qquad (5\text{-}4)$$

I_z 為積分值 $\int_A y^2 dA$，即為橫截面對 z 軸 (中性軸) 的慣性矩。

This integral is the moment of inertia of the cross-section area with respect to the z axis (that is, with respect to the neutral axis).

將 (5-4) 代回 (5-2) 中可得

$$\sigma = \frac{M \cdot y}{I_z} \tag{5-5}$$

式子 (5-5) 即為樑在純彎矩作用下所造成的正應力公式，其中 y 為與中性軸 z 之距離，值得注意的是此處的 y 是以向下為正。

Equation (5-5) represents the formula for the normal stress caused by pure bending in a beam, where y is the distance from the neutral axis z. It is important to note that in this equation, y is considered positive in the downward direction.

針對一般常見的剖面，其慣性矩值如下：

$$I_z = \frac{bh^3}{12}$$

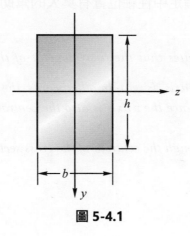

圖 **5-4.1**

$$I_z = \frac{\pi d^4}{64} \tag{5-6}$$

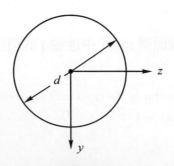

圖 **5-4.2**

$$I_z = \frac{\pi}{64}(d_o^4 - d_i^4)$$

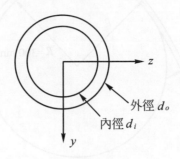

外徑 d_o

內徑 d_i

圖 5-4.3

--- **例題** **5-1** |--

將一鋼條繞著一鋼圈，如圖 (5-5) 所示，試求 A 點之應變與應力值？鋼之 $E = 200\text{GPa}$。

解

由式子 (5-1)，(5-2) 可知：

$$\varepsilon = \frac{y}{\rho}$$

$$\sigma = \frac{Ey}{\rho}$$

而題意中告訴我們

$$\rho = (300 + \frac{1}{2})\text{mm}$$

$$y = \frac{1}{2}\text{mm}$$

$E = 200\text{GPa}$

故彎曲應變與應力為：

$$\varepsilon = \frac{0.5}{300.5} = 0.00166\text{mm/mm}$$

$$\sigma = 200 \times 10^9 \times 0.00166 = 332.8 \times 10^6 \text{Pa} = 332.8\text{MPa}$$

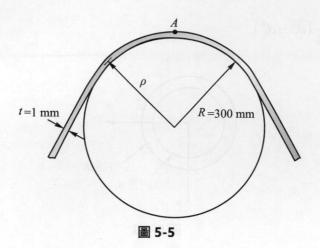

t=1 mm

R=300 mm

ρ

A

圖 5-5

------- 例題 5-2 ---

一矩形截面的樑，其剖面尺寸如圖(5-6)所示，若此樑承受100N · m的彎矩作用，
試求 A、B 兩點之彎曲應力。

解

根據式子 (5-5) 我們可知：

$$\sigma = \frac{M \cdot y}{I_z}$$

其中

$$M = 100\text{N} \cdot \text{m} = -100 \times 10^3 \text{N-m}$$

$$I_z = \frac{20 \times 30^3}{12} = 4.5 \times 10^4 \text{cm}^2 = 4.5 \times 10^8 \text{mm}^4$$

對 A 點而言

$$y = -15\text{cm} = -150\text{mm}$$

故

$$\sigma_a = \frac{(-100 \times 10^3) \times (-150)}{4.5 \times 10^8} = 0.03\text{MPa}（拉應力）$$

對 B 點而言

$$y = 0$$

即 B 點在剖面的中性軸上（因中性軸通過剖面形心位置），故

$$\sigma_b = 0$$

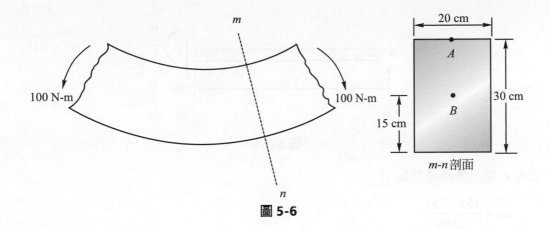

圖 5-6

例題 **5-3**

試求圖 (5-7) 中簡支樑的 C 點所受的彎曲應力。

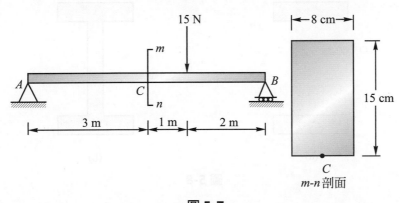

圖 5-7

解

首先要求出 m-n 截面上所受的彎矩值,我們可對 C 點作力矩

$\Sigma M_c = 0$;$5 \times 3 - M_c = 0$

$M_c = 15\text{N} \cdot \text{m}$

而此截面之慣性矩 I 為

$I = \dfrac{8 \times 15^3}{12}$

$I = 2250\text{cm}^4$

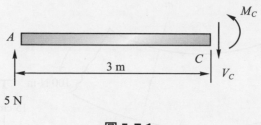

圖 5-7.1

因此 C 點之彎曲應力為

$$\sigma_c = \frac{15 \times (7.5)}{2250}$$

$\sigma_c = 50\text{KPa}$

事實上，樑之截面除了矩形外，由於愈靠近中性軸處的彎曲應力愈小，故在節省材料的原則下愈靠近中性軸處的材料應該愈少愈好，最好的情況是如圖 (5-8a) 所示，但事實上，這是不可能發生的剖面，故一般常用 I 型剖面即寬翼樑來代替，如圖 (5-8b) 所示。

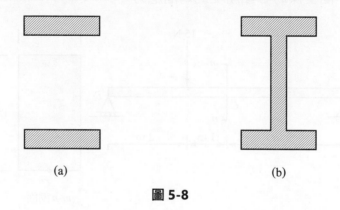

(a)   (b)

圖 5-8

例題 **5-4**

試求圖 (5-9) 裡的懸臂樑，固定支承處的最大彎曲應力 σ_{max}，若此樑之剖面為 W16 × 26 級 I 型剖面。若此均勻負荷作用於平行紙面的 y 軸上，則此樑的最大彎曲應力 σ_{max} 又為何？

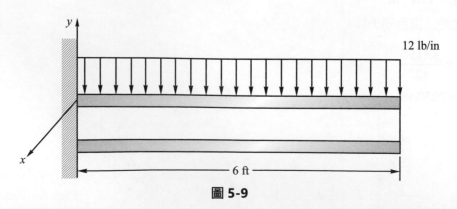

圖 5-9

解

首先針對彎曲應力的公式 $\sigma_{max} = \dfrac{M_{max} \times y_{max}}{I}$ 可知樑上最大彎矩應力發生於最大彎矩

M_{max} 處根據前一章我們可知此樑最大彎矩發生於固定端故先求出固定端的彎矩 M_{max}

$$M_{max} = 12 \times 6 \times 12 \times \frac{1}{2} \times 6 \times 12$$

$$M_{max} = 31104 \text{ lb-in}$$

查附錄 D-2 得 W16 × 26　I 型剖面

$$I_{xx} = 301 \text{ in}^4$$

$$y_{max} = \frac{1}{2}d = \frac{1}{2} \times 15.69$$

$$y_{max} = 7.845 \text{ in}$$

故彎曲應力 σ_{max}

$$\sigma_{max} = \frac{My}{I}$$

$$\sigma_{max} = \frac{31104 \times 7.845}{301}$$

$$\sigma_{max} = 810.7 \text{psi}$$

※ 若此時均勻負荷作用於出紙面的 x 軸上此樑最大彎矩還是發生於固定端且其值不變

$$M_{max} = 31104 \text{ lb-in}$$

但此時慣性矩必須變為 $I_{yy} = 9.59 \text{ in}^4$

$$y_{max} = \frac{b_f}{2} = \frac{5.5}{2} = 2.75 \text{in}$$

故此時最大彎矩應力

$$\sigma_{max} = \frac{31104 \times 2.75}{9.59} = 8919.3 \text{ lb/in}$$

$$\sigma_{max} = 8919.3 \text{psi}$$

學生練習

5-1.1 直徑 D 的鋼索繞一半徑 r 的輪鼓上，求鋼索最大彎矩與其應力 $E = 200\text{Gpa}$；$D = 4\text{mm}$；$r = 0.5\text{m}$。

Ans：彎矩 $M = 5\text{N-m}$；$\sigma_{\max} = 796.8\text{MPa}$

5-1.2 一矩形樑其長、寬分別為 75mm，50mm，若其兩端承受 5000000N-mm 的彎矩作用，試求其截面上最大的彎曲應力。

Ans：$\sigma_{\max} = 106.7\text{MPa}$

5-1.3 一懸臂樑如圖 (5-1.3) 所示 (1) 試求固定端上 A 點之彎曲應力，其中樑為直徑 50mm 之圓截面，(2) 若此樑允許應力 $\sigma_a = 5\text{MPa}$，求此時最小直徑 d。

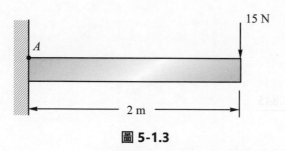

圖 5-1.3

Ans：(1) $\sigma = 2.45\text{MPa}$；(2) $d = 40\text{mm}$

5-1.4 求圖 (5-1.4) 中 C 點之彎曲應力值。

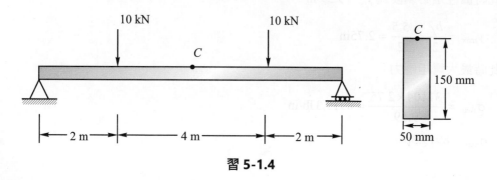

習 5-1.4

Ans：$\sigma = -106.7\text{MPa}$

5-2 ｜ 樑之剪應力 (Shear Stresses in Beams)

樑上的負荷除了會造成 5-1 節的彎曲應力外，對樑之橫截面亦會形成剪應力，因為我們知道當樑受到負荷作用時，每個截面都會有彎矩與剪力，其中彎矩會形成彎曲應力 (正應力) 而剪力則形成剪應力。針對圖 (5-10a) 的樑取一長度 dx 的小元素放大至圖 (5-10b)、(5-10c) 中，由圖 (5-10b) 中我們可獲得彎矩對此小元素造成 x 方向的作用力分別為 F' 與 F，其中 F' 為右截面應力 σ' 所形成的合力，F 為左截面應力 σ 所形成的合力。

$$F' = \int_A \sigma' dA = \int_A \frac{(M+dM) \cdot y}{I} \cdot dA$$

$$F = \int_A \sigma dA = \int_A \frac{M \cdot y}{I} \cdot dA$$

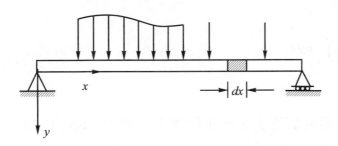

圖 5-10(a)

而由圖 (5-10c) 中可獲得剪應力造成 x 方向的作用力 F'' 為剪應力 τ' 乘以圖中陰影面積 dA'

$$F' = \tau' \cdot dA'$$

由剪應力互等原理可知 $\tau' = \tau$，而圖中陰影部分面積 $dA' = b \cdot dx$，因此上式 F'' 可重寫成

$$F'' = \tau \cdot b \cdot dx$$

到此我們由靜力平衡方程式可得對此小元素 dx 之 x 方向的合力

$$\Sigma F_x = -F + F' - F'' = 0$$

即

$$-\int_A \frac{My}{I}dA + \int_A \frac{(M+dM)y}{I}dA - \tau \cdot bdx = 0$$

$$\int_A \frac{dM}{I}ydA = \tau \cdot bdx$$

$$\tau = \frac{dM}{dx} \cdot \frac{\int_A ydA}{I \cdot b}$$

由第四章中我們可知彎矩 M 對距離 x 的一次微分為剪力 V，即

$$\frac{dM}{dx} = V$$

故上式可重寫成

$$\tau = \frac{V}{Ib}\int_A ydA \tag{5-7}$$

式子 (5-7) 中

V：為相對剪應力 τ 所在位置上之剪力 (shear force at the location of the relative shear stress)

I：為截面之慣性矩 (moment of inertia of the cross-section)

b：為相對剪應力 τ 所在位置之寬度 (the width at the location of the relative shear stress τ)

$\int_A ydA$：面積對中性軸的一次矩，常以字母 Q 表示之，即 (the first moment of area about the neutral axis, often represented by the letter Q, that is)

$$Q = \int_A ydA \tag{5-8}$$

故 (5-7) 式可重寫成

$$\tau = \frac{VQ}{Ib} \tag{5-9}$$

對中性軸上半部元素 p 而言，Q 為其元素所在位置至截面上頂面之陰影部分面積 A 乘以此面積之形心至中性軸的距離 $\overline{y}$。

對中性軸下半部元素 p' 而言，Q 為其元素所在位置至截面下底面之陰影部分面積 A' 乘以此面積之形心到中性軸的距離 $\overline{y}$。

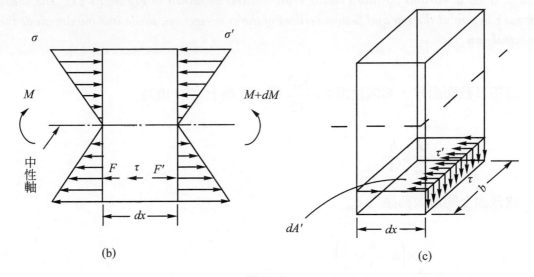

圖 5-10

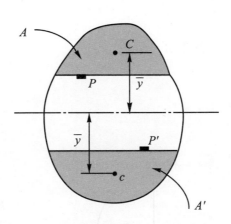

圖 5-10.1

因此對同一截面上的剪應力 τ 而言，其 V、I 與 b 值皆固定，唯一不同的為 Q 之值，按照 Q 之定義式子 (5-8) 所言，我們可知，樑之上頂面與下底面由於面積 A 為零故 Q 為零，而中性軸上由於面積 A 最大故 Q 最大，因此我們根據此一結果可獲得截面上各位置之剪應力 τ 的分佈情形，如圖 (5-11) 所示。在截面的上下頂點剪應力 τ 為零而在中性軸處剪應力 τ 最大。

Therefore, for the same shear stress τ on a given cross-section, the values of V, I, and b are fixed, and the only difference is the value of Q. According to the definition of Q as given in equation (5-8), we can understand that the top and bottom surfaces of the beam have a zero value for Q because their area A is zero. However, along the neutral axis, where the area A is maximum, Q is also maximum. Based on this result, we can determine the distribution of shear stress at various positions on the cross-section, as shown in Figure (5-11). The shear stress τ is zero at the top and bottom vertices of the cross-section, while it is maximum at the neutral axis.

就矩形截面而言，其慣性矩 $I = \dfrac{bh^3}{12}$ 而中性軸上之 Q 值為

$$Q = b \times \frac{h}{2} \times \frac{h}{4}$$

故截面上的最大剪應力 τ_{max}

$$\tau_{max} = \frac{V \times \left(b \times \dfrac{h}{2} \times \dfrac{h}{4} \right)}{\dfrac{bh^3}{12} \times b}$$

$$\tau_{max} = \frac{3V}{2A} \qquad 其中 A = b \cdot h$$

為平均剪應力 $\dfrac{V}{A}$ 之 $\dfrac{3}{2}$ 倍。

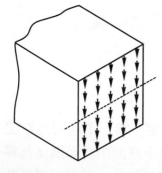

圖 5-11

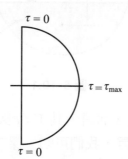

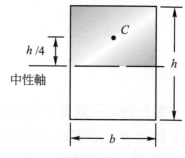

圖 5-11.1

同理可獲得各不同常用形狀之樑的最大剪應力 σ_{max} 值，如下表 (5-1)。

表 5-1

樑剖面之形狀	公式
	$\tau_{max} = \dfrac{3V}{2A}$
	$\tau_{max} = \dfrac{4V}{3A}$
	$\tau_{max} = \dfrac{2V}{A}$
肋	$\tau_{max} = \dfrac{V}{A_{肋}}$

--- **例題** 5-5 |--

一樑如圖 (5-12) 所示，試求 A，B，C 三點形成的剪應力與彎曲應力，若此樑為矩形截面。

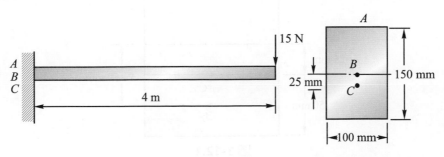

15 N

A
B
C

4 m

A

B

C

25 mm

150 mm

100 mm

圖 5-12

解

要求樑上的剪應力與彎曲應力，首先必須把所在截面的剪力與彎矩求出。依照第四章的方法我們可知

$V = 15\text{N}$

$M = -15 \times 4 = -60\text{N} \cdot \text{m}$

先針對 A 點而言，由於它在上頂面上，故：

$\tau_a = 0$

$$\sigma_a = \frac{(-60) \times (-0.075)}{\frac{0.1 \times 0.15^3}{12}}$$

$\sigma_a = 160\text{KPa}$

對 B 點而言，由於它在中性軸上故剪應力為最大值等於 $\frac{3V}{2A}$

$$\tau_b = \frac{3 \times 15}{2 \times 0.1 \times 0.15}$$

$\tau_b = 1.5\text{KPa}$

$\sigma_b = 0$

對 C 點而言，我們代公式 (5-5) 與 (5-9)

$$\tau_c = \frac{15 \times (0.05 \times 0.1 \times 0.05)}{\frac{0.1 \times 0.15^3}{12}} \quad , \quad \tau_c = 1.33\text{KPa}$$

$$\sigma_c = \frac{(-60) \times 0.025}{\frac{0.1 \times 0.15^3}{12}} \quad , \quad \sigma_c = -53.3\text{KPa}$$

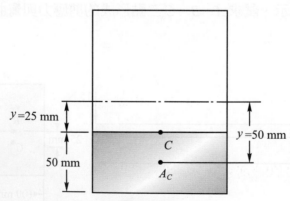

圖 5-12.1

---- 例題 **5-6** ---

一樑如圖 (5-13) 所示，(1) 此樑產生最大彎矩應力發生處與其值為何？ (2) 此樑
a-a 截面上最大剪應力與彎曲應力，若此樑為直徑 100mm 圓形截面。

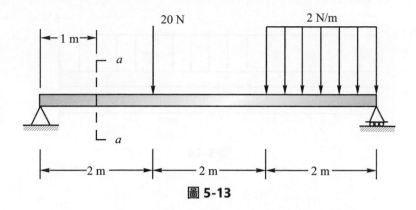

圖 5-13

解

要求樑上的剪應力與彎曲應力，首先必須把所在截面的剪力與彎矩求出。依照第四章
的方法我們可知

(1) 此樑之最大彎矩

$M_{max} = 28$N-m

故其最大彎矩應力

$\sigma_{max} = \dfrac{32M}{\pi d^3} = \dfrac{32 \times 28}{\pi \times 0.1^2} = 285.35$KPa 發生在集中負荷 20N 作用處下頂面

(2) *a-a* 截面的剪力與彎矩分別為

$V = 14$N

$M = 14 \times 1 = 14$N · m

$\sigma = \dfrac{32M}{\pi d^3} = \dfrac{32 \times 14}{\pi \times 0.1^3} = 142.7$KPa 發生在下頂點

根據表 (5-1) 可知圓截面之最大剪應力發生於中性軸處，其值為

$\tau = \dfrac{4V}{3A} = \dfrac{4 \times 14}{3 \times \pi \times 0.05^2} = 2.38$KPa 發生於中性軸處

PS：此處可發現在樑上彎矩所產生的彎矩應力將遠大於剪力所產生的剪應力 ◼

如圖 (5-14) 所示的懸臂樑，若其最大剪應力不超過 50KPa 最大拉應力不超過 25MPa，則其截面直徑至少要多少才安全？

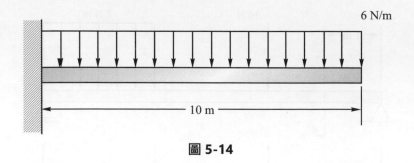

圖 5-14

解

首先要將樑上產生之最大剪力與彎矩求出：

$$V_{max} = 6 \times 10 = 60N$$

$$M_{max} = 6 \times 10 \times 5 = 300N \cdot m$$

再根據式子 (5-5) 與表 (5-1) 可知

$$\sigma_{max} = \frac{32M_{max}}{\pi d^3}$$

$$\frac{32 \times 300}{\pi \times d^3} < 25 \times 10^6$$

$$d > 49.6mm$$

$$\tau_{max} = \frac{4V}{3A}$$

$$\frac{4 \times 60}{3 \times \frac{\pi d^2}{4}} < 50 \times 10^3$$

$$d > 45mm$$

二者取大者，故 d 至少要 49.6mm

學生練習

5-2.1　求樑上最大彎矩應力與截面上 A，B，C 三點之剪應力各為何？

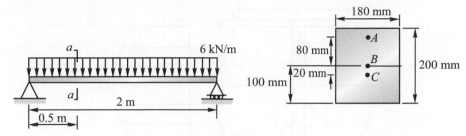

習 5-2.1

Ans：$\sigma_{max} = 2.5$MPa，$\tau_a = 45$MPa，$\tau_b = 125$MPa，$\tau_c = 120$MPa

5-2.2　試求在圖 (5-2.2) 中樑之允許正應力為 200MPa，允許剪應力為 50MPa 的情形下，此樑之最小直徑 $d =$？

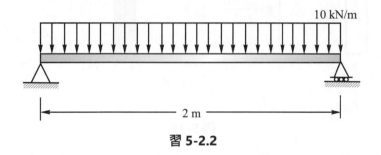

習 5-2.2

Ans：$d = 63.4$mm

5-3 │ 寬翼樑之剪應力 (Shear Stress of a Wide-Flange Beam)

　　先前我們曾提過，除了常用的矩形與圓形截面外，另外為節省材料亦常用工型截面 (其原因在圖 (5-8) 中已有說明) 此類型的截面由於在上下兩端有較大寬度的翼板，而在中間則採寬度較小的腹板如圖 (5-15a) 所示，故亦稱為寬翼樑。

　　此種類型的樑在承受彎曲應力時，由於已知愈靠近中性軸處的彎曲應力值愈小故在腹板處雖寬度驟減，亦不致於嚴重影響其強度，但在承受剪應力時，由於愈靠近中性軸處的剪應力值愈大，故我們就必須對此種類型的樑其剪應力分佈狀況加以詳細探討。

首先此種截面為對稱截面，故我們能很快地決定出其形心位置 C 與中性軸，對腹板而言，由於其寬度 t 為根據式子 (5-9) 我們可得腹板上 $\tau_{\max}$ 的 τ_1 與各為

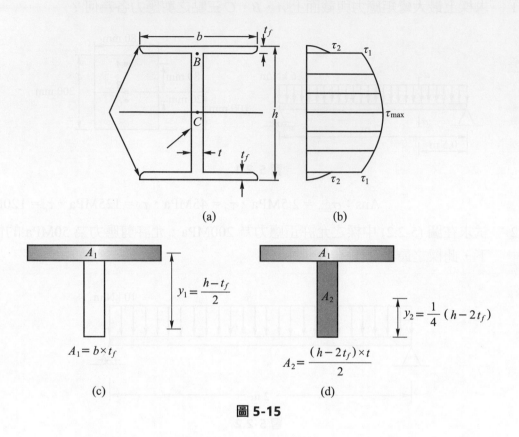

圖 **5-15**

$$\tau_{\max} = \frac{VQ}{It} = \frac{V(A_1 y_1 + A_2 y_2)}{It} = \frac{V(4bt_f(h-t_f) + t(h-2t_f)^2)}{It} \text{ 發生於 } C \text{ 處}$$

$$\tau_1 = \frac{V(A_1 y_1)}{It} = \frac{Vbt_f(h-t_f)}{2It} \text{ 發生於 } B \text{ 處}$$

而在翼板上的 τ_2

$$\tau_2 = \frac{V(A_1 y_1)}{Ib} = \frac{Vt_f(h-t_f)}{2I} \text{ 發生於 } B \text{ 處} \tag{5-10}$$

至於其剪應力分佈情形則如圖 (5-15b) 所示。

--- **例題** 5-8 ---

寬翼型鋼 W406 × 100 在承受剪力 $V = 80kN$ 之條件下，試求腹板產生的最大剪應力 $\tau_{\max}$ 與最小剪應力 $\tau_{\min}$，翼板之最大剪應力 $\tau_{\max}'$ 各為多少？

解

查附錄 D 可知 W406 × 100

$h = 415mm$，$t = 10mm$，$t_f = 16.9mm$，$b = 260mm$，$I = 397 \times 10^6 mm^4$

根據公式 (5-10) 可知腹板上 $\tau_{\max}$ 和 $\tau_{\min}$ 各為

$$\tau_{\max} = \frac{V(4bt_f(h-t_f)+t(h-2t_f)^2)}{8It}$$

$$= \frac{80\times10^3 \times (4\times0.26\times0.0169\times(0.415-0.0169)+0.01\times(0.415-2\times0.0169)^2)}{8\times0.01\times397\times10^{-6}}$$

$$= 21.3MPa$$

發生於中性軸上

$$\tau_{\min} = \tau_1 = \frac{80\times10^3\times0.26\times0.0169\times(0.415-0.0169)}{2\times0.01\times397\times10^{-6}} = 17.6MPa$$

而在翼板上的 τ_2

$$\tau_2 = \frac{Vt_f(h-t_f)}{2I} = \frac{80\times10^3\times0.0169\times(0.415-0.0169)}{0.26\times397\times10^{-6}} = 0.68MPa \text{ 發生於 } B \text{ 處}$$

$$\tau'_{\max} = 0.68MPa$$

學生練習

5-3.1　一樑上的某截面承受 5kN 的剪力作用，若此截面之尺寸如圖 (5-3.1) 所示，且其慣性矩 $I = 1.202 \times 10^{-4} m^4$，試求肋上 A 點與翼上 B 點之剪應力。

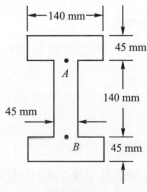

習 5-3.1

Ans：$\tau_a = 539KPa$，$\tau_b = 173KPa$

5-4 組合樑與複合樑 (Combined Beam and Composite Beam)

由於製造技術或強度上之考量，樑之截面無法"一體成型"或"同一材料"，(如圖 (5-16a) 所示截面為同一材料但由大小不同的矩形以鉚釘組合起來的組合樑，而圖 (5-16b) 則由二種不同材料 (值不同) 所複合起來的複合樑。)

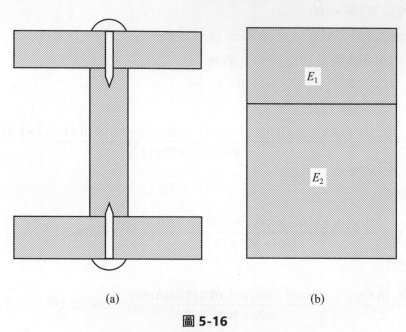

(a)   (b)

圖 5-16

The cross-section shown in Figure 5-16a is a combined beam composed of rectangular sections of the same material but different sizes, assembled together with rivets. In contrast, Figure 5-16b depicts a composite beam formed by the combination of two different materials (with different Young's modulus values).

這時，前面所導出的應力公式，便要加些修正。

1. 對組合樑而言 (Combined Beams)

沿樑之軸線的每單位長度之剪力，稱之為剪力流 (shear flow)，其定義如下：

$$q = \frac{VQ}{I} \tag{5-11}$$

式中　q = 剪力流，係沿樑量測每單位長度之力。

　　　V = 內合剪力，利用截面法及平衡方程式求得。

　　　I = 總截面面積對中性軸之慣性矩。

$Q = \int_{A'} y\,dA' = \overline{y}'\,A'$ ，式中 A' 係在欲求剪力流處連接樑片段之截面積，而係

形心至中性軸之距離。

由剪力流的大小我們可以計算出鉚釘所承受的剪力或在已知鉚釘之強度下得到所
需的鉚釘個數。

--- **例題** **5-9** --

一樑係由一具剪力強度 40N 之釘子組成如圖 5-17(a) 與 (b) 兩狀況。若各鉚釘釘
距均為 90mm 試求 (a)(b) 兩狀況可支承之最大垂直剪力。

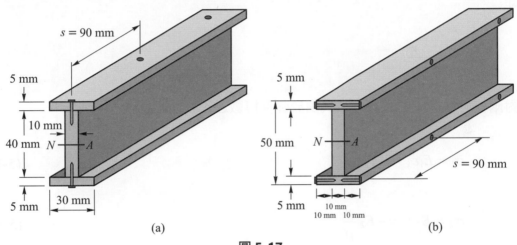

圖 **5-17**

解

二者剖面尺寸一樣故 $I = \dfrac{30 \times 50^3}{12} - 2 \times \dfrac{10 \times 40^3}{12} = 205.8\text{mm}^4$

5-17(a)

$Q = 5 \times 30 \times (20 + 2.5) = 3375\text{mm}^3$

由題意可知鉚釘可承受 $F = 40\text{N}$ 的剪力每顆鉚釘距離 $S = 90\text{mm}$

故可知此組合樑將可承受剪力流 $q = \dfrac{F}{S}$

$q = \dfrac{VQ}{I} = \dfrac{40}{90}$ ；$V = 27.1\text{N}$

5-17(b)

$$Q = 5 \times 10 \times (20 + 2.5) = 1125\text{mm}^3$$

$$q = \frac{VQ}{I} = \frac{40}{90} \; ; \; V = 81.3\text{N} \qquad \blacksquare$$

2. 對複合樑而言 (Composite Beams)

一般我們在處理複合樑問題時必須注意的是，由於桿件是由兩種以上不同彈性模數之材料所組成，故求取彎曲應力的方法也必須有些修正。如圖 (5-18) 所示截面為兩種材料所組合，且其彈性模數分別為 E_1 與 E_2，因在前面所推導的正應變公式時並未關係到彈性係數，故在此正應變 ε_x 依然隨中性軸之距離 y 呈線性變化，即

$$\varepsilon_x = -\frac{y}{\rho}$$

對兩種材料造成的正應力公式由於彈性模數之不同而不同

$$\sigma_1 = E_1 \varepsilon_x = -E_1 \frac{y}{\rho} \qquad (5\text{-}12\text{a})$$

$$\sigma_2 = E_2 \varepsilon_x = -E_2 \frac{y}{\rho} \qquad (5\text{-}12\text{b})$$

相對於同一面積 dA 造成的力量則分別為：

$$dF_1 = \sigma_1 dA = -\frac{E_1 y}{\rho} dA \qquad (5\text{-}13\text{a})$$

$$dF_2 = \sigma_2 dA = -\frac{E_2 y}{\rho} dA \qquad (5\text{-}13\text{b})$$

假如我們令 $\dfrac{E_2}{E_1} = n$，即 $n_2 = nE_1$ 則 (5-13b) 式可變為

$$dF_2 = -\frac{E_1 y}{\rho} n dA \qquad (5\text{-}14)$$

若要將作用於第二種材料上的力 dF_2 等於作用於第一種材料 dF_1，且將兩種材料視為同一種材料 1，則由 (5-13a)，(5-14) 兩式可清楚地看出，(5-14) 式中面積必須放大 n 倍即變為 $n dA$。

因此面對不同材料所組合而成的斷面，必要以其中一個材料為基準，將其他材料的面積放大倍後，就能將此複合桿件視為同一種材料的桿件，而這裡的 n 即為彈性係數的比值。而在求被轉換部分的材料上之應力時，必須以轉換後新斷面上同一點的應力值再乘以 n 倍。

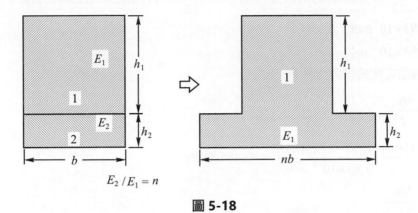

圖 5-18

--- **例題** **5-10** --

一樑之截面是由鋼與銅所組合而成的複合樑，若截面上的尺寸如圖 (5-19a) 所示，試求此樑承受 $150\text{N} \cdot \text{m}$ 之彎矩作用時，A，B 兩點形成的彎曲應力各為多少？其中鋼、銅之彈性係數分別為 200GPa 與 100GPa。

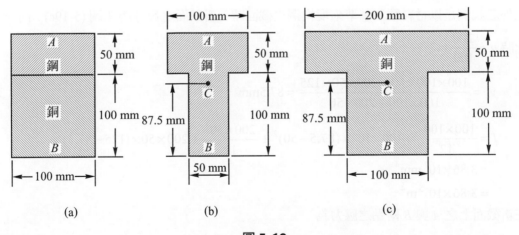

圖 5-19

解

若我們以鋼為基準來變換銅之面積，則 $n = \dfrac{E_{鋼}}{E_{銅}}$，$n = 0.5$，新截面則為圖 (5-19b) 所示。

求此截面之形心位置 y_c 與慣性矩 I 分別為：

$$y_c = \frac{50 \times 100 \times 50 + 100 \times 50 \times 125}{50 \times 100 + 100 \times 50} = 87.5\text{mm}$$

$$I = \frac{50 \times 100^3}{12} + 50 \times 100 \times (87.5 - 50)^2 + \frac{100 \times 50^3}{12} + 100 \times 50 \times (125 - 87.5)^2$$

$$= 1.93 \times 10^7 \text{ mm}^4$$

$$= 1.93 \times 10^{-5} \text{ m}^4$$

故 A、B 兩點之彎曲應力分別為

$$\sigma_a = \frac{My_a}{I}$$

$$\sigma_a = \frac{150 \times [-(150 - 87.5)] \times 10^{-3}}{1.93 \times 10^{-5}} = -485.8\text{KPa}$$

$$\sigma_{b'} = \frac{My_b}{I}$$

$$\sigma_{b'} = \frac{150 \times 87.5 \times 10^{-3}}{1.93 \times 10^{-5}} = 680\text{KPa}$$

但 B 點在材料銅上，故實際上 B 點之彎曲應力 σ_b 應該為 $\sigma_{b'}$ 乘以 n 倍，即

$$\sigma_b = n\sigma_{b'}$$

$$\sigma_b = 0.5 \times 680$$

$$\sigma_b = 340\text{KPa}$$

此外若我們是以材料銅為基準來變換鋼之截面時，新截面之尺寸將如圖 (5-19c) 所示，

此時 $n = \dfrac{200}{100} = 2$。

$$y_c = \frac{100 \times 100 \times 50 + 200 \times 50 \times 125}{100 \times 100 + 200 \times 50} = 87.5\text{mm}$$

$$I = \frac{100 \times 100^3}{12} + 100 \times 100 \times (87.5 - 50)^2 + \frac{200 \times 50^3}{12} + 200 \times 50 \times (125 - 87.5)^2$$

$$= 3.86 \times 10^7 \text{ mm}^4$$

$$= 3.86 \times 10^{-5} \text{ m}^4$$

在新截面上之 A 與 B 兩點之應力為

$$\sigma_{a'} = \frac{150 \times [-(150 - 87.5)] \times 10^{-3}}{3.86 \times 10^{-5}} = -242.9\text{KPa}$$

$$\sigma_b = \frac{150 \times 87.5 \times 10^{-3}}{3.86 \times 10^{-5}}$$

$$\sigma_b = 340\text{KPa}$$

由於 A 點是在鋼材上，故 $\sigma_a = n\sigma_a'$

$\sigma_a = 2 \times (-242.9)$

$\sigma_a = -485.8\text{KPa}$

因此無論你以何種材料為基準來變換另一種材料的斷面，所得結果皆相同。

學生練習

5-4.1　已知一懸臂樑長度為 10m，若此懸臂樑之截面，如圖 (5-17) 所示的組合形狀，

試求每根鉚釘承受的剪力大小，若每根鉚釘之距離為 $\dfrac{5}{8}$ m 。

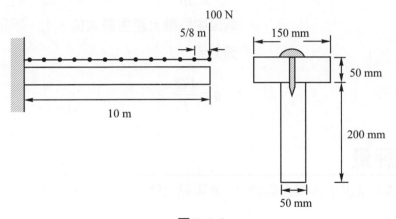

圖 5-4.1

Ans：$d = 330.9\text{Nm}$

5-4.2　一複合樑剖面是由銅與鋼兩種材料所組合，若其組合尺寸如圖 (5-4.2) 所示，試問作用於截面上的彎矩 M 為多少，方使在銅與鋼兩種材料上造成的應力值不超過 100MPa 與 180MPa。其中鋼之 $E = 200\text{GPa}$，銅之 $E = 100\text{GPa}$。

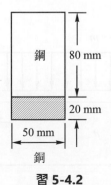

習 5-4.2

Ans：$M_{\max} = 9.8\text{kN} \cdot \text{m}$

重點公式：

樑承受橫向負荷作用時：

彎曲應力

$$\sigma = \frac{M \cdot y}{I}$$

截面上、下頂點產生最大值，中性軸處為零。

剪應力

$$\tau = \frac{VQ}{Ib}$$

截面中性軸上產生最大值，上、下頂點處為零。

剪力流

$$q = \frac{VQ}{I}$$

學後 總 評量

• P5-1 ～ P5-3：試求下述樑上截面 A、B 兩點之彎曲應力與剪應力。

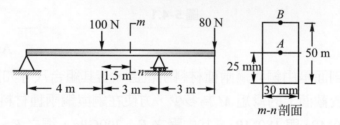

圖 P5-1

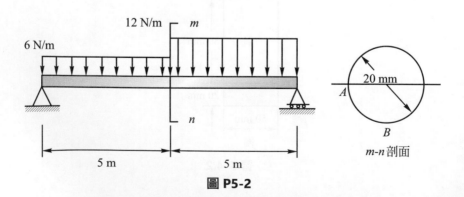

圖 P5-2

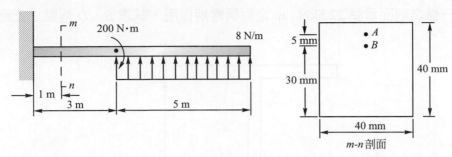

圖 P5-3

- **P5-4**：一臨時性之木壩之施工方法如下：將垂直木柱 B 打入土中而支持水平木板 A 而造成，木柱 B 之作用與臂樑相似 (如圖 P5-4(a) 及 (b))。木柱 B 是方形剖面 (尺寸 $b \times b$)，其間距是 $s = 0.8m$。水位是在壩之全高 $h = 2m$。如果木料之容許彎曲應力是 $\sigma_{allow} = 8MPa$，試求木柱需用之最小尺寸 b。水的密度為 $\gamma = 1000Kg/m^3$

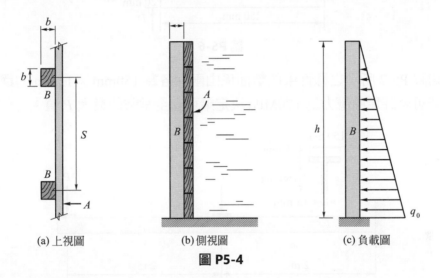

(a) 上視圖　　　(b) 側視圖　　　(c) 負載圖

圖 P5-4

- **P5-5**：如圖 P5-5 所示，其中點 A 為原點。已知簡支樑之截面為 $b \times h$ 之矩形，其中 b 為樑之寬度、h 為之高度
  (1) 簡支樑的最大剪力與最大彎矩值。
  (2) 試求沿簡支樑上剪力所造成的最大剪應力及其位置。
  (3) 試求簡支樑之最大彎矩應力及其位置。

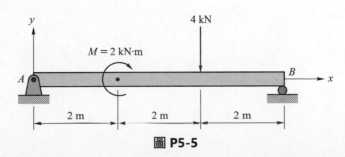

圖 P5-5

- **P5-6**：一樑之剖面承受 22.5kN · m 之對稱彎矩作用，試求 B、D 兩點之正應力值？

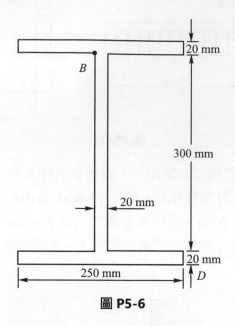

圖 P5-6

- **P5-7**：如圖 P5-7 所示之懸臂梁的斷面係由兩片各為 150mm × 15mm 的鋼板所焊接而成。若可容許彎曲應力為 170MPa 決定梁可安全承載的最大 P 值。

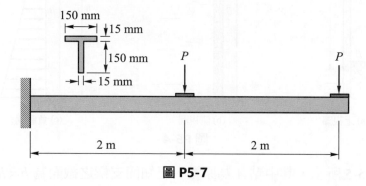

圖 P5-7

- **P5-8**：一樑有正方形截面，若其允許剪應力為 1.4MPa，則在承受剪力 $V = 1.5$kN 下，其邊長為何？

- **P5-9**：一圓管內徑為 23mm 外徑為 20mm，試問在剪力 $V = 100$N 作用下，造成的最大剪應力。

▌ 進階習題

- **P5-10**：如圖 P5-10 所示，一吊桿由梁 AB 與桿件 BC 構成，兩者於 B 處銷接 (pin connected)，末端 A 與 C 固定於剛性牆之銷支撐 (pin support)。梁的截面為 $b = 50mm$(寬) $\times h = 100mm$(高) 之矩形。梁 AB 的中點吊掛 6kN 重物，其承受組合荷載 (combined loading) 且結構自重不計。請回答下列問題：

  (1) 支撐點 A 的反力及桿件 C 的軸力。

  (2) 計算吊掛重物處的剪力及彎矩。

  (3) 梁 AB 吊掛重物處截面承受的最大壓應力、最大剪應力及各別位置。

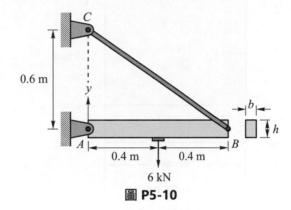

圖 P5-10

- **P5-11**：一樑截面如圖 (P5-11) 所示，試問讓 B 點形成壓應力 $\sigma_d = 30MPa$ 之彎矩 M 為何？且最大應力值為何？

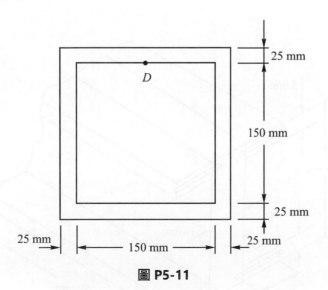

圖 P5-11

- **P5-12**：如圖 P5-12 所示一承受彎曲力矩 $M = 100\text{kN} \cdot \text{m}$ 之梁斷面，上、下緣係由厚度 $t = 50\text{mm}$ 之材料①所包覆，中間材料②之深度為 $h_c = 250\text{mm}$，梁寬度為 $b = 150\text{mm}$，材料①、②之楊氏係數分別為 $E_1 = 209\text{GPa}$ 與 $E_2 = 11\text{GPa}$，試求：

  (1) 梁彎曲之曲率為何？

  (2) 材料①承受之最大應力為何？

  (3) 材料②承受之最大應力為何？

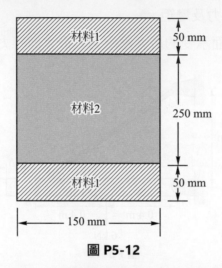

圖 P5-12

- **※P5-13**：一組合樑之截面是由 5 塊鋼板所組合，若每根鉚釘的距離為 90mm，且截面尺寸如下圖所示，試問在每根鉚釘承受負荷不大於 40N 之條件，截面承受之剪力 V 為何？

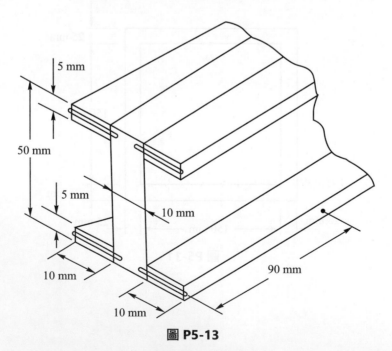

圖 P5-13

解答

P5-1 $\tau_a = 91.4\text{KPa}$，$\sigma_a = 0$。$\tau_b = 0$，$\sigma_b = 8.2\text{MPa}$

P5-2 $\sigma_a = 0$，$\tau_a = 31.83\text{KPa}$。$\sigma_b = 143.2\text{MPa}$，$\tau_b = 0$

P5-3 $\sigma_a = -1.4\text{MPa}$，$\tau_a = 16.4\text{KPa}$。$\sigma_b = -0.94\text{MPa}$，$\tau_b = 28.1\text{KPa}$

P5-4 $b = 0.199\text{m}$

P5-5 (1) $V_{max} = -3\text{KN}$　　$M_{ax} = 6\text{KN-m}$

(2) $\tau_{max} = \dfrac{3V}{2A} = \dfrac{3 \times 3}{2 \times b \times h} = \dfrac{9}{2bh}$ 發生在 4m 開始至 B 處的中性軸上

(3) $\sigma_{max} = \dfrac{M_{max} \times \dfrac{h}{2}}{\dfrac{bh^2}{12}} = \dfrac{6 \times 6}{bh^2}$ 發生在 4kN 作用處的桿件上下頂點

P5-6 $\sigma_b = 11.2\text{MPa}$，$\sigma_d = 12.7\text{MPa}$

P5-7 最大彎矩應力產生固定端的下頂點 $P < 3.4\text{kN}$

P5-8 40mm

P5-9 2MPa

P5-10 (1) 支承 A 反力 5kN；BC 桿軸力 5kN 拉

(2) 吊重處左 3kN；右 -3kN；彎矩 1.2kN-m

(3) 吊重處最大壓應力發生在上頂面 -14.4MPa；最大剪應力發生在中性軸處

$\dfrac{3V}{2A} = 0.9\text{MPa}$

P5-11 $M = 36.5\text{kN-m}$，$\sigma_{max} = 40\text{MPa}$

P5-12 (1) $\kappa = \dfrac{M}{EI} = 1.36 \times 10^{-6}/\text{mm}$

(2) $\sigma_1 = 50\text{MPa}$

(3) $\sigma_2 = 1.89\text{MPa}$

P5-13 $V = 162.6\text{N}$

第 **06** 章

應力與應變分析

1. 分析受外力作用之物體上,在任何角度切平面的正向應力與剪應力。
2. 找出主應力與最大剪應力之值與位置,做為設計機構時重要的考量依據。
3. 計算最大的應變與最大剪應變,提供塑性加工與機構設計之參考。
4. 薄壁容器的應力分析。

6-1 平面應力

　　從機械之構件或工程結構上，任取上面一微小元素來分析其應力時，可以發現在 x 軸方向與 y 軸方向的平面上，同時有正交應力 σ_x、σ_y 與剪應力 τ_{xy}、τ_{yx} 之存在，此種應力狀態稱為平面應力。

From a mechanical component or an engineering structure, when one of the tiny elements above is randomly selected to analyze its stress, it can be found that on the plane of the X-axis direction and the Y-axis direction, there are both orthogonal stress σ_x、σ_y and shear stress τ_{xy}、τ_{yx}. This stress state is called plane stress.

　　如圖 (6-1b) 所示。平面應力狀態的分析對於同時承受扭矩與彎矩作用之構件特別重要。而圖 (6-1b) 中需特別注意剪應力 τ 有兩個下標，第一個下標是應力作用面的法線方向，第二個為應力的方向；因此，τ_{xy} 乃是作用於 x 方向之平面，而朝向 y 軸方向之剪應力。同理，作用於 y 方向的平面而朝向 x 軸方向的剪應力以 τ_{yx} 來表示。其值以作用在正面且在正軸方向時為正，反軸方向為負；同理，作用於反面且在反軸方向時為正，正軸方向為負。

　　根據靜力平衡的原理可以得知，元素在正面上的剪應力與反面上的剪應力必須大小相等且方向相反，而且任意兩相互垂直平面上之剪應力大小相等旋轉方向相反，即

$$\tau_{xy} = \tau_{yx} \tag{6-1}$$

　　由此可知，只要知道元素任一作用面的剪應力，便已決定了其他作用面上的剪應力。

　　現今要分析旋轉 θ 角後之任一傾斜面的應力狀態，如圖 (6-1c) 所示，此傾斜面上之正交應力 σ_θ 與剪應力 τ_θ 可由法線方向與切線方向之靜力平衡而求得。如圖 (6-2a) 所示為傾斜面剖開後之應力分佈情況，乘以作用面積後，就成為圖 (6-2b) 所示之作用力分佈情形。其中必須特別注意，σ_θ 以朝法線方向為正，τ_θ 以繞斜面順時針方向為正。

σ_θ takes the direction toward the normal as positive，τ_θ takes the clockwise direction around the slope as positive。

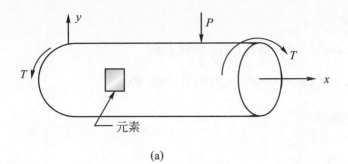

(a)

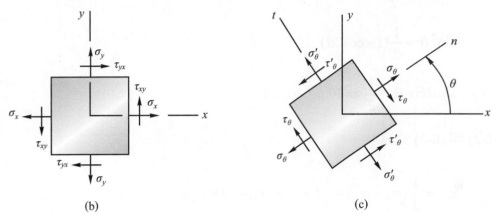

(b)　　　　　(c)

圖 **6-1** 平面應力元素

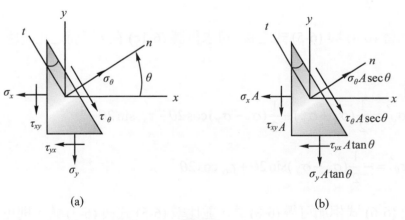

(a)　　　　　(b)

圖 **6-2**

$$\Sigma F_n = 0$$

$$\sigma_\theta A \sec\theta - \sigma_x A \cos\theta - \tau_{xy}A \sin\theta - \sigma_y A \tan\theta \sin\theta - \tau_{yx} A \tan\theta \cos\theta = 0$$

$$\sigma_\theta - \sigma_x \cos^2\theta - \tau_{xy} \sin\theta \cos\theta - \sigma_y \sin^2\theta - \tau_{yx}\sin\theta \cos\theta = 0$$

$$\sigma F_t = 0$$

$$-\tau_\theta A \sec\theta + \sigma_x A \sin\theta - \tau_{xy}A \cos\theta - \sigma_y A \tan\theta \cos\theta + \tau_{yx}A \tan\theta \sin\theta = 0$$

$$\tau_\theta - \sigma_x \sin\theta \cos\theta + \tau_{xy} \cos^2\theta + \sigma_y \sin\theta \cos\theta - \tau_{yx} \sin^2\theta = 0$$

因 $\quad\quad\quad \tau_{xy} = \tau_{yx}$

故 $\quad\quad\quad \sigma_\theta = \sigma_x \cos^2\theta + \sigma_y \sin^2\theta + 2\tau_{xy} \sin\theta \cos\theta$ (6-2)

$\quad\quad\quad\quad \tau_\theta = (\sigma_x - \sigma_y)\sin\theta\cos\theta - \tau_{xy}(\cos^2\theta - \sin^2\theta)$ (6-3)

代入三角函數之關係式

$$\cos^2\theta = \frac{1}{2}(1 + \cos 2\theta)$$

$$\sin^2\theta = \frac{1}{2}(1 - \cos 2\theta)$$

$$\sin\theta\cos\theta = \frac{1}{2}\sin 2\theta$$

可將 (6-2) 與 (6-3) 式寫為

$$\sigma_\theta = \frac{1}{2}(\sigma_x + \sigma_y) + \frac{1}{2}(\sigma_x - \sigma_y)\cos 2\theta + \tau_{xy}\sin 2\theta \tag{6-4}$$

$$\tau_\theta = \frac{1}{2}(\sigma_x - \sigma_y)\sin 2\theta - \tau_{xy}\cos 2\theta \tag{6-5}$$

以 $\theta + 90°$ 代替 (6-4) 與 (6-5) 式之 θ，可求得圖 (6-1c) 在 t 平面之正向應力 $\sigma_\theta{}'$ 及剪應力 $\tau_\theta{}'$。

$$\sigma_\theta{}' = \frac{1}{2}(\sigma_x + \sigma_y) - \frac{1}{2}(\sigma_x - \sigma_y)\cos 2\theta - \tau_{xy}\sin 2\theta \tag{6-6}$$

$$\tau_\theta{}' = -\frac{1}{2}(\sigma_x - \sigma_y)\sin 2\theta + \tau_{xy}\cos 2\theta \tag{6-7}$$

將 (6-4) 式與 (6-6) 式相加可得 (6-8) 式，並比較 (6-5) 式與 (6-7) 式，則可得 (6-9) 式

$$\sigma_\theta + \sigma_\theta{}' = \sigma_x + \sigma_y \tag{6-8}$$

$$\tau_\theta = -\tau_\theta{}' \tag{6-9}$$

由 (6-8) 式可以發現元素在任何角度皆有一特性，即互相垂直面上的正向應力和為定值；由 (6-9) 式發現相互垂直面上的剪應力必大小相等方向相反。

---- 例題 **6-1** │---

當一物件承受負載時，分析其應力狀態，如圖 (6-3) 所示的應力元素，乃是承受雙軸向應力，其中 $\sigma_x = 150\text{MPa}$，$\sigma_y = 60\text{MPa}$，請問逆時針方向轉 45° 角時的應力值為何？即試求 σ_θ、$\sigma_\theta{}'$、τ_θ 及 $\tau_\theta{}'$ 之值。

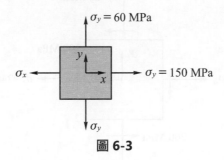

圖 6-3

<u>解</u>

將 $\theta = 45°$ 代入 (6-4) 與 (6-5) 式，得

$$\sigma_\theta = \frac{1}{2}(150 + 60) + \frac{1}{2}(150 - 60)\cos 90° = 105\text{MPa}$$

$$\tau_\theta = \frac{1}{2}(150 - 60)\sin 90° = 45\text{MPa}$$

由 (6-8) 與 (6-9) 式得知

$$\sigma_\theta{}' = \sigma_x + \sigma_y - \sigma_\theta = 150 + 60 - 105 = 105\text{MPa}$$

$$\tau_\theta{}' = -\tau_\theta = -45\text{MPa}$$

故 $\theta = 45°$ 時之應力分佈情形如圖所示。

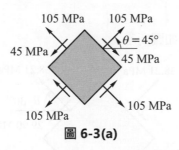

圖 6-3(a)

---- **例題** **6-2** --

如圖 (6-4) 所示的應力元素所受之平面應力，$\sigma_x = 240\text{MPa}$，$\sigma_y = -60\text{MPa}$，$\tau_{xy} = 200\text{MPa}$，試求該元素旋轉 30° 後的正向應力及剪應力各為若干？

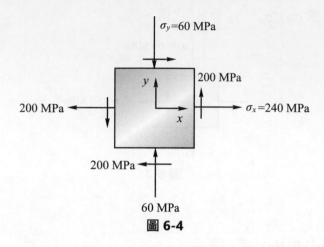

$\sigma_y = 60$ MPa

200 MPa

200 MPa ← $\sigma_x = 240$ MPa

200 MPa ←

60 MPa

圖 6-4

解

將 $\theta = 30°$ 代入 (6-4) 與 (6-5) 式，可得

$$\sigma_\theta = \frac{1}{2}(240-60) + \frac{1}{2}(240+60)\cos 60° + 200\sin 60° = 338.21\text{MPa}$$

$$\tau_\theta = \frac{1}{2}(240+60)\sin 60° - 200\cos 60° = 29.90\text{MPa}$$

利用 (6-8) 與 (6-9) 式可得

$$\sigma_\theta' = \sigma_x + \sigma_y - \sigma_\theta = 240 - 60 - 338.21 = -38.21\text{MPa}$$

$$\tau_\theta' = -\tau_\theta = -29.90\text{MPa}$$

故旋轉 $\theta = 30°$ 後之應力分佈如圖所示。

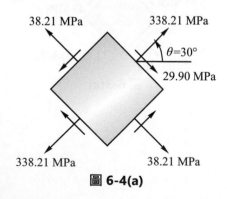

38.21 MPa   338.21 MPa

$\theta = 30°$

29.90 MPa

338.21 MPa   38.21 MPa

圖 6-4(a)

6-2 | 主應力與最大剪應力

當元素承受平面應力時，在旋轉某一角度後，會有一最大的正向應力，我們又稱為主應力，其求法是利用導函數求極值的方法。

When an element bears the plane stress, after rotating at a certain angle, there will be a maximum positive stress, which is also called the principal stress, and its calculation method is to use the derivative function to find the extreme value.

如下所示，將 (6-4) 式的 σ_θ 對 θ 取導函數

$$\frac{d\sigma_\theta}{d\theta} = -(\sigma_x - \sigma_y)\sin 2\theta + 2\tau_{xy}\cos 2\theta$$

並令其為零，即 $\dfrac{d\sigma_\theta}{d\theta} = 0$，故

$$-(\sigma_x - \sigma_y)\sin 2\theta + 2\tau_{xy}\cos 2\theta = 0$$

得
$$\tan 2\theta_p = \frac{2\tau_{xy}}{\sigma_x - \sigma_y} \tag{6-10}$$

上式的 θ_p 即表示主應力平面之旋轉角，則

$$\sin 2\theta_p = \frac{\tau_{xy}}{\sqrt{\left(\dfrac{\sigma_x - \sigma_y}{2}\right)^2 + \tau_{xy}^2}}$$

$$\cos 2\theta_p = \frac{\dfrac{\sigma_x - \sigma_y}{2}}{\sqrt{\left(\dfrac{\sigma_x - \sigma_y}{2}\right)^2 + \tau_{xy}^2}}$$

若主應力平面之最大主應力以 σ_1 表示，最小主應力以 σ_2 表示，則將 $\sin 2\theta_p$ 與 $\cos 2\theta_p$ 之值代入 (6-4) 式中即可得

$$\sigma_1 = \frac{1}{2}(\sigma_x + \sigma_y) + \frac{1}{2}(\sigma_x - \sigma_y)\cos 2\theta_p + \tau_{xy}\sin 2\theta_p$$

$$= \frac{1}{2}(\sigma_x + \sigma_y) + \sqrt{\left(\frac{\sigma_x - \sigma_y}{2}\right)^2 + \tau_{xy}^2} \tag{6-11}$$

又由 (6-8) 式可得

$$\sigma_1 + \sigma_2 = \sigma_x + \sigma_y$$

即

$$\sigma_2 = \sigma_x + \sigma_y - \sigma_1$$

$$\sigma_1 = \frac{1}{2}(\sigma_x + \sigma_y) - \sqrt{\left(\frac{\sigma_x - \sigma_y}{2}\right)^2 + \tau_{xy}^2} \tag{6-12}$$

將 $\sin 2\theta_p$ 與 $\cos 2\theta_p$ 之值代入 (6-5) 式而得

$$\tau_\theta = \frac{1}{2}(\sigma_x - \sigma_y)\sin 2\theta_p - \tau_{xy}\cos 2\theta_p = 0$$

此表示在主應力平面上無剪應力存在。

同理,欲求最大剪應力則將 (6-5) 式對 θ 取導函數而得

$$\frac{d\tau_\theta}{d\theta} = (\sigma_x - \sigma_y)\cos 2\theta + 2\tau_{xy}\sin 2\theta$$

令

$$\frac{d\tau_\theta}{d\theta} = 0$$

即

$$(\sigma_x - \sigma_y)\cos 2\theta + 2\tau_{xy}\sin 2\theta = 0$$

得

$$\tan 2\theta_s = -\frac{\sigma_x - \sigma_y}{2\tau_{xy}} \tag{6-13}$$

其中之 θ_s 及表示最大剪應力作用面之旋轉角,將 (6-13) 式與 (6-14) 式比較後,可由三角函數關係得知

$$2\theta_s \pm 90° = 2\theta_p$$

即

$$\theta_s = \theta_p \pm 45° \tag{6-14}$$

故可知最大主應力面再旋轉 45° 後可得最大剪應力面。同理,將 $\sin 2\theta_s$ 之值代入 (6-5) 式中,可求得最大剪應力 $\tau_{\max}$ 為

$$\tau_{\max} = \sqrt{\left(\frac{\sigma_x - \sigma_y}{2}\right)^2 + \tau_{xy}^2} \tag{6-15}$$

而最大剪應力面上的正向應力 σ_{av} 為

$$\sigma_{av} = \frac{\sigma_x + \sigma_y}{2} \tag{6-16}$$

---- 例題 **6-3** --

有一元素承受平面應力為 $\sigma_x = 90\text{MPa}$，$\sigma_y = 30\text{MPa}$，$\tau_{xy} = 40\text{MPa}$，如圖 (6-5) 所示。試求：(1) 主應力之值，並繪出此平面之元素應力圖形，(2) 最大剪應力之值，並繪出此元素之應力圖形。

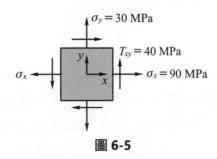

圖 **6-5**

解

(1) 利用 (6-11) 與 (6-12) 式可得主應力

$$\sigma_1 = \frac{1}{2}(90+30) + \sqrt{(\frac{90-30}{2})^2 + 40^2} = 110\text{MPa}$$

$$\sigma_2 = \frac{1}{2}(90+30) - \sqrt{(\frac{90-30}{2})^2 + 40^2} = 10\text{MPa}$$

而主應力面之角度 θ_p 由 (6-10) 式可求得，即

$$\tan 2\theta_p = \frac{2\tau_{xy}}{\sigma_x - \sigma_y} = \frac{2 \times 40}{90 - 30} = 1.3333$$

$$2\theta_p = 53.13°$$

$$\theta_p = 26.57°$$

故主應力面之元素應力圖形如圖 (6-5a) 所示

(2) 由 (6-15) 式得知

$$\tau_{\max} = \sqrt{\left(\frac{90-30}{2}\right)^2 + 40^2} = 50\text{MPa}$$

並由 (6-14) 式得知

$$\theta_s = \theta_p + 45° = 71.57°$$

而最大剪應力面上的正向應力

$$\sigma_{av} = \frac{1}{2}(90+30) = 60\text{MPa}$$

故最大剪應力面之元素圖形如圖 (6-5b) 所示

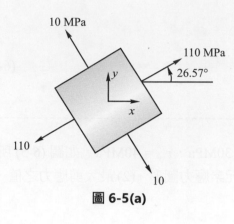

圖 6-5(a)

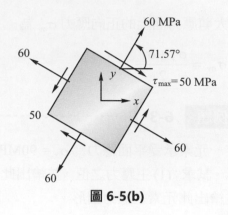

圖 6-5(b)

學生練習

6-2.1　有一薄板承受平面應力如下：$\sigma_x = 70\text{MPa}$，$\sigma_y = 20\text{MPa}$，$\tau_{xy} = 28\text{MPa}$，試求：(a) 主應力 σ_1 與 σ_2 之值及主平面 θ_p 之值；(b) 最大剪應力 $\tau_{\max}$ 之值及其作用面之傾斜角 θ_s 之值。以上之答案並以應力元素圖表達之。

Ans：(a) $\sigma_1 = 82.54\text{MPa}$，$\sigma_2 = 7.46\text{MPa}$，$\theta_p = 24.12°$

(b) $\tau_{\max} = 37.54\text{MPa}$，$\theta_s = 69.12°$

6-2.2　一平面應力狀態為 $\sigma_x = 120\text{MPa}$，$\sigma_y = -40\text{MPa}$，$\tau_{xy} = 60\text{MPa}$，試求 (a) 主應力及其作用面之角度 θ_p；(b) 最大剪應力及其作用面之角度 θ_s。

Ans：(a) $\sigma_1 = 140\text{MPa}$，$\sigma_2 = -60\text{MPa}$，$\theta_p = 18.43°$

(b) $\tau_{\max} = 100\text{MPa}$，$\theta_s = 63.43°$

6-3 ｜ 平面應力之莫耳圓

若將平面應力之公式 (6-4) 與 (6-5) 整理如下

$$\sigma_\theta = \frac{1}{2}(\sigma_x + \sigma_y) = \frac{1}{2}(\sigma_x - \sigma_y)\cos 2\theta + \tau_{xy}\sin 2\theta \tag{1}$$

$$\tau_\theta = \frac{1}{2}(\sigma_x - \sigma_y)\sin 2\theta - \tau_{xy}\cos 2\theta \tag{2}$$

(1)、(2) 兩式各別平方再相加，經整理後可得

$$\left(\sigma_\theta - \frac{\sigma_x + \sigma_y}{2}\right)^2 + \tau_\theta^2 = \left(\frac{\sigma_x - \sigma_y}{2}\right)^2 + \tau_\theta^2 \tag{6-17}$$

由 (6-16) 式知 $\sigma_{av} = \dfrac{\sigma_x + \sigma_y}{2}$ ，令 $R = \sqrt{\left(\dfrac{\sigma_x - \sigma_y}{2}\right)^2 + \tau_{xy}^2}$ ，則上式可寫為

$$(\sigma_\theta - \sigma_{av})^2 + \tau_\theta^{\,2} = R^2$$

上式乃是以 σ_θ 為橫座標 τ_θ 為縱座標，且圓心在 $(\sigma_{av}, 0)$，半徑為 R 的圓方程式，此圓可以代表各方向的應力狀態，又稱為莫耳圓 (Mohr's circle)。

The above formula is a circle equation with σ_θ as the abscissa, τ_θ as the ordinate, the center of the circle is at $(\sigma_{av}, 0)$, and the radius is R. This circle can represent the stress state in each direction, also known as Mohr's circle.

此需特別注意的是 σ_θ 是以向右為正，τ_θ 是以向上為正，而應力元素圓上之 τ_{xy} 或 τ_{yx} 則以順時針方向為正。對任一平面應力狀態如圖 (6-6a) 所示，欲畫一平面應力之莫耳圓，先將 x 方向之平面上的應力，以座標為 $(\sigma_x, -\tau_{xy})$ 在 σ_θ-τ_θ 座標平面上定出 A 點，y 面上之應力以座標為 (σ_y, τ_{yx}) 定出 B 點，連接 A、B 兩點而成圓的直徑，其與 x 軸之交點 $C(\sigma_{av}, 0)$ 即是圓心，AC 為半徑 R，其中 R 由前面已得知為

$\sqrt{\left(\dfrac{\sigma_x - \sigma_y}{2}\right)^2 + \tau_{xy}^2}$ ，以上所述如圖 (6-6b) 所示。

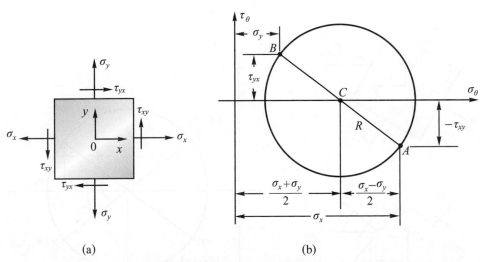

(a)   (b)

圖 6-6 平面應力之莫耳圓

當元素以 x 軸為基準逆時針方向轉 θ_p 角度後，可獲得主應力面，即是莫耳圓從 A 點逆時針方向轉 $2\theta_p$，如圖 (6-7b) 中之 σ_1 與 σ_2 所示，即

$$\sigma_1 = \sigma_{av} + R = \frac{\sigma_x + \sigma_y}{2} + \sqrt{\left(\frac{\sigma_x - \sigma_y}{2}\right)^2 + \tau_{xy}^2}$$

$$\sigma_2 = \sigma_{av} - R = \frac{\sigma_x + \sigma_y}{2} - \sqrt{\left(\frac{\sigma_x - \sigma_y}{2}\right)^2 + \tau_{xy}^2}$$

當元素以 x 軸為基準逆時針方向轉 θ 角度後，如圖 (6-7a) 所示，所得到之正向應力 σ_θ 與剪應力 τ_θ 即可由圖 (6-7b) 之莫耳圓中以三角幾何關係計算得之，如下所述

因 $$\tan 2\theta_p = \frac{2\tau_{xy}}{\sigma_x - \sigma_y}$$

故 $$2\theta_p = \tan^{-1}\frac{2\tau_{xy}}{\sigma_x - \sigma_y}$$

由圖 (6-7b) 中得知

$$\sigma_\theta = \sigma_{av} + R\cos(2\theta - 2\theta_p) \tag{6-18}$$

$$\tau_\theta = R\sin(2\theta - 2\theta_p) \tag{6-19}$$

$$\sigma_\theta' = \sigma_{av} - R\cos(2\theta - 2\theta_p) \tag{6-20}$$

$$\tau_\theta' = -\tau_\theta$$

綜合上述，平面應力以莫耳圓來分析的作法與步驟，請多參考下面所舉的例題。

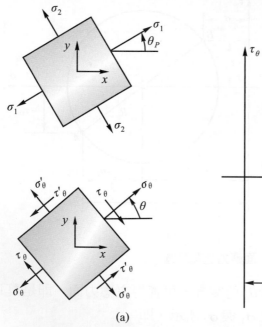

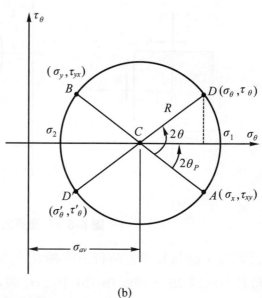

(a)

(b)

圖 6-7

例題 6-4

有一元素承受平面應力，$\sigma_x = 56\text{MPa}$，$\sigma_y = 8\text{MPa}$，$\tau_{xy} = 10\text{MPa}$，如圖 (6-8a) 所示，試以莫耳圓求出 (1) 主應力、(2) 最大剪應力及 (3) 元素旋轉 25° 後之正向應力與剪應力值，並繪出三種情況之應力元素圖。

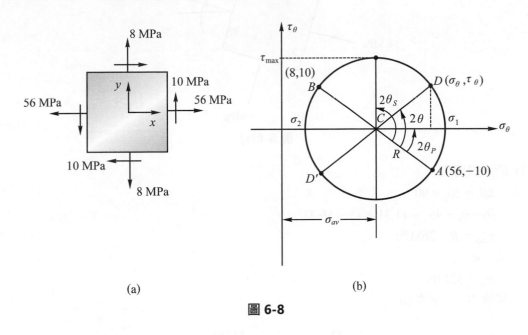

(a) (b)

圖 6-8

解

先在 $\sigma_\theta - \tau_\theta$ 座標平面上取 A 為 $(56，-10)$、B 為 $(8，10)$ 兩點，並以 AB 連線為直徑，與 x 軸交點為圓心劃出莫耳圓，如圖 (6-8b) 所示，圓心 C 之座標 $(\sigma_{av}, 0)$，半徑 R 分別為

$$\sigma_{av} = \frac{56+8}{2} = 32$$

$$R = \sqrt{\left(\frac{56-8}{2}\right)^2 + 10^2} = 26$$

(1) 主應力 $2\theta_p = \tan^{-1}\dfrac{2 \times 10}{56-8} = 22.62°$

故

$\theta_p = 11.31°$

$\sigma_1 = \sigma_{av} + R = 32 + 26 = 58\text{MPa}$

$\sigma_2 = \sigma_{av} - R = 32 - 26 = 6\text{MPa}$

其應力元素圖如圖所示

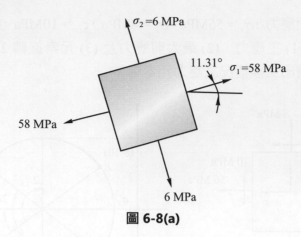

圖 **6-8(a)**

(2) 最大剪應力

$$2\theta_s = 2\theta_p + 90°$$

$$\theta_s = \theta_p + 45° = 11.31 + 45 = 56.31°$$

$$\tau_{\max} = R = 26\text{MPa}$$

又

$$\sigma_{av} = 32\text{MPa}$$

其應力元素圖如圖所示

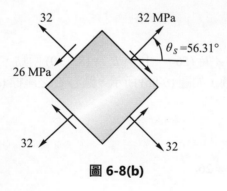

圖 **6-8(b)**

(3) 元素旋轉 25°

莫耳圓從 A 點逆時針方向轉 $2\theta = 50°$，得到 D 點為

$$\sigma_\theta = \sigma_{av} + R\cos(50° - 22.62°) = 32 + 26\cos27.38° = 55.09\text{MPa}$$

$$\sigma_\theta' = 32 - 26\cos27.38° = 8.91\text{MPa}$$

$$\tau_\theta = R\sin27.38° = 26\sin27.38° = 11.96\text{MPa}$$

其應力元素圖如圖所示

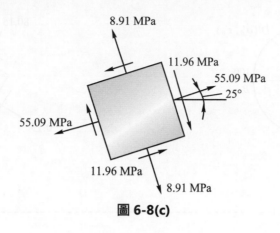

圖 6-8(c)

--- 例題 **6-5** |--

一承受雙軸向應力的元素，如圖 (6-9a) 所示 $\sigma_x = -20\text{MPa}$，$\sigma_y = 100\text{MPa}$，試利用求莫耳圓旋轉 24° 後之應力狀態，並繪出此元素之應力圖。

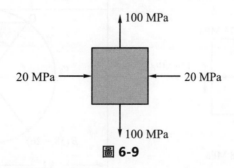

圖 6-9

解

先求圓心之座標 $(\sigma_{av}, 0)$ 與半徑 R

$$\sigma_{av} = \frac{1}{2}(-20 + 100) = 40\text{MPa}$$

$$R = \sqrt{\left(\frac{-20 - 100}{2}\right)^2} = 60$$

莫耳圓從 A 點逆時針方向旋轉 $2\theta = 48°$ 後得到 D 點為

$$\sigma_\theta = 40 - 60\cos48° = -40\text{MPa}$$

$$\tau_\theta = R\sin60° = 60\sin48° = 44.59\text{MPa}$$

$$\sigma_\theta' = 40 + 60\cos48° = 80.15\text{MPa}$$

故元素之應力圖如圖所示

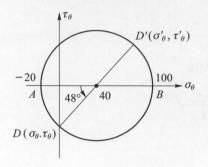

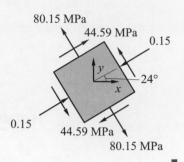

--- **例題 6-6** ---

圖 (6-10a) 中之平面應力，$\sigma_x = 126\text{MPa}$，$\sigma_y = 58\text{MPa}$，$\tau_{xy} = -26\text{MPa}$ 試求 (1) 主應力、(2) 最大剪應力與 (3) 元素旋轉 $45°$ 後之應力狀態，並繪出各種情況之元素應力圖。

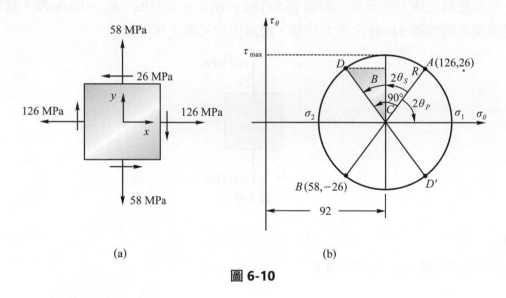

(a)　　　　　　　　　　(b)

圖 6-10

解

根據圖 (a) 之元素應力圖，在 $\sigma_\theta - \tau_\theta$ 座標平面上取 A 點為 $(126，26)$、B 點為 $(58，-26)$，然後連接 AB 可得圓心與半徑如下：

$$\sigma_{av} = \frac{126+58}{2} = 92$$

$$R = \sqrt{\left(\frac{126-58}{2}\right)^2 + 26^2} = 42.8$$

(1) 主應力

因

$$2\theta_p = \tan^{-1} \frac{26}{\dfrac{126-58}{2}} = 37.4°$$

故

$$\theta_p = 18.7°$$
$$\sigma_1 = 92 + 42.8 = 134.8\text{MPa}$$
$$\sigma_2 = 92 - 42.8 = 49.2\text{MPa}$$

故元素應力圖如圖所示

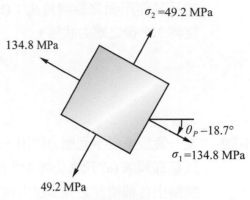

圖 6-10(a)

(2) 最大剪應力

$$2\theta_s = 90° - 2\theta_p = 90° - 37.4° = 52.6°$$
$$\theta_s = 26.3°$$
$$\tau_{\max} = R = 42.8\text{MPa}$$
$$\sigma_{av} = 92\text{MPa}$$

故元素應力圖如圖所示

(3) 元素旋轉 45° 後

$$\beta = 90° - 2\theta_s = 37.4°$$

故 D 點之 $\sigma_\theta = 92 - 42.8\sin\beta = 66\text{MPa}$

$$\tau_\theta = 42.8\cos\beta = 34\text{MPa}$$

D' 點之 $\sigma_\theta' = 92 + 42.8\sin\beta = 118\text{MPa}$

$$\tau_\theta' = -\tau_\theta = -34\text{MPa}$$

故元素應力圖如圖所示

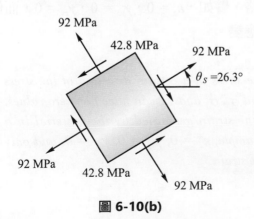

圖 6-10(b)

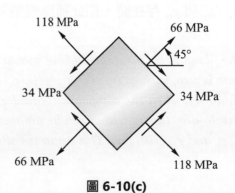

圖 6-10(c)

學生練習

6-3.1 有一平面應力狀態為 $\sigma_x = 50\text{MPa}$，$\sigma_y = -10\text{MPa}$，$\tau_{xy} = 40\text{MPa}$，試求 (a) 主應力及其作用面之旋轉角 θ_p；(b) 最大剪應力及其作用面之傾斜角 θ_s；(c) 元素旋轉 30° 後之應力狀態。

> Ans：(a) $\sigma_1 = 70\text{MPa}$，$\sigma_2 = -30\text{MPa}$，$\theta_p = 26.55°$
>
> (b) $\tau_{max} = 50\text{MPa}$，$\theta_s = 71.55°$
>
> (c) $\sigma_{30} = 69.91\text{MPa}$，$\tau_{30} = 3\text{MPa}$

6-3.2 某一薄板承受平面應力作用，$\sigma_x = 64\text{MPa}$，$\sigma_y = -16\text{MPa}$，$\tau_{xy} = -30\text{MPa}$，請以莫耳圓求 (a) 元素旋轉 45° 後之應力狀態；(b) 元素旋轉 60° 後之應力狀態。並繪出各種情況之元素應力圖。

> Ans：(a) $\sigma_{45} = -6\text{MPa}$，$\tau_{45} = -40\text{MPa}$
>
> (b) $\sigma_{60} = -21.97\text{MPa}$，$\tau_{60} = -19.64\text{MPa}$

6-3.3 有一薄板承受純剪，即 $\sigma_x = \sigma_y = 0$，$\tau_{xy} = 24\text{MPa}$，試以莫耳圓求旋轉 15° 後之應力狀態。並繪出各種情況之元素應力圖。

> Ans：$\sigma_{15} = 12\text{MPa}$，$\tau_{15} = 12\sqrt{3}\ \text{MPa}$

6-4 | 平面應變

前面所講的平面應力乃是應力狀態處於某一方向之應力皆為零，譬如 $\sigma_z = 0$，$\tau_{xz} = 0$、$\tau_{yz} = 0$，而 σ_x，σ_y，與 τ_{xy} 可具有不為零之值。同樣地，當構件承受負載時，材料所產生的應變在某一方向皆為零或可省略，譬如，$\varepsilon_z = 0$，$\gamma_{yz} = 0$，$\gamma_{zx} = 0$，而僅有 ε_x、ε_y 與 γ_{xy} 存在時，則此種應變稱為平面應變。

The plane stress mentioned above means that the stress in a certain direction of the stress state is zero, such as $\sigma_z = 0$, $\tau_{xz} = 0$, $\tau_{yz} = 0$, and σ_x, σ_y and τ_{xy} can have non-zero values. Similarly, when the component is under load, the strain generated by the material in a certain direction is zero or can be omitted, for example, $\varepsilon_z = 0$, $\gamma_{yz} = 0$, $\gamma_{zx} = 0$, and only ε_x, ε_y and γ_{xy} exist, then This strain is called plane strain.

由上所述，需特別注意平面應力雖然是 $\sigma_z = 0$，但並不表示應變 $\varepsilon = 0$；同理，平面應變雖然是 ε_z，但並不表示應力 $\sigma_z = 0$。因此，平面應變與平面應力並不一定會同時發生。

設已知材料在 xy 座標軸之平面應變為 ε_x、ε_y 及 γ_{xy}，現欲求出逆時針方向旋轉 θ 角後之 $x'y'$ 座標軸下的正向應變 ε_θ 與剪應變 γ_θ，如圖 (6-11) 所示，x' 方向之應變即是 ε_θ。

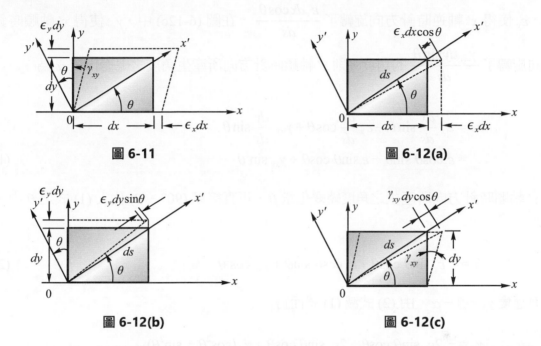

圖 6-11

圖 6-12(a)

圖 6-12(b)

圖 6-12(c)

若 x' 軸方向之原長度為 ds，則由正向應變 ε_x、ε_y 及剪應變 γ_{xy} 造成 ds 的增加量如圖 (6-12) 所示，分別為 $\varepsilon_x dx \cos\theta$、$\varepsilon_y dy \sin\theta$ 及 $\gamma_{xy} dy \cos\theta$，因此

$$\varepsilon_\theta = \frac{1}{ds}(\varepsilon_x dx \cos\theta + \varepsilon_y dy \sin\theta + \gamma_{xy} dy \cos\theta)$$

$$= \varepsilon_x \frac{dx}{ds}\cos\theta + \varepsilon_y \frac{dy}{ds}\sin\theta + \gamma_{xy}\cos\theta$$

$$= \varepsilon_x \cos^2\theta + \varepsilon_y \sin^2\theta + \gamma_{xy}\sin\theta\cos\theta$$

經由下列三角關係的代換

$$\cos^2\theta = \frac{1+\cos 2\theta}{2} \ , \ \ \sin^2\theta = \frac{1-\cos 2\theta}{2}$$

$$\sin\theta\cos\theta = \frac{\sin 2\theta}{2}$$

而改寫為

$$\varepsilon_\theta = \frac{1}{2}(\varepsilon_x + \varepsilon_y) + \frac{1}{2}(\varepsilon_x - \varepsilon_y)\cos 2\theta + \frac{1}{2}\gamma_{xy}\sin 2\theta \tag{6-21}$$

在圖 (6-12a) 中，正向應變 ε_x 使得 x' 軸順時針方向旋轉角度為 $\dfrac{\varepsilon_x dx \sin\theta}{ds}$，在圖 (6-12b) 中，$\varepsilon_y$ 使得 x' 軸逆時針方向旋轉了 $\dfrac{\varepsilon_y dx \cos\theta}{ds}$，在圖 (6-12c) 中，$\gamma_{xy}$ 使得 x' 軸順時針 方向旋轉了 $\dfrac{\gamma_{xy} dy \sin\theta}{ds}$ 的角度，則 x' 軸順時針方向所產生角度之總變化量 α 為

$$\begin{aligned}
\alpha &= \varepsilon_x \frac{dx}{ds}\sin\theta - \varepsilon_y \frac{dy}{ds}\cos\theta + \gamma_{xy}\frac{dy}{ds}\sin\theta \\
&= \varepsilon_x \cos\theta\,\sin\theta - \varepsilon_y \sin\theta\,\cos\theta + \gamma_{xy}\sin^2\theta
\end{aligned} \tag{1}$$

而 y' 軸順時針方向所產生之角度總變化量 β，可直接以 $(90° + \theta)$ 代入 (1) 式之 θ 中， 即得

$$\beta = -\varepsilon_x \sin\theta\,\cos\theta + \varepsilon_y \cos\theta\,\sin\theta + \gamma_{xy}\cos^2\theta \tag{2}$$

則剪應變 $\gamma_\theta = \beta - \alpha$，由 (2) 式減 (1) 式而得

$$\begin{aligned}
\gamma_\theta &= -2\varepsilon_x \sin\theta\,\cos\theta + 2\varepsilon_y \sin\theta\,\cos\theta + \gamma_{xy}(\cos^2\theta - \sin^2\theta) \\
&= -(\varepsilon_x - \varepsilon_y)\sin 2\theta + \gamma_{xy}\cos 2\theta
\end{aligned}$$

故

$$\frac{\gamma_\theta}{2} = -\frac{1}{2}(\varepsilon_x - \varepsilon_y)\sin 2\theta + \gamma_{xy}\cos 2\theta \tag{6-22}$$

同理，y' 軸方向之正交應變與剪應變，可將 $(90° + \theta)$ 代入公式 (6-21) 與 (6-22) 中之 θ 即可求得

$$\varepsilon_\theta' = \frac{1}{2}(\varepsilon_x + \varepsilon_y) - \frac{1}{2}(\varepsilon_x - \varepsilon_y)\cos 2\theta - \frac{\gamma_{xy}}{2}\sin 2\theta \tag{6-23}$$

$$\frac{\gamma_\theta'}{2} = \frac{1}{2}(\varepsilon_x - \varepsilon_y)\sin 2\theta - \frac{\gamma_{xy}}{2}\cos 2\theta \tag{6-24}$$

將 (6-21) 式與 (6-23) 式相加，並且比較 (6-22) 式與 (6-24) 式可得

$$\varepsilon_\theta + \varepsilon_\theta' = \varepsilon_x + \varepsilon_y \tag{6-25}$$

$$\gamma_\theta = -\gamma_\theta' \tag{6-26}$$

將平面應變中之公式 (6-21) 至 (6-26) 與平面應力公式 (6-24) 至 (6-9) 相互比較，可發現彼此之間有相同形式。

--- 例題 **6-7** |--

證明 $G = \dfrac{E}{2(1+v)}$ 。

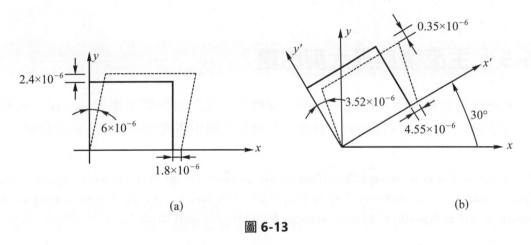

(a)   (b)

圖 **6-13**

解

如圖 6-13a 元素 A 承受純剪應力 τ 作用

變形後的位置如 6-13b 所示若元素為單位元素即 ab 長 $= bc$ 長 $= 1$；則對角線 $ac' = \sqrt{2}$；變形後 $ac' = \sqrt{2}(1+\varepsilon_{45})$。

其中 $\varepsilon_{45} = \dfrac{\sigma_{45}}{E} - v\dfrac{\sigma_{135}}{E}$

$\sigma_{45} = \dfrac{0}{2} + \dfrac{0}{2}\cos(90) + \tau\sin(90) = \tau$ ；同理 $\sigma_{135} = -\tau$

$\varepsilon_{45} = \dfrac{\tau(1+v)}{E}$

由 6-13b 利用三角幾何可知 $\dfrac{ac'}{2} = ab' \times \cos(\theta)$ 其 $ab' \fallingdotseq 1$

$$\theta = \frac{1}{2}\left(\frac{\pi}{2} - \gamma\right) = \frac{\pi}{4} - \frac{1}{2}\gamma$$

由於剪應變 γ 非常小故 $\cos\left(\frac{1}{2}\gamma\right) \approx 1 \sin\left(\frac{1}{2}\gamma\right) \approx \frac{1}{2}\gamma$

$$\cos\left(\frac{\pi}{4} - \frac{1}{2}\gamma\right) = \frac{\sqrt{2}}{2} + \frac{\sqrt{2}}{2}\left(\frac{1}{2}\gamma\right)$$

$$\frac{ac'}{2} = 1 \times \left(\frac{\sqrt{2}}{2} + \frac{\sqrt{2}}{2}\left(\frac{1}{2}\gamma\right)\right) = \frac{\sqrt{2}}{2}\left(1 + \frac{\tau(1+\upsilon)}{E}\right)$$

$$\left(\frac{\sqrt{2}}{2} + \frac{\sqrt{2}}{2}\left(\frac{1}{2}\gamma\right)\right) = \frac{\sqrt{2}}{2}\left(1 + \frac{\tau(1+\upsilon)}{E}\right)$$

$$\frac{1}{2}\gamma = \frac{\tau(1+\upsilon)}{E} \quad ; \quad \frac{\tau}{G} = \gamma \quad \frac{E}{2(1+v)} = G$$

6-5 │ 主應變與最大剪應變

　　主應變是材料力學中描述應變的一種概念，其乃是指與主應力 σ_1、σ_2、σ_3 相對應的線應變 ε_1、ε_2、ε_3。而最大剪應變則是發生在與主應變相差 45° 方向之位置。

Principal strain is a concept describing strain in material mechanics, which refers to the line strains ε_1, ε_2, ε_3 corresponding to the principal stresses σ_1, σ_2, σ_3. The maximum shear strain occurs at a position 45 degrees away from the principal strain.

　　前面已比較過平面應變與平面應力之公式有相同的形式，而且主應變所在之平面方向，可令 $\dfrac{d\varepsilon_\theta}{d\theta} = 0$ 求得為

$$\tan 2\theta_p = \frac{\gamma_{xy}}{\varepsilon_x - \varepsilon_y} \tag{6-27}$$

此式亦與公式 (6-10) 相似，故同樣可利用公式 (6-11) 與 (6-12) 求得最大應變量的主應變 ε_1 與 ε_2 為

$$\varepsilon_{1,2} = \frac{\varepsilon_x + \varepsilon_y}{2} \pm \sqrt{\left(\frac{\varepsilon_x - \varepsilon_y}{2}\right)^2 + \left(\frac{\gamma_{xy}}{2}\right)^2} \tag{6-28}$$

而主應變方向之剪應變 $\gamma_\theta = 0$，同樣地，可求得最大剪應變之方向與主應變之方向相差 45°，即

$$\theta_s = \theta_p \pm 45°$$

且

$$\frac{\gamma_{\max}}{2} = \sqrt{\left(\frac{\varepsilon_x - \varepsilon_y}{2}\right)^2 + \left(\frac{\gamma_{xy}}{2}\right)^2} \tag{6-29}$$

在最大剪應變方向上之正向應變為

$$\varepsilon_{av} = \frac{1}{2}(\varepsilon_x + \varepsilon_y) \tag{6-30}$$

--- **例題 6-8** |--

有一材料承受外力後之應變值分別為 $\varepsilon_x = 35 \times 10^{-5}$，$\varepsilon_x = -25 \times 10^{-5}$，$\gamma_{xy} = 15 \times 10^{-5}$，試求 (1) 主應變量與 (2) 最大剪應變。

解

(1) 由 (6-27) 式與 (6-28) 式可得

$$\tan 2\theta_p = \frac{15 \times 10^{-5}}{(35+25) \times 10^{-3}} = 0.25$$

$$\theta_p = 7.02°$$

$$\begin{aligned}
\varepsilon_{1,2} &= \frac{\varepsilon_x + \varepsilon_y}{2} \pm \sqrt{\left(\frac{\varepsilon_x - \varepsilon_y}{2}\right)^2 + \left(\frac{\gamma_{xy}}{2}\right)^2} \\
&= \frac{(35-25) \times 10^{-5}}{2} \pm \sqrt{\left(\frac{35+25}{2}\right)^2 + \left(\frac{15}{2}\right)^2} \times 10^{-5} \\
&= 5 \times 10^{-5} \pm 30.92 \times 10^{-5}
\end{aligned}$$

故

$$\varepsilon_1 = 5 \times 10^{-5} + 30.92 \times 10^{-5} = 35.92 \times 10^{-5}$$

$$\varepsilon_2 = 5 \times 10^{-5} - 30.92 \times 10^{-5} = -25.92 \times 10^{-5}$$

(2) 應用 (6-29) 式可得最大剪應變

$$\frac{\gamma_{\max}}{2} = \sqrt{\left(\frac{\varepsilon_x - \varepsilon_y}{2}\right)^2 + \left(\frac{\gamma_{xy}}{2}\right)^2} = 30.92 \times 10^{-5}$$

$$\gamma_{\max} = 61.84 \times 10^{-5}$$

6-6 ┆ 平面應變之莫耳圓

　　在 6-3 節中我們建立了平面應力之莫耳圓，可直接在圓上找到任何旋轉角方向之應力與剪應力值。同樣地，經前面之比較亦可發現平面應變與平面應力之轉換式相似，故亦可建立與平面應力相同的平面應變莫耳圓。

In Section 6-3, we established the Mohr circle of plane stress, and the stress and shear stress values in any direction of rotation angle can be found directly on the circle. Similarly, it can also be found that the transformation formulas of plane strain and plane stress are similar through the previous comparison, so the Mohr circle of plane strain which is the same as that of plane stress can also be established.

　　其所差別的是平面應變莫耳圓，乃是以 ε_θ 為橫座標取向右為正，以 $\dfrac{\gamma_\theta}{2}$ 為縱座標取向下為正，則圓心的座標為 $\left(\dfrac{\varepsilon_x+\varepsilon_y}{2},\ 0\right)$，半徑為 $\sqrt{\left(\dfrac{\varepsilon_x-\varepsilon_y}{2}\right)^2+\left(\dfrac{\gamma_{xy}}{2}\right)^2}$，如圖 (6-14) 所示。當 $\theta=0$ 時乃是 x 方向平面之正向應變與剪應變 $\left(\varepsilon_x,\ \dfrac{\gamma_{xy}}{2}\right)$，其中我們假設剪應變 γ_{xy} 是以順時針方向旋轉為正。當我們要計算元素逆時針方向轉 θ 角之正向應變與剪應變時，即可應用莫耳圓，從 A 點亦逆時針方向轉 2θ 角，再利用三角幾何找出 D 點之座標，即可求得正向應變與剪應變。

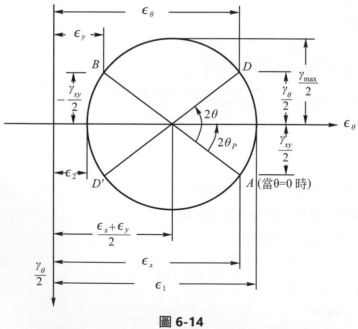

圖 6-14

When we want to calculate the forward strain and shear strain of an element turning counterclockwise at an angle of θ, we can use the Mohr's circle to rotate from point A counterclockwise at an angle of 2θ, and then use trigonometric geometry to find the coordinates of point D, namely the normal and shear strains can be obtained.

例題 6-9

平面應變中若 $\varepsilon_x = 36 \times 10^{-4}$，$\varepsilon_y = 18 \times 10^{-4}$，$\gamma_{xy} = 21.6 \times 10^{-4}$，請以莫耳圓求 (1) 主應變 ε_1 與 ε_2 及其所在位置之方向 θ_p；(2) 最大剪應變 γ_{max} 及其所在位置的方向 θ_s；(3) 旋轉 $\theta = 30°$ 時之應變。

解

設圓心在 $C(\varepsilon_{av}, 0)$，半徑為 R，則

$$\varepsilon_{av} = \frac{1}{2}(\varepsilon_x + \varepsilon_y) = \frac{1}{2}(36+18) \times 10^{-4} = 27 \times 10^{-4}$$

$$R = \sqrt{\left(\frac{\varepsilon_x - \varepsilon_y}{2}\right)^2 + \left(\frac{\gamma_{xy}}{2}\right)^2} = \sqrt{\left(\frac{36-18}{2}\right)^2 + \left(\frac{21.6}{2}\right)^2} \times 10^{-4} = 14.06 \times 10^{-4}$$

(1) 主應變

由下圖中得知 $2\theta_p = \tan^{-1}\dfrac{\dfrac{21.6}{2}}{\dfrac{36-18}{2}} = 50.2°$

故

$\theta_p = 25.1°$

$\varepsilon_1 = \varepsilon_{av} + R = 27 \times 10^{-4} + 14.06 \times 10^{-4} = 41.06 \times 10^{-4}$

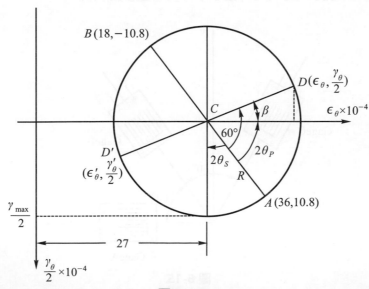

圖 6-14(a)

$$\varepsilon_2 = \varepsilon_{av} - R = 27 \times 10^{-4} - 14.06 \times 10^{-4} = 12.94 \times 10^{-4}$$

(2) 最大剪應變

$$2\theta_s = 2\theta_p - 90° = -39.8°$$

故

$$\theta_s = -19.9°$$

$$\frac{\gamma_{max}}{2} = R = 14.06 \times 10^{-4}$$

故

$$\gamma_{max} = 28.12 \times 10^{-4}$$

(3) $\theta = 30°$ 時

$$\beta = 2\theta - 2\theta_p = 60° - 50.2° = 9.8°$$

故

$$\varepsilon_\theta = 27 \times 10^{-4} + 14.06 \times 10^{-4} \times \cos 9.8° = 40.85 \times 10^{-4}$$

$$\varepsilon_\theta{}' = 27 \times 10^{-4} - 14.06 \times 10^{-4} \cos 9.8° = 13.16 \times 10^{-4}$$

$$\frac{\gamma_\theta}{2} = -14.06 \times 10^{-4} \sin 9.8° = -2.39 \times 10^{-4}$$

$$\gamma_\theta = -4.78 \times 10^{-4}$$

而

$$\gamma_\theta{}' = -\gamma_\theta = 4.78 \times 10^{-4}$$

--- 例題 **6-10**

一組三個電阻式應變規黏貼在物體的自由表面上,如圖 (6-15) 所示,當物體產生應變時會使應變規伸長或縮短,而使電阻改變,經測量得 A 規的應變量為 $\varepsilon_a = 260\mu$,B 規的應變量為 $\varepsilon_b = 180\mu$,C 規的應變量為 $\varepsilon_c = -150\mu$,試求主應變與最大剪應變之值,並以莫耳圓求 $\theta = 30°$ 之應變狀況。

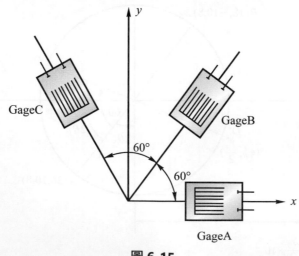

圖 6-15

解

由題意得知 $\varepsilon_x = 260\mu$，應用 (6-21) 式得

$\theta = 60°$ 時

$$180 = \frac{1}{2}(260 + \varepsilon_y) + \frac{1}{2}(260 - \varepsilon_y)\cos 120° + \frac{\gamma_{xy}}{2}\sin 120° \tag{1}$$

$\theta = 120°$ 時

$$-150 = \frac{1}{2}(260 + \varepsilon_y) + \frac{1}{2}(260 - \varepsilon_y)\cos 240° + \frac{\gamma_{xy}}{2}\sin 240° \tag{2}$$

整理 (1) 式得

$$-300 = (260 + \varepsilon_y) - \frac{1}{2}(260 - \varepsilon_y) - \frac{\sqrt{3}}{2}\gamma_{xy} \tag{3}$$

整理 (2) 式得

$$-300 = (260 + \varepsilon_y) - \frac{1}{2}(260 - \varepsilon_y) - \frac{\sqrt{3}}{2}\gamma_{xy} \tag{4}$$

(3) 式減 (4) 式得

$$660 = \sqrt{3}\gamma_{xy}$$

故

$$\gamma_{xy} = 381.05\mu$$

(3) 式加 (4) 式得

$$60 = 520 + 2\varepsilon_y - (260 - \varepsilon_y)$$

故

$$\varepsilon_y = -66.67\mu$$

設莫耳圓之圓心在 $(\varepsilon_{av}, 0)$，半徑為 R，則

$$\varepsilon_{av} = \frac{260 + (-66.67)}{2} = 96.67\mu$$

$$R = \sqrt{\left[\frac{260 - (-66.67)}{2}\right]^2 + \left(\frac{381.05}{2}\right)^2} = 251\mu$$

其中 A 點 ($\theta = 0$ 時) 之座標為 $(260, \frac{381.05}{2})$

B 點 ($\theta = 90°$ 時) 之座標為 ($-66.67, -\frac{381.05}{2}$)

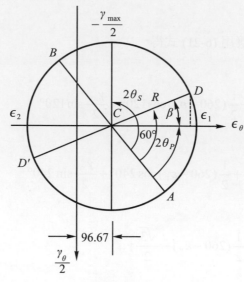

圖 6-15(a)

(1) 主應變

$$2\theta_p = \tan^{-1}\frac{\dfrac{381.05}{2}}{\dfrac{260-(-66.67)}{2}} = 49.4° \qquad \therefore \theta_p = 24.7°$$

$$\varepsilon_1 = 96.67 + 251 = 347.67\mu$$

$$\varepsilon_2 = 96.67 - 251 = -154.33\mu$$

其元素圖如圖 (b) 所示

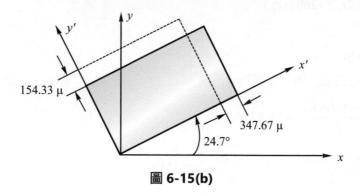

圖 6-15(b)

(2) 最大剪應變

$$2\theta_s = 2\theta_p + 90°$$

$$\theta_s = 24.7° + 45° = 69.7°$$

$$\frac{\gamma_{max}}{2} = R = -251$$

$$\gamma_{max} = -502\mu$$

其元素圖如圖 (c) 所示

(3) $\theta = 30°$ 時

如圖 (a) 之 D 點，$\beta = 60° - 49.4° = 10.6°$

$\varepsilon_\theta = 96.67 + 251\cos10.6° = 343.4\mu$

$\varepsilon_\theta' = 96.67 - 251\cos10.6° = -150\mu$

$\dfrac{\gamma_\theta}{2} = -251\sin10.6° = -46.2\mu$

$\gamma_\theta = -92.4\mu$

$\gamma_\theta' = -\gamma_\theta = 92.4\mu$

其元素圖如圖 (d) 所示

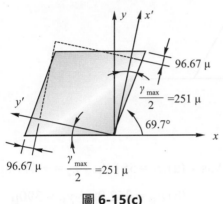

圖 6-15(c)

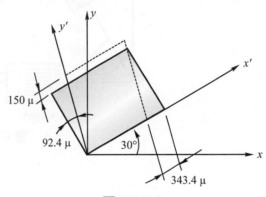

圖 6-15(d)

學生練習

6-6.1 利用三個電阻式應變規黏貼在物體的自由表面上，分佈如圖 (P6-6.1) 所示，測量得三個應變規之應變量分別為 $\varepsilon_a = -330\mu$、$\varepsilon_b = -280\mu$、$\varepsilon_c = 150\mu$，請以莫耳圓求 (a) 主應變之值，(b) 最大剪應變之值。

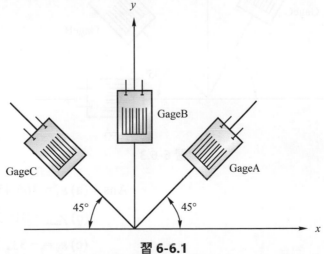

習 6-6.1

Ans：(a) $\varepsilon_1 = 216.1\mu$；$\varepsilon_2 = -396.1\mu$ (b) $\gamma_{max} = 612.2\mu$

6-6.2 應變規的黏貼方式如圖所示，並且量得應變為 $\varepsilon_a = 460\mu$、$\varepsilon_b = 120\mu$、$\varepsilon_c = -370\mu$，請以莫耳圓求 (a) 主應變，(b) $\theta = 45°$ 之應變狀況。

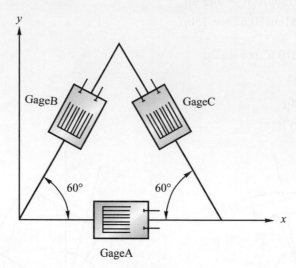

習 **6-6.2**

Ans：(a) $\varepsilon_1 = 551.8\mu$；$\varepsilon_2 = -411.8\mu$；

(b) $\varepsilon_{45} = 352.9\mu$，$\gamma_{45} = 390\mu$

6-6.3 應變規的排列方式如圖所示，經測量得應變為 $\varepsilon_a = 150\mu$，$\varepsilon_b = -480\mu$，$\varepsilon_c = 125\mu$，請應用莫耳圓求 (a) 主應變，(b) 最大剪應變，(c) y 軸方向之應變狀況。

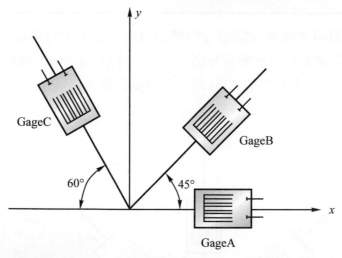

習 **6-6.3**

Ans：(a) $\varepsilon_1 = 366.45\mu$；$\varepsilon_2 = -548.75\mu$

(b) $\gamma_{max} = 915.2\mu$

(c) $\varepsilon_y = -332.3\mu$，$\gamma_{xy} = -777.7\mu$

6-7 平面應力之虎克定律

在第一章所提到的拉伸試驗中，我們知道應力與應變的關係在彈性變形的範圍內成一定的比例，即

$$\sigma = E\varepsilon$$

此乃是單軸向應力的虎克定律。

當物體受到平面應力作用時，若應力 σ_x 在 x 方向所造成的變形量為 ε_x'，而應力 σ_y 在 x 方向所造成的變形量為 ε_x''，則

$$\varepsilon_x' = \frac{\sigma_x}{E}$$

$$\varepsilon_x'' = -v\frac{\sigma_y}{E}$$

故合應變

$$\varepsilon_x = \frac{1}{E}(\sigma_x - v\sigma_y) \tag{6-31a}$$

同理

$$\varepsilon_y = \frac{1}{E}(\sigma_y - v\sigma_x) \tag{6-31b}$$

$$\varepsilon_z = -\frac{v}{E}(\sigma_x + \sigma_y) \tag{6-31c}$$

由 (6-31a) 式與 (6-31b) 式聯立解可得知

$$\sigma_x = \frac{E}{1-v^2}(\varepsilon_x + v\varepsilon_y) \tag{6-32a}$$

$$\sigma_y = \frac{E}{1-v^2}(\varepsilon_y + v\varepsilon_x) \tag{6-32b}$$

又知滿足虎克定律之剪應力與剪應變的關係為

$$\tau_{xy} = G\gamma_{xy} \tag{6-32c}$$

公式 (6-32) 即是平面應力的虎克定律，其中所含的彈性係數 E、剪彈性係數 G 及蒲松比 v，經整理後可得關係式為

$$G = \frac{E}{2(1+v)} \tag{6-33}$$

當物體承受平面應力作用時，欲分析其體積之變化，可取一每邊長均為 1 單位長度之立方塊，如圖 (6-16) 所示。

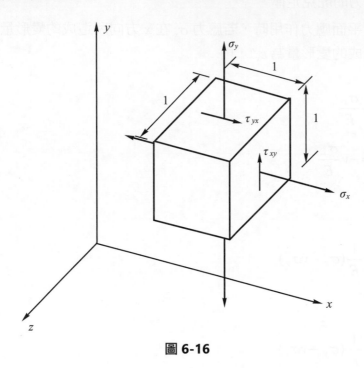

圖 6-16

原體積 $V = 1$

受力後之體積為

$$V' = (1 + \varepsilon_x)(1 + \varepsilon_y)(1 + \varepsilon_z)$$
$$= 1 + \varepsilon_x + \varepsilon_y + \varepsilon_z + \varepsilon_x\varepsilon_y + \varepsilon_y\varepsilon_z + \varepsilon_z\varepsilon_x + \varepsilon_x\varepsilon_y\varepsilon_z$$

因 ε_x、ε_y、ε_z 均非常小，故其乘積可忽略不計，因此上式可簡化為

$$V' = 1 + \varepsilon_x + \varepsilon_y + \varepsilon_z$$

則體積變化

$$\Delta V = V' - V = \varepsilon_x + \varepsilon_y + \varepsilon_z$$

若以 ε_v 表示物體單位體積所產生之體積變化量,或稱體積應變,則

$$\varepsilon_v = \frac{\Delta V}{V} = \varepsilon_x + \varepsilon_y + \varepsilon_z \tag{6-34}$$

將公式 (6-31) 代入 (6-34) 式中可得平面應力之體積應變為

$$\varepsilon_v = \frac{1-2v}{E}(\sigma_x + \sigma_y) \tag{6-35}$$

例題 6-11

某一材料承受平面應力作用後,經應變規測量得 $\varepsilon_x = 210\mu$,$\varepsilon_y = -120\mu$,而材料的蒲松比為 $v = 0.34$,則請問 z 方向之應變量 ε_z 為多少?

解

將 (6-32a) 式與 (6-32b) 式,即是

$$\sigma_x = \frac{E}{1-v^2}(\varepsilon_x + v\varepsilon_y) \;;\; \sigma_y = \frac{E}{1-v^2}(\varepsilon_y + v\varepsilon_x)$$

代入 (6-31c) 式中得

$$\varepsilon_z = -\frac{v}{E}(\sigma_x + \sigma_y)$$

$$= -\frac{v}{E} \times \frac{E}{1-v^2}[\{(\varepsilon_x + v\varepsilon_y)\} + \{(\varepsilon_y + v\varepsilon_x)\}]$$

$$= -\frac{v}{1-v^2}[\{(\varepsilon_x + \varepsilon_y)\} + v\{(\varepsilon_x + \varepsilon_y)\}]$$

$$= -\frac{v}{(1-v)(1+v)}(1+v)(\varepsilon_x + \varepsilon_y)$$

$$= -\frac{v}{(1-v)}(\varepsilon_x + \varepsilon_y)$$

又知

$$\varepsilon_x = 210\mu , \varepsilon_y = -120\mu , v = 0.34$$

故

$$\varepsilon_z = -\frac{0.34}{1-0.34}(210-120) = -46.36\mu$$

---例題 **6-12**|---

承受平面應力之作用，如圖 (6-17) 所示，其中 $\sigma_x = 300\text{MPa}$，$\sigma_y = 60\text{MPa}$，$\tau_{xy} = 50\text{MPa}$，若材料之 $E = 118\text{GPa}$，$\nu = 0.34$，試求材料之應變 ε_x、ε_y、ε_z 與 γ_{xy} 各為何？

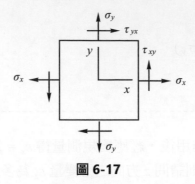

圖 6-17

解

由 (6-31) 式可得

$$\varepsilon_x = \frac{1}{118\times10^3}(300 - 0.34\times60) = 2.37\times10^{-3}$$

$$\varepsilon_y = \frac{1}{118\times10^3}(60 - 0.34\times300) = -0.36\times10^{-3}$$

$$\varepsilon_z = \frac{0.34}{118\times10^3}(300 + 60) = -1.04\times10^{-3}$$

由 (6-33) 式可得

$$G = \frac{118}{2(1 + 0.34)} = 44.03\text{GPa}$$

故

$$\gamma_{xy} = \frac{\tau_{xy}}{G} = \frac{50}{44.03\times10^3} = 1.14\times10^{-3}$$

學生練習

6-7.1 已知材料受平面應力作用後，利用電阻式應變規測量得，$\varepsilon_x = -300\mu$，$\varepsilon_y = 180\mu$，若材料的 $E = 118\text{GPa}$、$v = 0.34$，則 ε_z 為多少？

Ans：$\varepsilon_z = 61.8\mu$

6-7.2 某材料承受如圖所示之平面應力作用，$\sigma_x = 120\text{MPa}$、$\sigma_y = 20\text{MPa}$、$\tau_{xy} = 60\text{MPa}$，若 $E = 200\text{GPa}$，$G = 78\text{GPa}$，試求其應變情形，即 ε_x、ε_y、ε_z 與 γ_{xy} 為何？

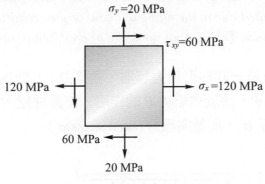

習 6-7.2

Ans：$\varepsilon_x = 571.8\mu$，$\varepsilon_y = -69.2\mu$，$\varepsilon_z = -197.4\mu$，$\gamma_{xy} = 769.2\mu$

6-7.3 某材料受雙軸向應力作用，已知 $\sigma_x = 250\text{MPa}$，$\varepsilon_x = 962\mu$，且機械性質 $E = 200\text{GPa}$，$v = 0.32$，試求 (a) z 方向之應變 ε_z，(b) x-y 平面上之主應變與最大剪應變之值。

Ans：(a)$\varepsilon_z = -688\mu$，(b) $\varepsilon_1 = 962\mu$，$\varepsilon_2 = 500\mu$，$\gamma_{\max} = 462\mu$

6-7.4 利用應變規測量得 $\varepsilon_{0°} = 620\mu$、$\varepsilon_{60°} = -50\mu$、$\varepsilon_{120°} = -50\mu$，若材料之 $E = 206\text{GPa}$，$v = 0.3$，則 ε_z 為若干？

Ans：$\varepsilon_z = -148.6\mu$

6-8 │ 球形與圓柱形容器之應力 (雙軸向應力)

　　一般常看到的壓力容器是圓柱形者，亦有做成球形的容器；當內徑大於壁厚 10 倍以上者，因內裝滿液體或氣體而產生強大的壓力，所造成此薄壁圓柱的內應力，可以下列所示的方式來分析。

Generally, the pressure vessel that is often seen is cylindrical, and there are also spherical containers. When the inner diameter is more than 10 times larger than the wall thickness, a strong pressure is generated due to the filling of liquid or gas, resulting in an internal stress at this thin-walled cylinder. The internal stress can be analyzed in the manner shown below.

　　如圖 (6-18) 所示乃是一圓柱形壓力容器，內徑為 r，壁厚為 t，內部之液體 (或氣體) 所產生之壓力為 P。由於內壓力 P 的作用，使圓柱壁內產生了周向應力 (hoop stress)，即圖 (6-18) 所示 σ_h，與軸向應力 (axial stress)σ_a。

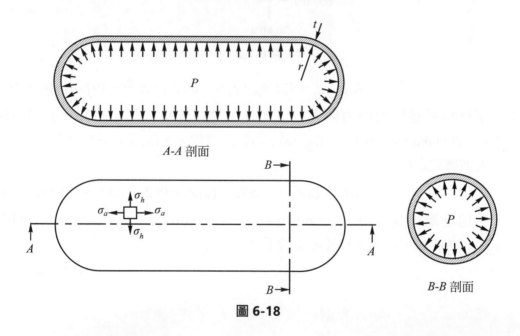

A-A 剖面

B-B 剖面

圖 6-18

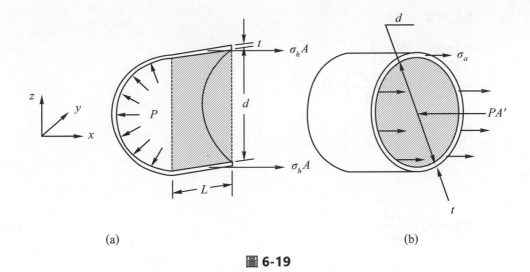

(a)

(b)

圖 6-19

現將圖 (6-18) 之 $A\text{-}A$ 剖面取一長度為 L 來分析,如圖 (6-19a) 所示,依據力的平衡可得到下列之關係式:

$$\Sigma F_x = 0$$

$$\sigma_h A - PA' = 0 \text{;其中 } A' \text{ 是投影面積}$$

$$\sigma_h = P\frac{A'}{A} = P \times \frac{L \times d}{L \times 2t}$$

故

$$\sigma_h = \frac{Pd}{2t} \tag{6-36}$$

若截取圓筒的橫斷面,如圖 (6-19b) 所示,則同樣由力的平衡方程式 $\Sigma F_y = 0$,而得

$$\sigma_a A - PA' = 0$$

$$\sigma_a (\pi dt) - P\left(\frac{\pi d^2}{4}\right) = 0$$

$$\sigma_a = \frac{Pd}{4t} \tag{6-37}$$

比較 (6-36) 與 (6-37) 兩式,可得知周向應力 σ_h 為縱向應力的兩倍,即

$$\sigma_h = 2\sigma_a$$

球形的壓力容器,從任何一個直徑的方向剖開,都如圖 (6-20) 所示。

$$\Sigma F_x = 0$$

$$\sigma_a(\pi dt) - PA = 0$$

$$\sigma_a(\pi dt) = P\left(\frac{\pi d^2}{4}\right) = 0$$

$$\sigma_a = \frac{Pd}{4t}$$

同理

$$\sigma_h = \sigma_a = \frac{Pd}{4t} \tag{6-38}$$

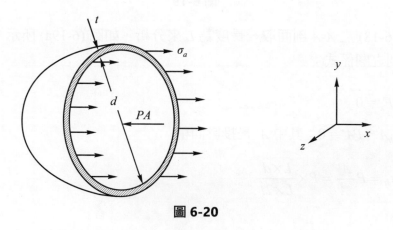

圖 6-20

--- **例題** **6-13**

一球形的壓力容器，內部裝有壓力 P 為 600KPa 的氣體，內部直徑為 1.5m，壁厚為 12mm，試求筒壁之周向應力。

解

由 (6-38) 式可得周向應力 σ_h 為

$$\sigma_h = \frac{Pd}{4t} = \frac{600 \times 1.5}{4 \times 12 \times 10^{-3}} = 18.75 \times 10^3 \, \text{KPa} = 18.75 \text{MPa}$$

--- **例題** **6-14** │--

有一圓柱形壓力容器，內部直徑為 1.8m，內裝有 1.6MPa 之壓力，若此容器的抗拉強度為 520MPa，降伏強度為 206MPa，採用安全係素為 2.5 來設計時，請問其最小的壁厚至少需多少才安全？

解

由於圓柱形壓力容器之周向應力 σ_h 是軸向應力 σ_a 的二倍，故只需針對周向應力 σ_h 來計算，依據 (6-36) 式得知

$$\sigma_h = \frac{Pd}{2t}$$

其中 $\sigma_h = \dfrac{\text{降伏應力}}{\text{安全係素}} = \dfrac{206}{2.5} = 82.4\text{(MPa)}$

$$t = \frac{1.6 \times 1800}{2 \times 82.4} = 17.48\text{mm}$$

因此

壁厚 t 至少需大於 17.48mm 才安全 ◼

學生練習

6-8.1 有一圓柱形壓力容器，內部直徑為 1.6m，內部裝有液化氣體，故有內壓力 1.5MPa，若容器的壁厚為 15mm，則容器之周向應力 σ_h 為多少？若安全係數為 2，則要選用多大降伏應力的材質？

Ans：$\sigma_h = 80\text{MPa}$，$\sigma_{yp} \geq 160\text{MPa}$

6-8.2 有一圓柱形壓力容器，內部直徑為 1.8m，壁厚為 12mm，內部裝有高壓氣體，壓力為 1850KPa，而容器乃是沿軸向成 45° 的螺旋狀焊接而成，試求 (a) 軸向與周向之應力，(b) 最大剪應力，(c) 與焊道垂直的正向力，(d) 與焊道平行的剪應力。

Ans：(a) $\sigma_a = 69.375$ MPa，$\sigma_h = 138.75$ MPa；

(b) $\tau_{\max} = 34.69\text{MPa}$；

(c) $\sigma_{45} = 104.065\text{MPa}$；

(d) $\tau_{45} = 34.69$ MPa

6-8.3　一球形的壓力容器，內部直徑為 1m，壁厚為 10mm，若其容許拉應力為 80MPa，求內部所容許的最大壓力 P 為若干？

Ans：$P = 3.2$MPa

6-8.4　直徑為 1.2m 的球形壓力容器槽，厚度為 8mm，若容器內之壓力為 1.5MPa，試求 (a) 最大正應力，(b) 最大剪應力。

Ans：(a) 56.25MPa；(b) 0

6-9 │ 三軸向應力

　　當一個物體或結構承受三個相互垂直方向的力量作用時，切取其內部任一微小立方體，將發現此元素處於三軸向應力狀態，如圖 (6-21a) 所示。此元素各面均無剪應力作用，因此圖中之 σ_x、σ_y 與 σ_z 皆為主應力。

When an object or structure is subjected to three mutually perpendicular forces, if you cut any tiny cube inside it, you will find that the element is in a state of triaxial stress, as shown in Figure (6-21a). There is no shear stress on each surface of this element, so σ_x, σ_y and σ_z in the figure are all principal stresses.

　　現將此立方體沿 z 軸方向剖開，其分離體圖如圖 (6-21b) 所示，因 σ_z 與斜面平行，故與斜面在任何角度時之應力狀態並無關係。因此斜面上之應力 τ_θ 與 σ_θ 的分析，與雙軸向應力狀態之分析方法相同，故亦可畫出一莫耳圓。同理，沿著 x 軸與 y 軸方向剖開之斜面上應力，皆可用雙軸向應力狀態分析之，並且各畫出一個莫耳圓，如圖 (6-22) 所示。

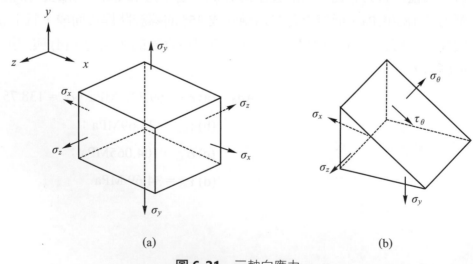

(a)　　　　　　　　　　　　　(b)

圖 6-21　三軸向應力

　　沿 z 軸方向剖開之斜面上應力，可由 σ_x 及 σ_y 雙軸向應力狀態，畫莫耳圓如圖 (6-22) 之 A 圓，同理若 $\sigma_z > \sigma_y$，則沿 x 軸方向剖開之斜面上應力可由圖 (6-22) 之 B 圓分析而得。而 C 圓則是沿 y 軸方向剖開之斜面上應力，因 $\sigma_z > \sigma_x$ 所畫之莫耳圓。

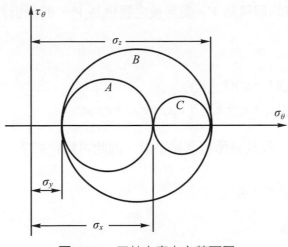

圖 6-22　三軸向應力之莫耳圓

　　由圖 (6-22) 之三個莫耳圓得知，三軸向應力狀態之最大剪應力等於較大圓之半徑，即是

$$\tau_{\max} = \frac{\sigma_x - \sigma_y}{2}$$

若材料所承受之三軸向應力僅能夠產生彈性變形，則可運用重疊法求得應變如下，即

$$\varepsilon_x = \frac{\sigma_x}{E} - \frac{v}{E}(\sigma_y + \sigma_x) \tag{6-39a}$$

$$\varepsilon_y = \frac{\sigma_y}{E} - \frac{v}{E}(\sigma_z + \sigma_x) \tag{6-39b}$$

$$\varepsilon_z = \frac{\sigma_z}{E} - \frac{v}{E}(\sigma_x + \sigma_y) \tag{6-39c}$$

將 (6-39) 式整理後，可求得三軸向應力的表示式如下

$$\sigma_x = \frac{E\varepsilon_x}{1+v} + \frac{vE}{(1+v)(1-2v)}(\varepsilon_x + \varepsilon_y + \varepsilon_z) \tag{6-40a}$$

$$\sigma_y = \frac{E\varepsilon_y}{1+v} + \frac{vE}{(1+v)(1-2v)}(\varepsilon_x + \varepsilon_y + \varepsilon_z) \tag{6-40b}$$

$$\sigma_z = \frac{E\varepsilon_z}{1+v} + \frac{vE}{(1+v)(1-2v)}(\varepsilon_x + \varepsilon_y + \varepsilon_z) \tag{6-40c}$$

假設有一單位長度的微小立方體，變形前之邊長皆為 1，變形後之邊長分別為 $1+\varepsilon_x$、$1+\varepsilon_y$、$1+\varepsilon_z$，若原來的體積為 V，變形後之體積為 V'，則分析其體積變化如下

$$V = 1$$

$$V' = (1+\varepsilon_x)(1+\varepsilon_y)(1+\varepsilon_z)$$

$$= 1 + \varepsilon_x + \varepsilon_y + \varepsilon_z + \varepsilon_x\varepsilon_y + \varepsilon_y\varepsilon_z + \varepsilon_z\varepsilon_x + \varepsilon_x\varepsilon_y\varepsilon_z$$

因 ε_x、ε_y 與 ε_z 皆很小，故其乘積可忽略不計，因此可簡化如下

$$V' = 1 + \varepsilon_x + \varepsilon_y + \varepsilon_z$$

則體積之變化量 ΔV 為

$$\Delta V = V' - V = \varepsilon_x + \varepsilon_y + \varepsilon_z$$

若以 ε_V 表體積應變，則

$$\varepsilon_V = \frac{\Delta V}{V} = \varepsilon_x + \varepsilon_y + \varepsilon_z \tag{6-41}$$

將 (6-39) 式代入 (6-41) 式可整理得

$$\varepsilon_V = \frac{\Delta V}{V} = \frac{1-2v}{E}(\sigma_x + \sigma_y + \sigma_z) \tag{6-42}$$

若將此立方體置於水中，則立方體所受之三軸向應力均相等，即 $\sigma_x = \sigma_y = \sigma_z = -P$，則由 (6-39) 式得

$$\varepsilon_x = \varepsilon_y = \varepsilon_z = -\frac{P}{E}(1-2v) \tag{6-43}$$

代入 (6-41) 式得

$$\varepsilon_V = -\frac{3P}{E}(1-2v)$$

若令

$$K = \frac{E}{3(1-2v)} \tag{6-44}$$

則常數 K 稱為體積彈性模數 (Volume modulus of elasticity 或 Bulk modulus of elasticity)。

由事實可觀察得知，承受靜水壓力作用之均質材料，其體積必會縮小，亦即 ε_v 為負值，即體積彈性模數 K 恒為正值，因此由 (6-44) 式得知 $1 - 2v > 0$ 或 $v = \frac{1}{2}$，但由蒲松比的定義得知 v 恒為正值，因此可得一事實，即作何材料之蒲松比皆須滿足下列條件，即

$$0 < v < \frac{1}{2} \tag{6-45}$$

愚者曰：「科學就是要眼見為憑」。

智者曰：「科學就是事實，事實還不一定成為科學」。

--- 例題 6-15 --

有一矩形鋁塊 $E = 70\text{GPa}$，$v = 0.32$，其三邊長分別為 $x = 20\text{cm}$，$y = 16\text{cm}$，$z = 12\text{cm}$，若承受 $\sigma_x = 100\text{MPa}$，$\sigma_y = -120\text{MPa}$ 與 $\sigma_z = -80\text{MPa}$ 等三軸向應力作用時，試求 (1) 此材料所受的最大剪應力；(2) 此矩形鋁塊邊長的尺寸變化量，(3) 此鋁塊之體積變化量 ΔV。

解

(1) 因三軸向應力之最大值為 $\sigma_x = 100\text{MPa}$，可求得最小值為 $\sigma_y = -120\text{MPa}$，故最大剪應力發生在沿 z 軸剖開之斜面上，即是

$$\tau_{\max} = \frac{\sigma_x - \sigma_y}{2} = \frac{100 + 200}{2} = 110\text{MPa}$$

(2) 利用公式 (6-39) 可求得 ε_x、ε_y 及 ε_z。

$$\varepsilon_x = \frac{\sigma_x}{E} - \frac{v}{E}(\sigma_y + \sigma_z)$$

$$= \frac{100 - 0.32(-120-80)}{70\times10^3} = 2.34\times10^{-3}$$

$$\varepsilon_y = \frac{-120 - 0.32(-80+100)}{70\times10^3} = -1.81\times10^{-3}$$

$$\varepsilon_z = \frac{-80 - 0.32(100-120)}{70 \times 10^3} = -1.05 \times 10^{-3}$$

因此

$$\Delta x = \varepsilon_x \times x = 2.34 \times 10^{-3} \times 200 = 0.468\text{mm}$$

$$\Delta y = \varepsilon_y \times y = -1.81 \times 10^{-3} \times 160 = -0.29\text{mm}$$

$$\Delta z = \varepsilon_z \times z = -1.05 \times 10^{-3} \times 120 = -0.126\text{mm}$$

其中正值表伸長，負值表縮短。

(3) 由 (6-42) 式得體積應變為

$$\varepsilon_V = \frac{\Delta V}{V} = \frac{1-2\nu}{E}(\sigma_x + \sigma_y + \sigma_z)$$

$$= \frac{1-2 \times 0.32}{70 \times 10^3}(100 - 120 - 80) = -0.51 \times 10^{-3}$$

$$\Delta v = \varepsilon_V \times v = -0.51 \times 10^{-3} \times (20 \times 16 \times 12) = -1.97\text{cm}^3$$

▌學生練習

6-9.1 有一邊長為 10cm 之正立方體，在水面下承受靜水壓力為 120MPa，若此材料為黃銅，$E = 100\text{GPa}$，$\nu = 0.2$，試求此銅塊體積之變化量。

Ans：縮小 2.16cm^3

▌學後 總 評量

- **P6-1**：如圖 P6-1 所示的元素承受平面應力 $\sigma_x = 120\text{MPa}$，$\sigma_y = -20\text{MPa}$，$\tau_{xy} = 60\text{MPa}$，試求 (a) 該元素旋轉 30° 後之應力，並繪出應力元素圖；(b) 主應力與最大剪應力，並分別繪出應力元素圖。

- **P6-2**：一物體承受外力作用後，分析其表面的應力狀態如圖 (P6-2) 所示，即 $\sigma_x = 210\text{MPa}$，$\sigma_y = 0$，$\tau_{xy} = -70\text{MPa}$，試求 (a) 主應力，(b) 最大剪應力，並請繪出各個應力元素圖。

- **P6-3**：已知材料承受外力作用後所產生的主應力為 $\sigma_1 = 340\text{MPa}$，$\sigma_2 = 70\text{MPa}$，請問其最大剪應力之值為何？

- **P6-4**：已知材料所能承受的最大剪應力為 240MPa，並且得知其承受的平面應力為 $\sigma_x = -80\text{MPa}$、$\sigma_y = 120\text{MPa}$，則剪應力 τ_{xy} 之最大值為何？

- **P6-5**：有一材料受到純剪的作用，取其表面之元素得知 $\tau_{xy} = 48\text{MPa}$，試求 (a) 莫耳圓，(b) 主應力，(c) 逆時針旋轉 25° 後之應力元素圖為何？

- **P6-6**：假若元素之應變情況為 $\varepsilon_x = 1.2 \times 10^{-4}$、$\varepsilon_y = -0.8 \times 10^{-4}$、$\gamma_{xy} = 1.8 \times 10^{-4}$，試求 (a) 平面應變之莫耳圓；(b) 旋轉 $\theta = 30°$ 之應變為若干？

- **P6-7**：假設 $\varepsilon_x = 2.4 \times 10^{-4}$，$\varepsilon_y = 1.2 \times 10^{-4}$，$\gamma_{xy} = 0.9 \times 10^{-4}$，試求 (a) 主應變，(b) 最大剪應變。

- **P6-8**：利用應變規量得 $\varepsilon_x = 2.8 \times 10^{-4}$，$\varepsilon_y = -1.5 \times 10^{-4}$，若材料的 $E = 200\text{GPa}$、$v = 0.32$，則 (a)ε_z 為多少，(b) σ_x 與 σ_y 為若干？

- **P6-9**：利用應變規量得 $\varepsilon_{0°} = -3.4 \times 10^{-4}$、$\varepsilon_{45°} = 2.7 \times 10^{-4}$、$\varepsilon_{120°} = -0.5 \times 10^{-4}$，若材料之 $E = 206\text{GPa}$、$v = 0.3$，則 (a) 畫平面應變之莫耳圓，(b) σ_x 與 σ_y 為多少？

- **P6-10**：有一球形壓力容器內部裝有壓力 P 為 3.6MPa，若材料之容許拉應力為 270MPa，內部直徑為 630mm，則球殼厚最小需為若干？

- **P6-11**：某圓柱形壓力容器，兩端為半球形，若容器的內徑為 500mm，壁厚為 10mm，內部裝有氣體，其產生內壓 P 為 800KPa，試求 (a) 周向與軸向應力，(b) 最大剪應力。

- **P6-12**：某正立方體邊長為 50mm，受三軸向應力作用後，量得各面之應變分別為 $\varepsilon_x = 1.6 \times 10^{-4}$、$\varepsilon_y = -4.8 \times 10^{-4}$、$\varepsilon_z = -0.6 \times 10^{-4}$，若此材料之 $E = 70\text{GPa}$、$v = 0.3$，試求 (a) 作用在各面上之應力 σ_x、σ_y 及 σ_z，(b) 此材料的體積變化 ΔV 為若干？

解答

P6-1 (a) $\sigma_{30} = 136.97\text{MPa}$，$\tau_{30} = -30.63\text{MPa}$

(b) $\sigma_1 = 142.2\text{MPa}$，$\sigma_2 = -42.2\text{MPa}$，$\tau_{max} = -92.2\text{MPa}$

P6-2 (a) $\sigma_1 = 231.2\text{MPa}$，$\sigma_2 = -21.2\text{MPa}$

(b) $\tau_{max} = -126.2\text{MPa}$

P6-3 $\tau_{max} = 135\text{MPa}$

P6-4 $\tau_{xy} = 218.2\text{MPa}$

P6-5 (b) $\sigma_1 = \sigma_2 = 48\text{MPa}$，(c) $\sigma_{25} = 36.77\text{MPa}$，$\tau_{25} = 30.85\text{MPa}$

P6-6 (b) $\varepsilon_{30} = 148\mu$，$\gamma_{30} = -41.7\mu$，$\varepsilon_{30}' = -108\mu$

P6-7 (a) $\varepsilon_1 = 255\mu$，$\varepsilon_r = 105\mu$；(b) $\gamma_{max} = 150\mu$

P6-8 (a) $\varepsilon_z = -61.2\mu$；(b) $\sigma_x = 51.7\text{MPa}$，$\sigma_y = -13.46\text{MPa}$

P6-9 (b) $\sigma_x = -53.1\text{MPa}$，$\sigma_y = 56.6\text{MPa}$

P6-10 $t = 2.1\text{mm}$

P6-11 (a) $\sigma_h = 20\text{MPa}$，$\sigma_a = 10\text{MPa}$；(b) $\tau_{max} = 15\text{MPa}$

P6-12 (a) $\sigma_x = -6.73\text{MPa}$，$\sigma_y = 41.2\text{MPa}$，$\sigma_z = 18.58\text{MPa}$；

(b) $\Delta V = 47.5\text{mm}^3$

第 **07** 章

樑之撓度

1. 經實際分析計算後,可預估樑承受負載後變形之形狀。

2. 可預估樑變形後之位移量,作為結構設計之參考依據。

3. 熟悉各種計算樑承受負荷後之位移量的方法。

7-1 撓度曲線之微分方程式

　　一般眾人所認識的樑是那些呢？諸如房子在兩柱之間的橫樑，或者是結構上之橫桿；但千萬不要忽略了機械上橫跨於兩軸承之間的旋轉軸，亦可稱為樑。當這些樑受到橫向載重時，會彎曲成一曲線，而此彎曲屬於彈性變形時，則稱此曲線為撓度曲線 (deflection curve)。由於彎曲而造成樑上任一點在垂直方向所產生的位移，我們統稱為樑之撓度 (deflection)，並且以 δ 表示之。如圖 (7-1) 與圖 (7-2a) 所示，δ 表示距離左端原點 x 處之撓度。

What are the beams known by the public? Such as a beam between two columns of a house, or a beam on a structure; but never ignore the mechanically rotating shaft which spans between two bearings, that can also be called a beam. When these beams are subjected to lateral load, they will bend into a curve, and when the bending is elastic deformation, the curve is called a deflection curve. Due to the bending, it results in a displacement of any point on the beam in the vertical direction, that is generally referred to as the deflection of the beam, and is represented by δ. As shown in Figure (7-1) and Figure (7-2a), δ represents the deflection at the point x from the origin of the left hand side.

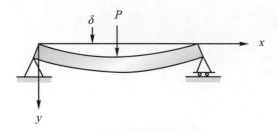

圖 7-1　樑之撓度 δ

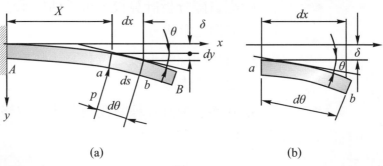

(a)

(b)

圖 7-2

由圖 (7-2) 得知，θ 表撓度曲線上任一點之切線與水平方向之夾角，因 d_θ 非常微小，故弧長 $\widehat{ab}$ 可近似等於弦長 ds，即是

$$ds = \rho d\theta$$

$$\frac{1}{\rho} = \frac{d\theta}{ds} \tag{1}$$

上式中的 ρ 稱為曲率半徑 (radius of curvature)，$\frac{1}{\rho}$ 則稱為曲率，因大部分的樑受負載作用後之旋轉角 θ 均很小。從三角幾何關係可得下式：

$$\tan\theta = \frac{dy}{dx} \; ; \; \cos\theta = \frac{dx}{ds}$$

因 θ 很小，故

$$\tan\theta \approx \theta ; \cos\theta \approx 1$$

則

$$\theta = \frac{dy}{dx}$$

且

$$ds = dx$$

即

$$\frac{d\theta}{ds} = \frac{d\theta}{dx} = \frac{d}{dx}\left(\frac{dy}{dx}\right) = \frac{d^2 y}{dx^2} \tag{2}$$

在第五章中我們已導出曲率 $\frac{1}{\rho}$ 與彎矩 M 之關係，若根據圖 (7-1) 與圖 (7-2a) 之 x 軸向右為正，y 軸向下為正，則可得知彎矩為正時，如圖 (7-1) 之撓度曲線為凹向上，曲率 $\frac{1}{\rho}$ 為負；而彎矩為負時，撓度曲線為凹向下，曲率 $\frac{1}{\rho}$ 為正。因此，曲率與彎矩之關係如下：

$$\frac{1}{\rho} = -\frac{M}{EI} \tag{3}$$

整合 (1)、(2)、(3) 三式可得到一個重要的關係式：

$$\frac{d\theta}{dx} = \frac{d^2 y}{dx^2} = -\frac{M}{EI} \tag{7-1}$$

這即是樑的撓度曲線微分方程式。

若將公式 (4-2) 與公式 (4-1)，即

$$\frac{dM}{dx} = V \quad 與 \quad \frac{dV}{dx} = -q$$

代入 (7-1) 式中，可得

$$\frac{d^3 y}{dx^3} = -\frac{V}{EI} \tag{7-2}$$

$$\frac{d^4 y}{dx^4} = \frac{q}{EI} \tag{7-3}$$

依據圖 (7-1) 之座標假設，x 軸向右為正，y 軸向下為正，故撓度以向下為正，而彎矩 M、剪力 V 與分佈負荷 q 之正負值，則可以用圖 (7-3) 之受力方式來決定 (亦可參考圖 (4-3))。

若以數學的符號 y' 表示一次微分，y'' 表示二次微分，則可整理上述之重要公式成為

$$y' = \theta \tag{7-4a}$$

$$EIy'' = -M \tag{7-4b}$$

$$EIy''' = -V \tag{7-4c}$$

$$EIy^{(4)} = q \tag{7-4d}$$

另外，我們希望初學材料力學的人能瞭解，上面所列的公式雖然僅考慮到彎矩所造成的撓度，而忽略了剪力所造成的撓度，但已能滿足許多實際上的應用，因為一般樑承受剪力所造成的變形遠小於彎矩所造成的變形。

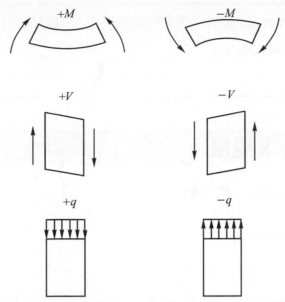

圖 7-3 彎矩 M、剪力 V 與分佈負荷 q 之正負值辨視法

　　一般最常使用於計算由彎矩造成的撓度之基本方法有：(1) 積分法與 (2) 彎矩面積法等兩種。其中積分法的特色是較具完整性，必須先將撓度曲線方程式找出，則任何位置之撓度皆可代入而得知，但當樑上的負載為不連續時，將使樑內的彎矩呈現不連續性，則撓度曲線方程式必須分段求得，如此將使求某一特定點之撓度較費時。反之，彎矩面積法卻能很快地利用計算彎矩圖面積，而求得某一特定位置的撓度，雖不能很完整的求得撓度曲線方程式，但當樑承受不連續變化之負載時，卻一樣很快地可以求得撓度。

Generally, the most commonly used basic methods for calculating the deflection caused by bending moments are: (1) integral method and (2) bending moment area method. In which, the integral method has a characteristics of better completeness. The deflection curve equation must be found first, and then the deflection at any position can be got by substitution. However, when the load on the beam is discontinuous, it will force the bending moment in the beam to be discontinuous, and the deflection curve equation must be obtained by parts, which will be time-consuming to obtain the deflection at a specific point. On the contrary, the bending moment area method can quickly obtain the deflection at a specific position by using the calculated bending moment diagram area. Although the deflection curve equation cannot be obtained completely, the deflection can be obtained quickly as well, when the beam is subjected to discontinuous changing loads.

師曰:「一個人的命已經被前世所造的因所決定,但還是可以用運來更改。」

生曰:「如何用運來改呢?」

請看下回分曉

7-2 │ 積分法求撓度

若公式 (7-4b) 對 x 積分,將可得

$$EIy' = -\int M dx + C_1$$

再對 x 積分,則將

$$EIy = -\iint M dx dx + C_1 x + C_2$$

式中之 C_1 與 C_2 為積分常數,因此由彎矩方程式積分所得之撓度曲線方程式會有二個未定係數,需由邊界條件 (boundary condition) 決定,常見的邊界條件如下:

1. 簡支樑或外伸樑在二個支承點的撓度 δ 為零。

2. 懸臂樑於支承點斜度 θ 與撓度 δ 均為零。

若將公式 (7-4c) 對 x 積分三次或將公式 (7-4d) 對 x 積分四次,亦可得撓度曲線方程式。但用此方法則需將支承點的反作用力或反作用力矩當邊界條件,以求出較多的積分常數。接著我們以例題的演練來解說上述之方法。

--- **例題** **7-1** │---

如圖 (7-4) 所示之懸臂樑,其在末端承受一集中負荷 $P = 120\text{kN}$、$L = 1\text{m}$,試求撓度曲線方程式,與受力後之最大撓度 $\delta_{\max}$ 與斜度 $\theta_{\max}$。若材質之 $E = 200\text{GPa}$、$I = 2400 \times 10^6 \text{mm}^4$。

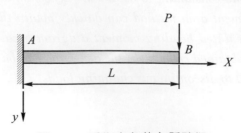

圖 7-4 受集中負荷之懸臂樑

解

根據力的平衡方程式 $\Sigma F_y = 0$

與力矩的平衡方程式 $\Sigma M_A = 0$

可得反作用力 $R_A = P = 120\text{kN}$，反作用力矩 $M_A = P_L = 120\text{kN-m}$，如圖 7-4.1 之自由體圖所示

依 $\circlearrowleft + \Sigma M_0 = 0$ 可得 $M - P_x + P_L = 0$

$$M = P_x - P_L = 120x - 120$$

代入公式 (7-4b) 得

$$EIy'' = -M = -120x + 120$$

積分得

$$EIy' = -60x^2 + 120x + C_1$$

$$EIy = -20x^3 + 60x^2 + C_1x + C_2$$

代入支承點的邊界條件 $y(0) = 0$ 與 $y'(0) = 0$

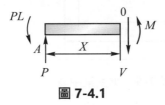

圖 7-4.1

即

(1) 當 $y'(0) = 0$ 時，可得 $C_1 = 0$

(2) 當 $y(0) = 0$ 時，可得 $C_2 = 0$

因此撓度曲線方程式為

$$EI_y = -20x^3 + 60x^2$$

而斜度方程式為

$$EIy' = -60x^2 + 120x$$

即是

$$y = \frac{1}{EI}(-20x^3 + 60x^2) \tag{1}$$

$$y' = \frac{1}{EI}(-60x^2 + 120x) \tag{2}$$

當 $x = L = 1\text{m}$ 時，代入 (1) 式可得末端 (B 點) 之撓度

$$\delta_B = \delta_{\max} = \frac{(-20 \times 1^3 + 60 \times 1^2)10^{12}}{200 \times 10^3 \times 2400 \times 10^6} = 0.0833\text{mm}$$

同理，令 $x = L = 1\text{m}$ 代入 (2) 式可得

$$\theta_B = \theta_{\max} = \frac{(-60 \times 1^2 + 120 \times 1)10^9}{200 \times 10^3 \times 2400 \times 10^6} = 0.000125\text{rad}$$

---- 例題 **7-2** --

如圖 (7-5) 所示，有一簡支樑 AB 承受集中負載 P 的作用，試求

(1) 承受負載後之斜度與撓度曲線方程式。

(2) 最大撓度 $\delta_{\max}$ 與其位置 x_d。

(3) 中央處 C 點的撓度 δ_c。

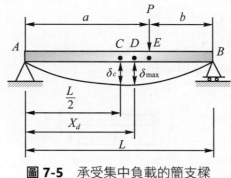

圖 7-5 承受集中負載的簡支樑

解

假設支承點的反作用力為 R_a 與 R_b 根據 $\circlearrowleft + \Sigma M_a = 0$
可得

$$R_B L - Pa = 0$$

$$R_B = \frac{Pa}{L}$$

同理

$$\circlearrowleft + \Sigma M_b = 0$$

可得

$$R_A = \frac{Pb}{L}$$

因集中負載使 AE 及 EB 兩段有不同的彎矩方程式，故撓度曲線方程式亦需分為 AE 及 EB 兩段求解。

(1) 取 AE 段之自由體圖

$0 \leqq x \leqq a$

根據

$\circlearrowleft + \Sigma M_0 = 0$

可得

$M = Pb\dfrac{x}{L}$

代入公式 (7-4b) 得

$EIy'' = -Pb\dfrac{x}{L}$

$EIy' = -\dfrac{Pb}{2L}x^2 + C_1$ 　　　　　　　　　　　　　(1)

$EIy = -\dfrac{Pb}{6L}x^3 + C_1x + C_2$ 　　　　　　　　　(2)

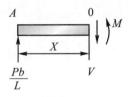

圖 7-5.1

(2) 取 EB 段之自由體圖

$a \leqq x \leqq L$

根據

$\circlearrowleft + \Sigma M_0' = 0$

可得

$M = Pb\dfrac{x}{L} - P(x-a)$

代入公式 (7-4b) 得

$EIy'' = -Pb\dfrac{x}{L} + P(x-a)$

$EIy' = -\dfrac{Pb}{2L}x^2 + \dfrac{P}{2}(x-a)^2 + C_3$ 　　　　　(3)

$EIy = -\dfrac{Pb}{6L}x^3 + \dfrac{P}{6}(x-a)^3 + C_3x + C_4$ 　　(4)

取四個邊界條件如下，求四個未定係數

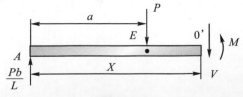

圖 7-5.2

1. 當 $x = 0$ 時，$y(0) = 0$ 代入 (2) 式得 $C_2 = 0$

2. 當 $x = a$ 時，代入 (1) 式與 (3) 式所得之斜度應相等，即

$$-\frac{Pba^2}{2L} + C_1 = -\frac{Pba^2}{2L} + \frac{P}{2}(a-a)^2 + C_3$$

故

$$C_1 = C_3$$

3. 當 $x = a$ 時，代入 (2) 與 (4) 式所得之撓度應相等，即

$$-\frac{Pba^3}{6L} + C_1 a = -\frac{Pba^3}{6L} + \frac{P}{6}(a-a)^3 + C_3 a + C_4$$

故

$$C_4 = 0$$

4. 當 $x = L$ 時，$y(L) = 0$ 代入 (4) 式得

$$-\frac{PbL^3}{6L} + \frac{P(L-a)^3}{6} + C_3 L = 0$$

$$C_3 = \frac{PbL^2}{6L} - \frac{Pb^3}{6L}$$

故

$$C_3 = \frac{Pb}{6L}(L^2 - b^2)$$

將積分常數之值代入 (1)、(2)、(3)、(4) 式中可得

(1) 撓度曲線方程式為

$$EIy = \frac{Pbx}{6L}(L^2 - b^2 - x^2) \ , \ 0 \leq x \leq a \tag{5}$$

$$EIy = \frac{Pbx}{6L}(L^2 - b^2 - x^2) + \frac{P(x-a)^3}{6} \ , \ a \leq x \leq L \tag{6}$$

而斜度方程式為

$$EIy' = \frac{Pb}{6L}(L^2 - b^2 - 3x^2) \ , \ 0 \leq x \leq a \tag{7}$$

$$EIy' = \frac{Pb}{6L}(L^2 - b^2 - 3x^2) + \frac{P}{2}(x-a)^2 \ , \ a \leq x \leq L \tag{8}$$

(2) 假設 $a > b$，則最大撓度將發生在 A 點與 E 點之間，又當斜度為零時，撓度方程式有一極值，故令 (7) 式為零，即

$$L^2 - b^2 - 3x^2 = 0$$

$$x = \pm\sqrt{\frac{L^2 - b^2}{3}} \ （負不合）, 故 \ x_d = \sqrt{\frac{L^2 - b^2}{3}}$$

代入 (5) 式可得

$$EI\delta_{\max} = \frac{Pb}{6L}\sqrt{\frac{L^2-b^2}{3}}\left(L^2-b^2-\frac{L^2-b^2}{3}\right)$$

$$\delta_{\max} = \frac{Pb(L^2-b^2)^{3/2}}{9\sqrt{3}\,LEI}$$

(3) 令 $x = \dfrac{L}{2}$ 代入 (5) 式可得中央處 C 點的撓度

$$EI\delta_c = \frac{Pb}{6L}\times\frac{L}{2}\left(L^2-b^2-\frac{L^2}{4}\right)$$

$$\delta_c = \frac{Pb(3C^2-4b^2)}{48EI}$$

例題 **7-3**

如圖 (7-6) 所示,當簡支樑承受均佈荷重 q 時,請問

(1) 支承點之斜度 θ_A 與 θ_B。

(2) 最大撓度 $\delta_{\max}$ 之值。

解

因左右對稱而得知反作用力

$$R_a = R_b = \frac{qL}{2}$$

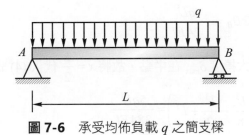

圖 7-6 承受均佈負載 q 之簡支樑

取自由體圖如下圖

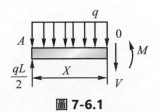

圖 7-6.1

$$\because \circlearrowleft + \Sigma M_0 = 0$$

$$\therefore M = -q\frac{x^2}{2} + qL\frac{x}{2}$$

代入公式 (7-4b) 得

$$EIy'' = q\frac{x^2}{2} - qL\frac{x}{2}$$

$$EIy' = q\frac{x^3}{6} - qL\frac{x^2}{4} + C_1 \tag{1}$$

$$EIy = q\frac{x^4}{24} - qL\frac{x^3}{12} + C_1x + C_2 \tag{2}$$

代入邊界條件

1. 當 $x = 0$ 時 $y = 0$ 代入 (2) 式得 $C_2 = 0$

2. 當 $x = L$ 時 $y = 0$ 代入 (2) 式得 $C_1 = \dfrac{qL^3}{24}$

代入 (1) 與 (2) 式可得斜度與撓度曲線方程式分別為

$$y' = \theta = \frac{q}{24EI}(4x^3 - 6Lx^2 + L^3) \tag{3}$$

$$y = \frac{qx}{24EI}(x^3 - 2Lx^2 + L^3) \tag{4}$$

(1) 將 $x = 0$ 代入式得 $\theta_A = \dfrac{qL^3}{24EI}$

將 $x = L$ 代入式得 $\theta_B = -\dfrac{qL^3}{24EI}$

(2) 因左右對稱故最大撓度 $\delta_{\max}$ 在中點，故將 $x = \dfrac{L}{2}$ 代入 (4) 式可得

$$\delta_{\max} = \frac{qL}{48EI}\left(\frac{L^3}{8} - \frac{L^3}{2} + L^3\right) = \frac{5qL^4}{384EI}$$

學生練習

7-2.1 試求懸臂樑承載均布負荷 $q = 60\text{kN/m}$ 如下圖所示時，其自由端 (B 點) 之撓度 δ_B 與斜度 θ_B。其中 $L = 1\text{m}$、$E = 200\text{GPa}$、$I = 1225 \times 10^6 \text{mm}^4$。

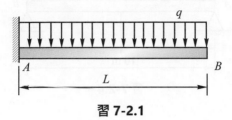

習 7-2.1

Ans：$\delta_B = 0.0306\text{mm}$，$\theta_B = 4.08 \times 10^{-5}\text{rad}$

7-2.2 如下圖之簡支樑所示，其在 C 點承受一 30kN 之集中負載，請問 C 點所產生之撓度 δ_C、中點撓度 δ_D 與最大撓度 $\delta_{\max}$ 之值為何？

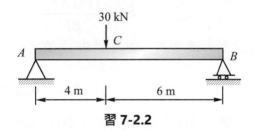

習 7-2.2

Ans：$\delta_C = \dfrac{576}{EI}$ 、 $\delta_D = \dfrac{590}{EI}$ 、 $\delta_{\max} = \dfrac{592.6}{EI}$

7-2.3 如下圖之懸臂樑所示，其一部分承受均佈負荷時，試求撓度曲線方程式，與最大撓度 $\delta_{\max}$ 之值。

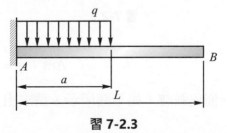

習 7-2.3

Ans：$y = \dfrac{qx^2}{24EI}(x^2 - 4ax + 6a^2)$　$0 \le x \le a$

$y = \dfrac{qa^3}{24EI}(4x - a)$　$0 \le x \le L$

$\delta_{\max} = \dfrac{qa^3}{24EI}(4L - a)$

7-2.4　當簡支樑部分承受均佈負荷時，如下圖所示，試求撓度曲線方程式與中點 C 之撓度 δ_C。

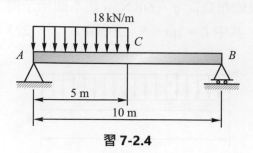

習 7-2.4

Ans：$\dfrac{3}{4EI}(x^4 - 15x^3 + 562.5x)$　$0 \le x \le 5$

$\dfrac{3}{4EI}(5x^3 - 150x^2 + 1062.5x - 625)$　$5 \le x \le 10$

$\delta_C = \dfrac{1171.875}{EI}$

7-2.5　試求問題 (7-2.4) 之最大撓度 δ_{max} 與斜度 θ_C 之值。

Ans：$\delta_{max} = \dfrac{4725.6}{4EI}$，$\theta_C = \dfrac{-187.5}{4EI}$

7-2.6　懸臂樑在自由端承受一彎曲力矩 M_0，如下圖所示請問撓度曲線方程式與最大撓度 δ_{max} 為何？

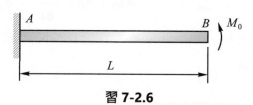

習 7-2.6

Ans：$y = -\dfrac{M_o x^2}{2EI}$，$\delta_{max} = -\dfrac{M_o L^2}{2EI}$

7-2.7　當懸臂樑承受一分佈負載時，如下圖所示，請求出其撓度曲線方程式與最大撓度 δ_{max} 之值。

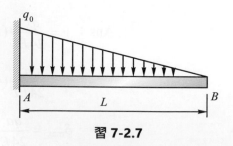

習 7-2.7

$$\text{Ans:} \quad y = \frac{q_o x^2}{120 L E I}(-x^3 + 5Lx^2 - 10L^2 x + 10L^3) \,, \quad \delta_{\max} = -\frac{q_o L^4}{30 EI}$$

師曰:「造物者之所以偉大就在於祂視萬物一律平等,因為一氣生萬物,所以
人賴以為生的就是這一口氣而已。」

又曰:「氣虛神衰,事事不順利,氣旺財旺,運氣特別好,因此練氣不但可強身,
還可以真正練心修性。」

生曰:「那麼要如何練氣呢?」

師曰:「練氣要找明師而非名師,而且非一日可成,不可草率行之。」

生曰:「明師難求,希望今生有此福緣。」

7-3 ┆ 彎矩─面積法求撓度

在前面的章節中已教導如何繪製剪力圖與彎矩圖之要領,因此在繪製彎矩圖的過
程中,若有任何疑問可參閱第四章。本節則是要利用彎矩圖的面積計算,以求得某一
特定點之斜度與撓度,此方法即簡單又快速,而原理則如下所述。

In the previous chapters, the essentials of how to draw the shear force diagram and the bending moment diagram have been taught, so if you have any doubts in the process of drawing the bending moment diagram, please refer to Chapter 4. In this section, the calculation of the area of the bending moment diagram is used to obtain the slope and deflection of a specific point. This method is simple and fast, and the principle is as follows.

由公式 (7-1) 得知

$$\frac{d\theta}{dx} = \frac{d^2 y}{dx^2} = -\frac{M}{EI}$$

故

$$d\theta = -\frac{M}{EI} dx$$

$$\int_A^B d\theta = \int_A^B -\frac{M}{EI} dx$$

當 A 與 B 之間的 EI 為一定值時，則

$$\theta_A - \theta_B = \int_A^B M dx$$

即

$$\theta_{BA} = -\frac{1}{EI} \times (\text{彎矩圖在 } A \text{ 點與 } B \text{ 點之間的面積}) \qquad (7\text{-}5)$$

此乃是彎矩－面積法的第一定理，初學者可依下面的口訣記憶：「撓度曲線在 A 與 B 兩點間切線的夾角等於彎矩圖在該兩點間的面積除以 EI」。

公式 (7-5) 中之負號可於圖中直接分辨角度之變化為順時鐘方向或逆時鐘方向而定，故不需要在計算中參入正負號。而面積的計算可分割成較簡單的圖形面積，如附錄 C 所示的面積，再求其代數和，其實際應用之情形請參考例題。

另外，在圖 (7-7) 中，過 n_1 與 n_2 兩點各作一切線，則於過 B 點的鉛直線上截出一長為 dy 的線段，由於樑的旋轉角很小，即 d_θ 甚小，故 dy 之值可依下式計算。

$$dy = \bar{x}_1 d\theta$$

即

$$dy = \bar{x}_1 \frac{M}{EI} dx$$

$$\int_A^B dy = -\int_A^B \bar{x}_1 \frac{M}{EI} dx$$

同理 $y_{BA} = -\frac{1}{EI} \times (\text{彎矩圖在 } A \text{ 點與 } B \text{ 點間的面積對 } B \text{ 點的一次面積矩}) \qquad (7\text{-}6)$

此為彎矩——面積法的第二定理，可簡單地說：

「B 點至 A 點切線之鉛直距離等於彎矩圖在兩點間之面積乘以　面積形心至 B 點的距離再除以 EI」。

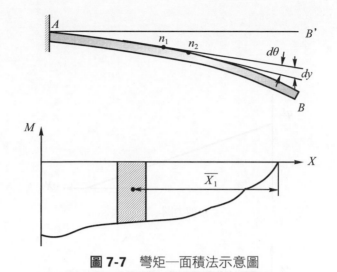

圖 7-7 彎矩—面積法示意圖

一般我們都定義撓度向下為正，而且撓度的正負值可從負載造成彎曲變形的情況中，很明顯地得知，故公式 (7-6) 中之負號可在計算過程中忽略之，其應用的情形請參考下面的各種例題。同樣地，較複雜的面積可分割成若干個面積，即是

$$\int xdA = \overline{x}A = \overline{x}_1 A_1 + \overline{x}_2 A_2 + \overline{x}_3 A_3 + \cdots\cdots$$

其形心之位置可參考附錄 C 所示。

--- **例題 7-4** |---

有一懸臂樑受均佈負載 $q = 600\text{N}$ 之作用，如圖 (7-8) 所示，請以彎矩面積法求末端 B 之斜度 θ_B 與撓度 δ_B。若 $L = 2\text{m}$、$E = 210\text{GPa}$、$I = 4785 \times 10^6 \text{mm}^4$。

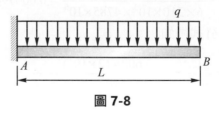

圖 7-8

解

求 A 點之反作用力得

$$R_A = qL\,(\uparrow)\;;\; M_A = \frac{qL^2}{2}\; \curvearrowright$$

繪彎矩圖如右，其中面積

$$A_1 = \frac{1}{3}\left(\frac{qL^2}{2}\right)L = \frac{qL^2}{6}$$

形心距

$$x_1 = \frac{3}{4}L$$

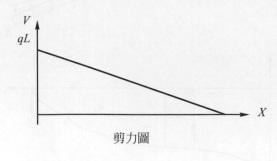

剪力圖

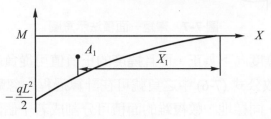

彎矩圖

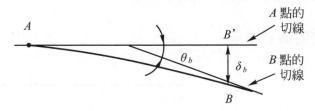

由彎矩面積法第一定理 (7-5) 式得知

$$\theta_B = \frac{qL^3}{6} \times \frac{1}{EI} = \frac{qL^3}{6EI} = \frac{600 \times (2 \times 10^3)^3}{6 \times 210 \times 10^3 \times 4785 \times 10^6} = 0.000796\text{rad}$$

由彎矩面積法第二定理 (7-6) 式得知

$$\delta_B = \frac{qL^3}{6} \times \frac{3}{4}L \times \frac{1}{EI} = \frac{qL^4}{8EI} = \frac{600 \times (2 \times 10^3)^4}{8 \times 210 \times 10^3 \times 4785 \times 10^6} = 1.194\text{mm}$$

例題 7-5

如圖 (7-9) 所示之簡支樑，受負載作用後，請問中點之撓度 δ_C 與斜度 θ_C 為何？

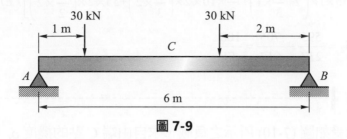

圖 7-9

解

依力與力矩平衡方程式可求得反作用力 $R_A = 35\text{kN}\uparrow$，$R_B = 25\text{kN}\uparrow$。其彎矩面積圖如下所示：

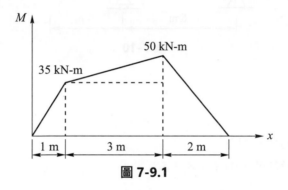

圖 7-9.1

則

$$\delta_B = \left[\frac{1}{2} \times 35 \times 1 \times \left(5 + \frac{1}{3} \times 1 \right) + \frac{1}{2} \times 15 \times 3 \times \left(2 + \frac{1}{3} \times 3 \right) \right.$$

$$\left. + 35 \times 3 \times \left(2 + \frac{1}{2} \times 3 \right) + \frac{1}{2} \times 50 \times 2 \times \left(\frac{2}{3} \times 2 \right) \right] / EI$$

$$= 595 / EI$$

$$\theta_A \fallingdotseq \tan \theta_A = \frac{\delta_B}{L} = \frac{595}{6EI}$$

$$\theta_{C/A} = \left[\frac{1}{2} \times 35 \times 1 + \frac{1}{2}(35 + 45) \times 2 \right] / EI = 97.5 / EI$$

$$\theta_C = \theta_{C/A} - \theta_A = \frac{595}{6EI} - \frac{97.5}{EI} = \frac{10}{6EI}$$

又根據相似定律得知

$$\delta_1 : \delta_B = 3 : 6$$

故　$\delta_1 = \dfrac{1}{2}\delta_B = \dfrac{595}{2EI}$

而　$\delta_2 = \left[\dfrac{1}{2}\times35\times1\times\left(2+\dfrac{1}{3}\times1\right)+\dfrac{1}{2}\times10\times2\times\left(\dfrac{1}{3}\times2\right)+35\times2\times\left(\dfrac{1}{2}\times2\right)\right] / EI = \dfrac{705}{6EI}$

$$\delta_C = \delta_1 - \delta_2 = \dfrac{595}{2EI} - \dfrac{705}{6EI} = \dfrac{108}{EI}$$

例題 7-6

有一外伸樑承受如圖 (7-10) 所示之負載，求自由端 C 點的撓度 δ_C 與斜度 θ_C。

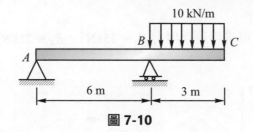

圖 **7-10**

解

求反作用力得

$R_A = 7.5\text{kN}\downarrow$，$R_B = 37.5\text{kN}\uparrow$

取 B 點之切線為參考基準，則 $\delta_C = \delta_1 + \delta_2$

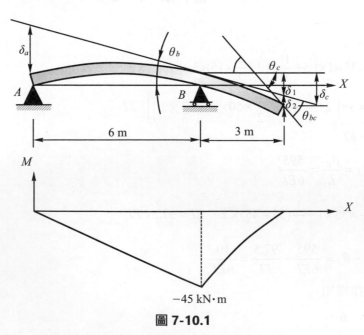

$-45\ \text{kN·m}$

圖 **7-10.1**

由彎矩面積第二定理得

$$\delta_A = \frac{1}{2} \times 45 \times 6 \times \left(\frac{2}{3} \times 6\right) / EI = \frac{540}{EI}$$

$$\delta_2 = \frac{1}{3} \times 45 \times 3 \times \left(\frac{3}{4} \times 3\right) / EI = \frac{405}{4EI}$$

根據三角形相似定理

$$\delta_1 : \delta_A = 3 : 6$$

$$\delta_1 = \frac{1}{2}\delta_A = \frac{270}{EI}$$

因此

$$\delta_C = \delta_1 + \delta_2 = \frac{270}{EI} + \frac{405}{4EI} = \frac{1485}{4EI}$$

又由圖中可以得知 $\theta_c = \theta_{bc} + \theta_b$

而 $\quad \theta_B \fallingdotseq \tan\theta_B = \frac{\delta_A}{AB} = \frac{540}{6EI} = \frac{90}{EI}$

由彎矩面積第一定理得

$$\theta_{BC} = \frac{1}{3} \times 45 \times 3 / EI = \frac{45}{EI}$$

故 $\quad \theta_C = \frac{45}{EI} + \frac{90}{EI} = \frac{135}{EI}$

--- 例題 **7-7**

已知一懸臂樑材質均勻，因截面積不同而造成 AC 段之慣性矩為 BC 段的兩倍，其在自由端承受一集中負荷 $P = 10kN$ 之作用，如圖 (7-11) 所示，且 $a = 3m$，試求 B 點之撓度 δ_b。

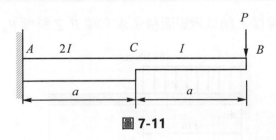

圖 7-11

解

因 AC 段之慣性矩為 $2I$，故可將 AC 段之彎矩皆除以 2，即可將 A 與 B 間之彎矩圖視為有相同的慣性矩，如圖 (b) 所示。

將圖 (b) 之面積分割成 A_1、A_2 與 A_3，則

$$\delta_B = A_1 \times \left(a + \frac{a}{2}\right) + A_2 \times \left(a + \frac{2}{3}a\right) + A_3 \times \left(\frac{2}{3}a\right)$$

$$= \frac{15}{EI} \times 3 \times \left(3 + \frac{3}{2}\right) + \frac{1}{2} \times \frac{15}{EI} \times 3 \times \left(3 + \frac{2}{3} \times 3\right) + \frac{1}{2} \times \frac{30}{EI} \times 3 \times \frac{2}{3} \times 3$$

$$= \frac{405}{EI}$$

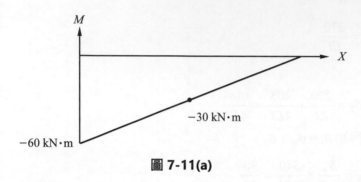

圖 7-11(a)

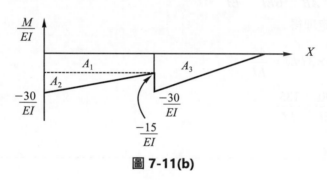

圖 7-11(b)

學生練習

7-3.1 　如圖所示之懸臂樑，請以彎矩面積法求末端 B 之斜度 θ_B 與撓度 δ_B。

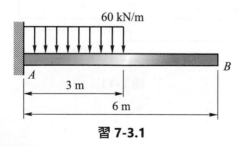

習 7-3.1

Ans：$\theta_B = \dfrac{270}{EI}$ 、 $\delta_B = \dfrac{1417.5}{EI}$

7-3.2　請以彎矩面積法求如圖所示之簡支樑在中點的撓度 δ_C 與最大的撓度 δ_{max} 及其位置。

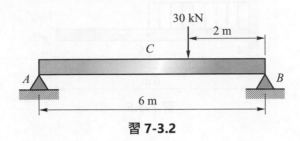

習 7-3.2

Ans：中點的撓度 $\delta_C = \dfrac{115}{EI}$ 、 $\delta_{max} = \dfrac{1280\sqrt{2}}{9\sqrt{3}\,EI}$ 、位置在距離 A 點 $\dfrac{4}{3}\sqrt{6}$

7-3.3　一懸臂樑受力情形如圖所示，請問自由端 B 之斜度 θ_B、撓度 δ_B 與中點 C 之斜度 θ_C、撓度 δ_C。

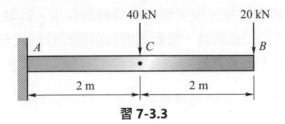

習 7-3.3

Ans： $\theta_B = \dfrac{240}{EI}$ 、 $\delta_B = \dfrac{2080}{3EI}$ ， $\theta_C = \dfrac{200}{EI}$ 、 $\delta_C = \dfrac{240}{EI}$

7-3.4　有一材質相同但截面積不同之簡支樑，如圖所示，其中 $I_1 = 2I_2$，試求 C 點之撓度 δ_C。

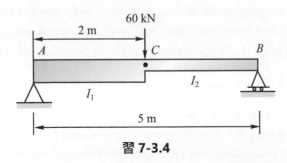

習 7-3.4

Ans： $\delta_C = \dfrac{115.2}{EI_2}$

7-3.5　有一簡支樑受部份均佈力作用之情形如圖所示，試求中點 C 之撓度 δ_C。

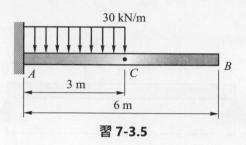

30 kN/m

A　　3 m　　C　　　　　　　　B

6 m

習 7-3.5

Ans：$\delta_C = \dfrac{2025}{8EI}$

7-4 | 重疊法

　　前面所舉的例題皆是在探討樑受到一種負載的作用，故彎矩圖之面積很容易計算，但當樑承受各種不同的負載時，彎矩圖的面積則需分割成有面積公式的圖形來計算，然後再總和，因此有時會較困難。如圖 (7-12) 所示，圖中的面積 A_1 在計算上較困難，不能直接用 $\dfrac{1}{3}bh$ 算，若使用重疊法，不但快速又簡便。因為此方法乃是將每一種負載單獨考慮其對樑所造成的撓度與斜度，然後再將各負載所產生的撓度與斜度總和。不過，要特別注意每一負載所造成變形的移動方向，以免發生錯誤的總和。

The examples mentioned above are all about beams subjected to a load, so the area of the bending moment diagram is easy to calculate, but when the beam is subjected to various loads, the area of the bending moment diagram needs to be divided into graphics with area formulas to calculate and then add them up, so it can sometimes be difficult. As shown in Figure (7-12), the area A_1 in the figure is difficult to calculate and cannot be directly calculated by $\dfrac{1}{3}bh$ If the overlapping method is used, it is not only fast but also simple. ecause this method is to consider the deflection and slope caused by each load separately to the beam, and then add up the deflection and slope caused by each load. However, special attention must be paid to the direction of movement of the deformation caused by each load to avoid erroneous summation.

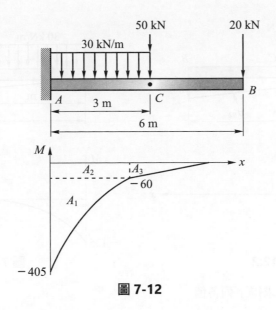

圖 7-12

--- **例題** 7-8 |--

有一懸臂樑承受集中負載與均佈負荷的作用，如圖 (7-12) 所示，試求 B 點之斜度 θ_B 與撓度 δ_B 之值。

解

使用重疊法，將集中負載與均佈負荷分別作用如下圖所示。

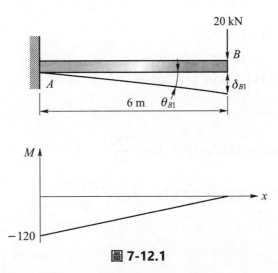

圖 7-12.1

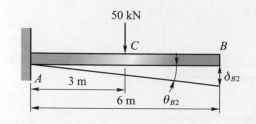

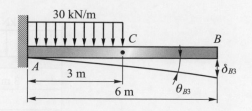

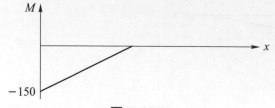

圖 7-12.2

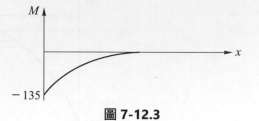

圖 7-12.3

使用力矩面積法分別求得下列各值

$$EI\theta_{B1} = \frac{1}{2} \times 120 \times 6 = 360$$

$$EI\delta_{B1} = \frac{1}{2} \times 120 \times 6 \times \left(\frac{2}{3} \times 6\right) = 1440$$

$$EI\theta_{B2} = \frac{1}{2} \times 150 \times 3 = 225$$

$$EI\delta_{B2} = \frac{1}{2} \times 150 \times 3 \times \left(\frac{2}{3} \times 3 + 3\right) = 1125$$

$$EI\theta_{B3} = \frac{1}{3} \times 135 \times 3 = 135$$

$$EI\delta_{B3} = \frac{1}{3} \times 135 \times 3 \times \left(\frac{3}{4} \times 3 + 3\right) = 708.75$$

故

$$EI\theta_B = EI\theta_{B1} + EI\theta_{B2} + EI\theta_{B3} = 720 \ , \ \theta_B = \frac{720}{EI}$$

$$EI\delta_B = EI\delta_{B1} + EI\delta_{B2} + EI\delta_{B3} = 3273.75 \ , \ \delta_B = \frac{3273.75}{EI}$$

--- 例題 7-9 |--

有一懸臂樑承受負載如圖 (7-13) 所示，試求末端 B 點之撓度 δ_B 與斜度 θ_B。

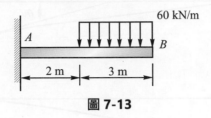

圖 7-13

解

$$\theta_B{}' = \frac{1}{EI}\left(\frac{1}{3}\times 5\times 750\right) = \frac{1250}{EI}$$

$$\delta_B{}' = \frac{1}{EI}\left[\frac{1}{3}\times 5\times 750\times\left(\frac{3}{4}\times 5\right)\right] = \frac{9375}{2EI}$$

$$\theta_B{}'' = \frac{1}{EI}\left(\frac{1}{3}\times 2\times 120\right) = \frac{80}{EI}$$

$$\delta_B{}'' = \frac{1}{EI}\left[\frac{1}{3}\times 2\times 120\times\left(\frac{3}{4}\times 2+3\right)\right] = \frac{360}{EI}$$

故

$$\theta_B = \theta_B{}' - \theta_B{}'' = \frac{1250}{EI} - \frac{80}{EI} = \frac{1170}{EI}$$

$$\delta_B = \delta_B{}' - \delta_B{}'' = \frac{9375}{2EI} - \frac{360}{EI} = \frac{8655}{2EI}$$

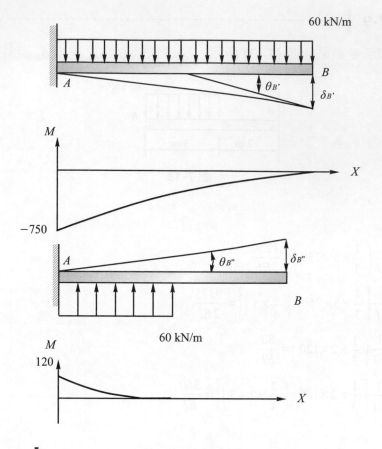

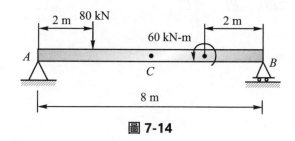

例題 **7-10**

有一簡支樑承受負載之情況如圖 (7-14) 所示，試求中點 C 之撓度 δ_c。

圖 **7-14**

解

根據附錄 E 之表 E-2 第 3 類可查得中點之撓度

$$\delta_c = \frac{Pa(3L^2 - 4a^2)}{48EI}$$

故

$$\delta_c' = \frac{80 \times 2(3 \times 8^2 - 4 \times 2^2)}{48EI} = \frac{1760}{3EI}$$

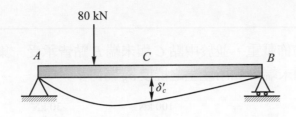

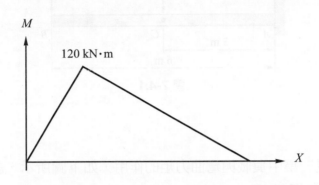

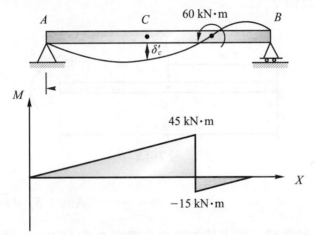

表 E-2 之第 5 類當 $0 \leqq x \leqq a$ 時，

$$y = \frac{Mx}{6LEI}(6La - 3a^2 - 2L^2 - x^2)$$

故

$$\delta_c'' \frac{60 \times 4}{6 \times 8EI}(6 \times 8 \times 6 - 3 \times 6^2 - 2 \times 8^2 - 4^2) = \frac{180}{EI}$$

$$\delta_c = \delta_c' = \delta_c'' = \frac{1760}{3EI} + \frac{180}{EI} = \frac{2300}{3EI}$$

學生練習

7-4.1 懸臂樑承受均佈載重，並於中點 C 與末端 B 點皆承受一集中負荷之作用，如圖所示，試問末端 B 點所產生之撓度 δ_B 為何？

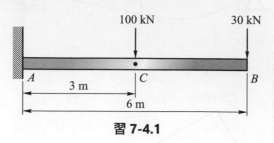

習 7-4.1

Ans：$\delta_B = \dfrac{4410}{EI}$

7-4.2 懸臂樑承受一集中負載與彎曲力矩的作用，如下圖所示，試問末端 B 點之撓度 δ_B 與 θ_B 為何？

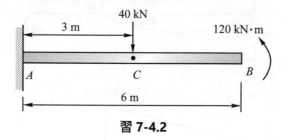

習 7-4.2

Ans：$\delta_B = \dfrac{-1260}{EI}$，$\theta_B = \dfrac{-540}{EI}$

7-4.3 如圖所示之懸臂樑，試求其中點 C 之撓度 δ_C 為何？

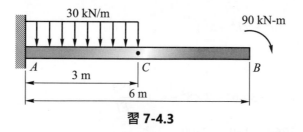

習 7-4.3

Ans：$\delta_C = \dfrac{708.75}{EI}$

7-4.4 　如圖所示之簡支樑，試求其中點 C 之撓度 δ_C 為何？

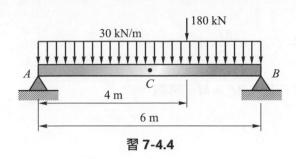

習 7-4.4

Ans：$\delta_C = \dfrac{1196.25}{EI}$

7-4.5 　如圖所示之懸臂樑，試求其末端 B 點之撓度 δ_B 與斜度 θ_B 之值。

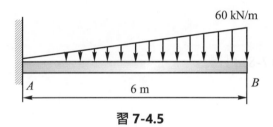

習 7-4.5

Ans：$\delta_B = \dfrac{7128}{EI}$ ， $\theta_B = \dfrac{1620}{EI}$

7-5 | 彎曲之應變能

　　目前所探討的樑皆在彈性範圍內承受各種外力，而造成彎曲，若僅考慮樑受一純

彎矩 M 的作用時，如圖 (7-15a) 所示，則撓度曲線上任一點之曲率均為 $\dfrac{1}{\rho}$ 。

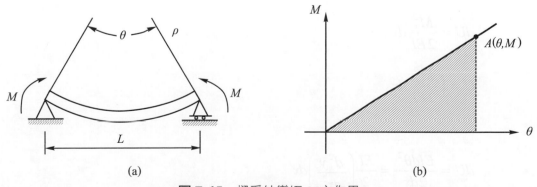

(a)　　　　　　　　　　　　　(b)

圖 7-15 　樑受純彎矩 M 之作用

若以絕對值來考量,則公式 (7-1) 改為

$$\frac{d\theta}{dx} = \frac{M_x}{EI} \; ; \; d\theta = \frac{M_x}{EI} dx$$

因為,樑受純彎矩 M 作用,$M_x = M = $ 常數,故

$$\theta = \frac{ML}{EI} \qquad\qquad\qquad (7\text{-}7)$$

由上式中得知力矩 M 與旋轉角 θ 為線性關係,如圖 (7-15b) 所示,其斜線部分即是彎矩 M 所作的功,此功又可稱為樑的應變能 U。

$$U = \frac{M\theta}{2} \qquad\qquad\qquad (7\text{-}8)$$

將公式 (7-7) 代入公式 (7-8) 可得

$$U = \frac{M^2 L}{2EI} \qquad\qquad\qquad (7\text{-}9a)$$

或

$$U = \frac{EI\theta^2}{2L} \qquad\qquad\qquad (7\text{-}9b)$$

若樑承受之彎矩沿著 x 軸而變化,則 (7-7) 式將不適用,而是

$$d\theta = \frac{M_x}{EI} dx$$

因此

$$dU = \frac{M_x^2}{2EI} dx$$

$$U = \int \frac{M_x^2}{2EI} dx$$

或

$$dU = \frac{EI d\theta^2}{2dx} = \frac{EI}{2}\left(\frac{d^2 y}{dx^2}\right) dx$$

$$U = \int \frac{EI}{2}\left(\frac{d^2 y}{dx^2}\right)dx \qquad (7\text{-}10b)$$

當彎矩 M_x 之函數已知時，可使用 (7-10a) 式，當撓度曲線方程式 $y(x)$ 為已知時，則使用 (7-10b) 式。

--- **例題 7-11**

有一懸臂樑承受集中負載 P 之作用，如圖 (7-16) 所示，就求儲存於樑中之應變能及樑末端 B 之撓度 δ_B。

解

樑上任一橫截面之彎矩 $M_x = -P(L-x)$，代入 (7-10a) 式中可得

$$U = \int_0^L \frac{[-P(L-x)^2]}{2EI}dx = \frac{P^2}{2EI}\int_0^L (L-x)^2 dx = \frac{P^2 L^3}{6EI}$$

由於負荷 P 所作的功等於樑所產生的應變能，故

$$\frac{P\delta_B}{2} = \frac{P^2 L^3}{6EI}$$

即

$$\delta_B = \frac{PL^3}{3EI}$$

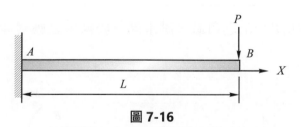

圖 7-16

--- **例題 7-12**

有一簡支樑受均佈負載 q 的作用，全長 L 如圖 (7-17) 所示，試求儲存於樑中之應變能 U。

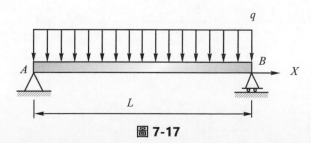

圖 7-17

解

根據力的平衡方程式 $\Sigma F_y = 0$

與力矩的平衡方程式 $\Sigma M_A = 0$

可得反作用力 $R_A = \dfrac{qL}{2}$,

彎矩 $M_X = \dfrac{q}{2}(L_x - x^2)$,故以公式 (7-10a) 來求應變能。

代入公式 (7-10a) 得

$$U = \int_0^L \frac{1}{2EI} \times \left[\frac{q}{2}(Lx - x^2) \right]^2 dx$$

$$= \frac{q^2}{8EI} \int_0^L (L^2 x^2 - 2Lx^3 + x^4) dx$$

$$= \frac{q^2}{8EI} (\frac{L^2}{3} x^3 - \frac{2L}{4} x^4 + \frac{1}{5} x^5) \Big|_0^L$$

$$= \frac{q^2 L^5}{8EI} \left(\frac{1}{3} - \frac{1}{2} + \frac{1}{5} \right)$$

$$= \frac{q^2 L^5}{240 EI}$$

▌學生練習

7-5.1　懸臂樑承受如圖所示之負載,試求儲存於樑中之應變能與自由端 B 之斜度 θ_B。

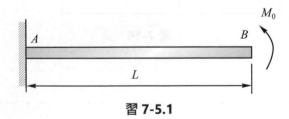

習 7-5.1

Ans：$U = \dfrac{M_0^2 L}{2EI}$, $\theta_B = \dfrac{M_0 L}{EI}$

7-5.2　懸臂樑承受如圖所示之負載，試求儲存於樑中之應變能與自由端 B 之撓度 δ_B。

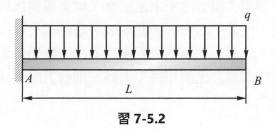

習 7-5.2

Ans：$U = \dfrac{q^2 L^5}{40EI}$ ， $\delta_B = \dfrac{qL^4}{8EI}$

7-5.3　簡支樑承受如圖所示之負載，試求儲存於樑中之應變能，並且求中點 C 之撓度 δ_C。

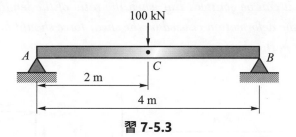

習 7-5.3

Ans：$U = \dfrac{20000}{3EI}$ ， $\delta_C = \dfrac{400}{3EI}$

7-5.4　有一簡支樑在 B 點承受一 M_0 之力矩，如圖所示，試求儲存於樑中之應變能。

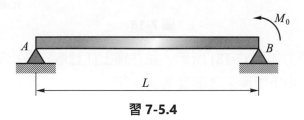

習 7-5.4

Ans：$U = \dfrac{M_0^2 L}{6EI}$

7-6 | 剪力變形效應

　　本章在前述各節中運用各種方法所求之撓度，均是單純以彎矩作用下之變形為考量，而忽略了剪力作用下所產生的變形，此乃因一般的樑於長度與深度之比例相差很大，即長度遠大於深度，因此剪力所造成的變形遠小於彎矩所造成的變形，因而被省略不計，但當樑之長度與深度之比例相差不大時，則剪力所造成的變形將不可不考慮了，故本節將特別討論之。

The deflection obtained by using various methods in the previous sections of this chapter is simply considering the deformation under the action of bending moment, while ignoring the deformation under the action of shear force. Since the ratio of the length to the depth of beams has a far cry, that is, the length is much greater than the depth, hence the deformation caused by the shear force is much smaller than the deformation caused by the bending moment, so it can be omitted. But when the ratio of the length to the depth of the beam is minor, then the deformation caused by the shear force should be considered, and this section will discuss it particularly.

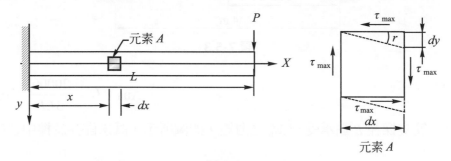

圖 7-18

　　若有一懸臂樑受力如圖 (7-18) 所示，並在樑上任意取一微小元素 A，而且中性軸的最大剪應力 $\tau_{\max}$ 作用下所產生之撓度為 dy，則

$$\frac{dy}{dx} = \gamma = \frac{\tau_{\max}}{G} \tag{1}$$

又

$$\tau_{\max} = \frac{V_x Q}{Ib} = \alpha \frac{V_x}{A} \tag{2}$$

其中 α 為最大剪應力與平均剪應力之比值，若樑的橫截面為圓形，則 $\alpha = \dfrac{4}{3}$，若樑的橫截面為矩形，則 $\alpha = \dfrac{3}{2}$。現將 (1) 式代入 (2) 式可得

$$\frac{dy}{dx} = \frac{\alpha V_x}{GA} \tag{7-11}$$

又由公式 (4-1) 得知 $\dfrac{dV}{dx} = -q$，代入 (7-11) 式而得

$$\frac{d^2 y}{dx^2} = -\frac{\alpha q}{GA} \tag{7-12}$$

故亦可直接利用公式 (7-12)，由負載 q 求得撓度，但需注意其邊界條件與彎矩造成的情況並非相同。

--- **例題 7-13** |--

試求圖 (7-19) 所示之懸臂樑在承受均佈負載 q 後，由剪力與彎矩所生之最大撓度和。

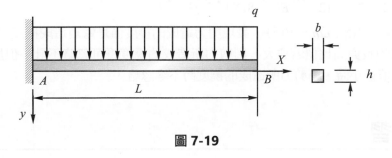

圖 7-19

解

先求得反作用力 $R_A = qL$

則樑上距 A 點 x 處之剪力 $V_x = qL - qx$

代入公式 (7-11) 而得由剪力引起之撓度方程式

$$\frac{dy_v}{dx} = \frac{\alpha}{GA}(qL - qx)$$

$$y_v = \int \frac{\alpha}{GA}(qL - qx)dx = \frac{\alpha}{GA}\left(qLx - \frac{qx^2}{2} + C\right)$$

由邊界條件得知

當 $x = 0$ 時，$y_v = 0$ 故 $C = 0$

即　$y_v = \dfrac{\alpha}{GA}\left(qLx - \dfrac{qx^2}{2}\right)$

當 $x = L$ 時，有最大的撓度

即　$\delta_{v_1 \max} = \dfrac{\alpha qL^2}{2GA}$

又由彎矩所產生之最大撓度 δ_M，可查附錄 E 而得

$$\delta_{M_1 \max} = \dfrac{qL^4}{8EI}$$

因此，由剪力與彎矩所生之最大撓度和為

$$\delta_{\max} = \dfrac{\alpha qL^2}{2GA} + \dfrac{qL^4}{8EI}$$

討論：

假若例題中之 $G = \dfrac{E}{2.6}$

且矩形剖面之 $\alpha = \dfrac{3}{2}$，$I = \dfrac{bh^3}{12} = \dfrac{Ah^2}{12}$

故　$GA = \dfrac{E}{2.6} \times \dfrac{12I}{h^2} = \dfrac{12}{2.6h^2}EI$

而　$\delta_{\max} = \dfrac{1}{2} \times \dfrac{3}{2} \times \dfrac{2.6h^2}{12} \times \dfrac{qL^2}{EI} + \dfrac{qL^4}{8EI}\left(1.3\dfrac{h^2}{L^2} + 1\right)$

當樑之長與高之比值 $L/h = 10$ 時，發現剪力造成的撓度僅是彎矩造成撓度的百分之 1.3 而已，故樑的長與高比值若愈大，則剪力所造成的撓度將可忽略不計，但反之，當樑長與高之比值很小時，則剪力所造成的撓度將不容忽略。

▌學生練習

7-6.1　如圖所示之簡支樑在承受均佈負載 $q = 80\text{kN/m}$ 後，試求由剪力與彎矩所生之最大撓度和。其中 $E = 200\text{GPa}$，$G = 60\text{GPa}$。

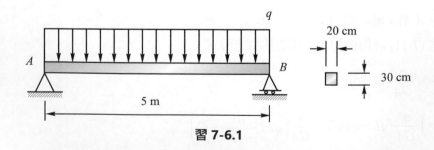

習 7-6.1

Ans：7.338mm

7-6.2　當懸臂樑承受如圖所示之負載後，請比較末端 B 點由剪力造成的撓度 δ_v 與彎矩所產生之撓度 δ_M 之值。其中樑之剖面為圓形且半徑 $r = 15\text{cm}$，$E = 200\text{GPa}$，$G = 77\text{GPa}$。

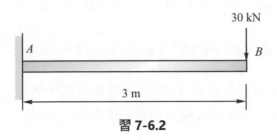

習 7-6.2

Ans：$\delta_v = 0.022\text{mm}$，$\delta_M = 3.395\text{mm}$

7-7 ┊ 利用不連續函數求樑的撓度

　　比較前面所教的積分法與彎矩面積法雖各有優缺點，但總覺得使用彎矩面積法求某一點之撓度較簡便，特別是樑承受不同的負載時，積分法需分段積出各部分的撓度曲線方程式，故利用積分法求撓度比較麻煩，不知您是否也有此同感？而彎矩面積法又有重疊法可以運用，使得樑雖承受不同的負載，卻依然能簡便地計算出某一位置的撓度。但是，在複雜的負載作用下要計算樑之最大撓度，則恐怕只能用積分法了。

After comparing the integral method and the moment area method taught earlier, although each has its own advantages and disadvantages, we feel that it is easier to use the moment area method to calculate the deflection of a certain point, especially when the beam bears different loads, the integral method needs to integrate the deflection curve equations of each part by parts, so it is troublesome to use the integral method to calculate the deflection. I We wonder if you have the same feeling? By the way, the bending moment area method can take advantage of the overlapping method to easily calculate the deflection at a certain position, even though the beam is subjected to different loads. However, If you want to calculate the maximum deflection of a beam under complex loads, maybe the integral method can only be used.

　　應用一連續函數正好可以改善必須分段積分之缺點，而使積分法更實用。以下我們將介紹這個方便又好用的馬克勞林函數，其表示式如下：

$$F_n(x) = <x-a>^n = \begin{cases} 0 & x \leqq a \\ (x-a)^n & x \geqq a，0、1、2、3\cdots\cdots \end{cases} \tag{7-13}$$

此不連續函數所表示的即是當 x 小於等於 a 時，函數值為零，當 x 不小於 a 時，函數則為 $(x-a)^n$。而馬克勞林函數之積分法則如下：

$$\int <x-a>^n \, dx = \frac{1}{n+1} <x-a>^{n+1} \ , \ n = 0 \ , \ 1 \ , \ 2 \ , \ 3 \ , \ \cdots\cdots \tag{7-14a}$$

$$\int <x-a>^n \, dx = <x-a>^{n+1} \ , \ n = -1 \ , \ -2 \ , \ -3 \ , \ \cdots\cdots \tag{7-14b}$$

若樑承受不同的負載，可利用表 (7-1) 所列之基本負載所等效之均佈負載函數，再依重疊法的觀念逐一相加，然後逐次積分而得撓度曲線方程式。

表 7-1

種類	一般樑承受的負載	等效均佈負載表示式
1		$q(x) = M_0 <x-a>^{-2}$
2		$q(x) = P_0 <x-a>^{-1}$
3		$q(x) = q_0 <x-a>^{0}$
4		$q(x) = \dfrac{q_0}{b} M_0 <x-a>^{1}$

--- 例題 **7-14** |--

如圖 (7-20) 所示之懸臂樑，請以不連續函數求 C 點之撓度。

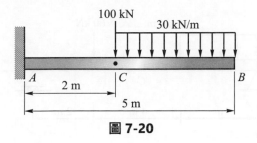

圖 **7-20**

解

先求 A 點之反作用力 $R_A = 190\text{kN}$，$M_A = 515\text{kN-m}$

則樑所承受的負載可等效於均佈負載 $q(x)$，即

$$q(x) = 515 <x-0>^{-2} - 190 <x-0>^{-1} + 30 <xx-2>^0 + 100 <x-2>^{-1}$$

由公式 (7-4d) 得知

$$EIy^{(4)} = q$$

故

$$EIy^{(4)} = 515 <x-0>^{-2} - 190 <x-0>^{-1} + 30 <x-2>^0 + 100 <x-2>^{-1}$$

逐次積分得

$$EIy''' = 515 <x>^{-1} - 190 <x>^0 + 30 <x-2>^1 + 100 <x-2>^0 + C_1$$

因 $x = 0$ 時，剪力 $V = 190$，故 $C_1 = 0$

$$EIy'' = 515 <x>^0 - 190 <x>^1 + 15 <x-2>^2 + 100 <x-2>^1 + C_2$$

因 $x = 0$ 時，彎矩 $M = -515$，故 $C_2 = 0$

$$EIy' = 515 <x>^1 - 95 <x>^2 + 5 <x-2>^3 + 50 <x-2>^2 + C_3$$

$$EIy = \frac{515}{2} <x>^2 - \frac{95}{3} <x>^3 + \frac{5}{4} <x-2>^4 + \frac{50}{3} <x-2>^3 + C_3 x + C_4$$

因 $x = 0$ 時 $\theta = 0$ 且 $\delta = 0$，故 $C_3 = 0$，$C_4 = 0$

故　$EIy = \dfrac{515}{2} x^2 - \dfrac{95}{3} x^3 + \dfrac{5}{4} <x-2>^4 + \dfrac{50}{3} <x-2>^3$

取 $x = 2$ 得，C 點之撓度

$$\delta_C = \frac{2330}{3EI}$$

··· 例題 **7-15**

有一簡支樑承受如圖 (7-21) 所示之負載，試求樑中點 C 之撓度與斜度。

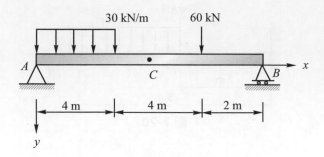

30 kN/m 　　60 kN

A 　　 C 　　 B 　　 x

4 m 　　 4 m 　　 2 m

y

圖 7-21

解

先求得反力 $R_A = 108\text{kN}$，$R_B = 72\text{kN}$ 等效之均佈負載為

$$q(x) = -108<x-0>^{-1} + 30<x-0>^0 - 30<x-4>^0 + 60<x-8>^{-1} - 72<x-10>^{-1}$$

故

$$EIy'''' = -108<x>^{-1} + 30<x>^0 - 30<x-4>^0 + 60<x-8>^{-1} - 72<x-10>^{-1}$$

逐次積分可得

$$EIy''' = -108<x>^0 + 30<x>^1 - 30<x-4>^1 + 60<x-8>^0 - 72<x-10>^0 + C_1$$

$$EIy'' = -108<x>^1 + \frac{30}{2}<x>^2 - \frac{30}{2}<x-4>^2 + 60<x-8>^1 - 72<x-10>^1 + C_1x + C_2$$

因 $x = 0$ 時 $V_A = 108$，$M_A = 0$

故 　 $C_1 = 0$，$C_2 = 0$

$$EIy' = -\frac{108}{2}<x>^2 + \frac{30}{6}<x>^3 - \frac{30}{6}<x-4>^3 + \frac{60}{2}<x-8>^2 - \frac{72}{2}<x-10>^2 + C_3$$

$$EIy = -\frac{108}{6}<x>^3 + \frac{30}{24}<x>^4 - \frac{30}{24}<x-4>^4 + \frac{60}{6}<x-8>^3 - \frac{72}{6}<x-10>^3 + C_3x + C_4$$

當 $x = 0$ 時 $y = 0$，故 $C_4 = 0$

當 $x = 10$ 時 $y = 0$，故 $C_3 = 704$

因此化簡得

$$EIy = -18x^3 + \frac{5}{4}x^4 - \frac{5}{4}<x-4>^4 + 10<x-8>^3 - 12<x-10>^3 + 704$$

$$EIy' = -54x^2 + 5x^3 - 5<x-4>^3 + 30<x-8>^2 - 36<x-10>^2 + 704$$

取 $x = 5$ 可得

$$\delta_C = \frac{2050}{EI}$$

$$\theta_C = \frac{-26}{EI}$$

學生練習

7-7.1　簡支樑承受的負載如圖所示，當 $P_1 = 200\text{kN}$、$P_2 = 100\text{kN}$ 時，請以不連續函數求中點的撓度。

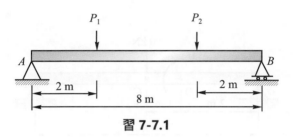

習 **7-7.1**

Ans：$\dfrac{2200}{EI}$

7-7.2　簡支樑某部分承受均佈負載，如圖所示，請以不連續函數求最大撓度 $\delta_{\max}$。

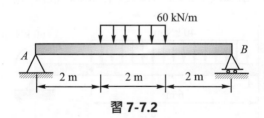

習 **7-7.2**

Ans：$\delta_{\max} = \dfrac{1025}{2EI}$

7-7.3　有一簡支樑承受如圖 7-7-3 所示之負載，試求中點 C 之撓度與斜度。

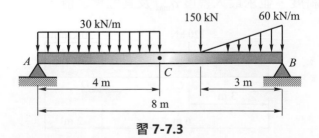

習 **7-7.3**

Ans：$\theta_C = \dfrac{650.5625}{EI}$、$\delta_C = \dfrac{2602.25}{EI}$

7-7.4 有一簡支樑承受如習 7-7-1 所示之負載,則請問最大的撓度為何?

$$\text{Ans}:\delta_{max} = \frac{2204.15}{EI}$$

7-7.5 試求問題 (7-7.3) 之簡支樑,其最大撓度距 A 點多遠,並求最大撓度之值。

$$\text{Ans}:距離 A 點約 3.755m 處有最大撓度,\delta_{max} = \frac{1167.96}{EI}$$

學後 總 評量

- **P7-1**:有一簡支樑承受如圖 P7-1 所示之負載,其中 $M_0 = 150\text{kN-m}$,試求中點 C 之撓度與斜度之值。

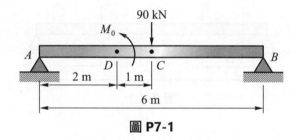

圖 P7-1

- **P7-2**:試求圖 P7-1 所示樑之最大撓度 δ_{max} 及其位置。

- **P7-3**:試利用積分法求解圖 P7-3 所示樑之自由端的撓度 δ_B 與斜度 θ_B。

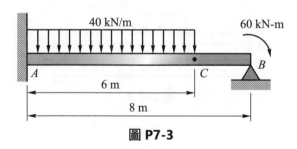

圖 P7-3

- **P7-4**:如圖 P7-4 所示之外伸樑,若在外伸部分承受一均佈負載 30kN/m,試求自由端 B 點的撓度與斜度,並求最大撓度 δ_{max} 及其位置之值。

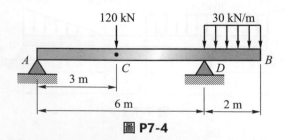

圖 P7-4

- **P7-5**：一懸臂樑承受正弦線分佈的負載，負載的最大強度為 $q_0 = 60\text{kN/m}$，如圖 (P7-5) 所示，若抗撓剛性 EI 為常數，試求樑的撓度曲線方程式及最大撓度。其中 $L = 6\text{m}$。

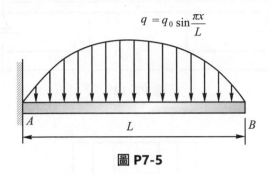

$$q = q_0 \sin\frac{\pi x}{L}$$

圖 P7-5

- **P7-6**：試求圖 P7-6 所示樑在 C 點之撓度與斜度，並求最大的撓度 $\delta_{\max}$。

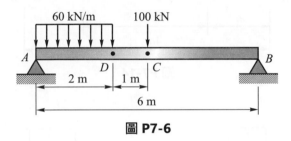

圖 P7-6

- **P7-7**：請以力矩面積法再求圖 (P7-3) 在 C 點的撓度與斜度。
- **P7-8**：請以力矩面積法再求圖 (P7-4) 在 C 點的撓度與斜度。
- **P7-9 ～ 12**：請以力矩面積法求下列圖所示樑在自由端之撓度與斜度。

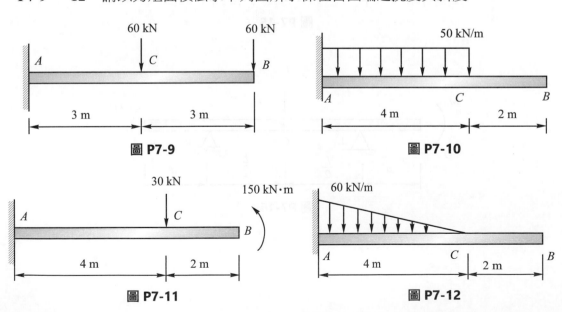

圖 P7-9

圖 P7-10

圖 P7-11

圖 P7-12

• **P7-13 ～ 16**：請以力矩面積法求下列圖所示樑在中點 C 之撓度。

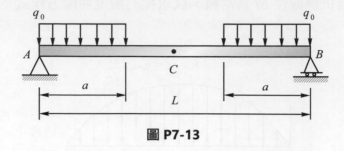

圖 P7-13

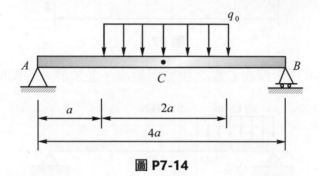

圖 P7-14

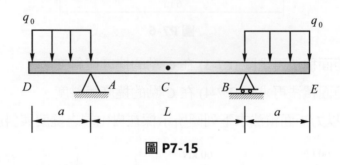

圖 P7-15

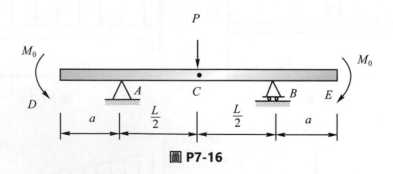

圖 P7-16

- **P7-17 ～ 20**：下列圖所示之樑有不同的剖面積，但材質 E 值皆相同，試求 B 點之撓度與斜度。

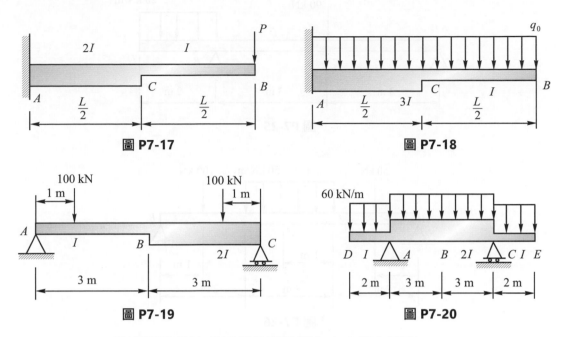

圖 P7-17

圖 P7-18

圖 P7-19

圖 P7-20

- **P7-21 ～ 24**：試應用重疊法求下列各懸臂樑在自由端之撓度。

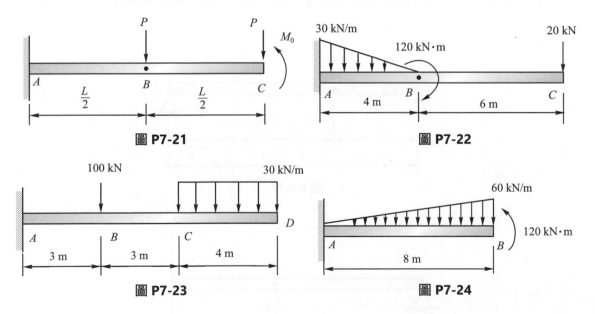

圖 P7-21

圖 P7-22

圖 P7-23

圖 P7-24

- **P7-25 ～ 26**：試應用重疊法求下列各樑在 C 點之撓度。

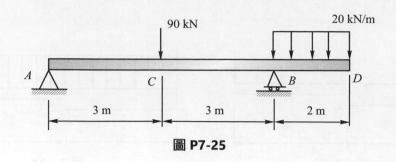

90 kN   20 kN/m

圖 **P7-25**

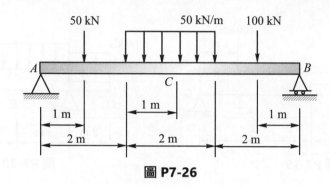

50 kN   50 kN/m   100 kN

圖 **P7-26**

- **P7-27 ～ 28**：試求下列各樑之樑內所儲存的應變能，並運用此結果求 C 點的撓度。

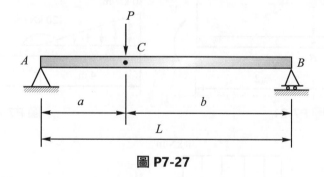

圖 **P7-27**

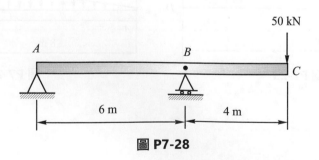

50 kN

圖 **P7-28**

- **P7-29 ～ 34**：請利用不連續函數求圖 (P7-21) ～圖 (P7-26) 所示樑之最大撓度 δ_{max}。

解答

P7-1　$\theta_C = \dfrac{-12.5}{EI}$、$\delta_C = \dfrac{217.5}{EI}$

P7-2　$\delta_{\max} = \dfrac{218.93}{EI}$，距離 A 點 2.757mm

P7-3　$\theta_B = \dfrac{1920}{EI}$、$\delta_B = \dfrac{11280}{EI}$

P7-4　$\theta_B = \dfrac{-110}{EI}$、$\delta_B = \dfrac{-240}{EI}$（負代表往上）、$\delta_{\max} = \dfrac{405.76}{EI}$，距離 A 點 2.898mm

P7-5　$y = \dfrac{60}{\pi^4 EI}\left(1296\sin\dfrac{\pi}{x} - \pi^3 x^3 + 18\pi^3 x^2 - 216\pi x\right)$

　　　　$\delta_{\max} = \dfrac{5742.71}{EI}$

P7-6　$\theta_C = \dfrac{-140}{6EI}$、$\delta_C = \dfrac{700}{EI}$、$\delta_{\max} = \dfrac{745.17}{EI}$

P7-7　$\theta_C = \dfrac{1800}{EI}$、$\delta_C = \dfrac{7560}{EI}$

P7-8　$\theta_C = \dfrac{-15}{EI}$、$\delta_C = \dfrac{405}{EI}$

P7-9　$\theta_B = \dfrac{1350}{EI}$，$\delta_B = \dfrac{5670}{EI}$

P7-10　$\theta_B = \dfrac{1600}{3EI}$，$\delta_B = \dfrac{8000}{3EI}$

P7-11　$\theta_B = -\dfrac{660}{EI}$，$\delta_B = -\dfrac{1580}{EI}$

P7-12　$\theta_B = \dfrac{160}{EI}$，$\delta_B = \dfrac{832}{EI}$

P7-13　$\dfrac{3q_o a^2 L^2 - 2q_o a^4}{48EI}$

P7-14　$\dfrac{19q_o a^4}{8EI}$

P7-15　$\dfrac{-q_o a^2 L^4}{16EI}$

P7-16 $\dfrac{L^2}{48EI}(PL-6M_o)$

P7-17 $\theta_B = \dfrac{5PL^2}{16EI}$ ， $\delta_B = \dfrac{3PL^3}{16EI}$

P7-18 $\theta_B = \dfrac{3q_oL^3}{32EI}$ ， $\delta_B = \dfrac{17q_oL^4}{256EI}$

P7-19 $\theta_B = \dfrac{325}{9EI}$ ， $\delta_B = \dfrac{325}{EI}$

P7-20 $\theta_B = 0$ ， $\delta_B = \dfrac{236.25}{EI}$

P7-21 $\dfrac{L^2}{16EI}(7PL-8M_o)$

P7-22 $\dfrac{33728}{3EI}$

P7-23 $\dfrac{32370}{EI}$

P7-24 $\dfrac{18688}{EI}$

P7-25 $\dfrac{315}{EI}$

P7-26 $\dfrac{9025}{12EI}$

P7-27 $U = \dfrac{p^2a^2b^2}{6LEI}$ ， $\dfrac{pa^2b^2}{3LEI}$

第 **08** 章

靜不定樑

1. 對生活中大部分所見到的樑,其實際承受
   負荷的狀況,提供了一個很簡便的分析方
   法。
2. 提高對問題解析的能力。

8-1 | 撓度曲線微分方程式之分析

在前面的章節中所探討的樑，因支承方式的不同而有簡支樑、外伸樑與懸臂樑之分，但這些樑在承受負載後，皆可由靜力平衡方程式求得支承的反作用力或力矩。這種樑我們稱為靜定樑 (statically determinate beam)，其樑內之剪力、彎矩、應力與承受負載後所產生的撓度，已在前面章節中詳細分析矣。

但在工程的實際應用上，為了減少撓度，增強樑的剛性，經常使用較靜定樑為多的支承，如此支承的反作用力必定比靜力平衡方程式的數目多，此時將無法直接以靜力平衡方程式來求得反作用力或力矩，此種樑稱為靜不定樑 (statically indeterminate beam)。我們若任意選擇較平衡方程式多的反作用力或力矩當作贅力 (redundant)，則贅力的數量即是所謂的靜不定度 (degree of indeterminacy)。

However, in the practical application of engineering, in order to reduce the deflection and enhance the rigidity of the beam, we often use more supports than statically determinate beams, hence the reaction force of such supports must be more than the number of static balance equations. At this time, it will not be possible to directly use the static balance equation to obtain the reaction force or moment, and this kind of beam is called a statically indeterminate beam. If we arbitrarily choose reaction forces or moments that are more than those in the equilibrium equation as redundant forces, then the amount of redundant forces is the so-called degree of indeterminacy.

常見的靜不定樑有拘束樑、固定樑與連續樑等，如圖 (8-1) 所示，(a) 圖為拘束樑因有三個未知的反力，即是 R_A、R_B 與 M_A，但卻只有兩個靜力平衡方程式，故稱為一度靜不定。(b) 圖之固定樑則為二度靜不定，(c) 圖為連續樑，其靜不定度隨支承的增加而增加，圖中的支承比靜定樑多了三個，故此時為三度靜不定。

欲求解靜不定樑上之反作用力，需先將比靜力平衡方程式多的反作用力適當地選擇為贅力，然後把此贅力視為靜定樑上之外力，並且用原靜不定樑在贅力發生處之邊界條件，如撓度 $\delta = 0$ 或旋轉角 $\theta = 0$，再配合力的平衡方程式來聯立求解之。詳細情形請參閱例題。

本章對靜不定樑的解法，首先介紹如何由積分法求得撓度曲線方程式，並使用邊界條件求出積分常數，則即可從撓度曲線微分方程式中獲得欲求解之反力。

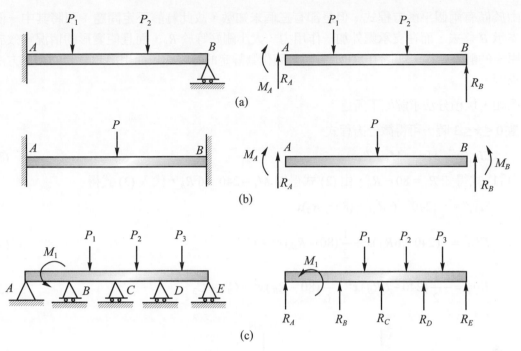

圖 8-1 靜不定樑

--- 例題 8-1 |--

有一拘束樑如圖 (8-2) 所示，其上承受了 80kN 集中力之作用，若其剛性 EI 為一常數，試求支承的反作用力與力矩。

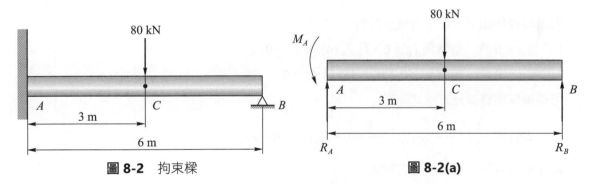

圖 8-2 拘束樑   圖 8-2(a)

解

取自由體圖如圖 (a)

由力的平衡方程式得

$$\uparrow + \Sigma F_y = 0 \qquad R_A + R_B = 80 \tag{1}$$

$$\circlearrowleft + \Sigma M_A = 0 \qquad M_A - 80 \times 3 + R_B \times 6 = 0 \tag{2}$$

由於僅有兩個平衡方程式，但是卻有三個未知數，故此為靜不定問題；現將其中一個支承 B 移去，而在支承處外加一作用力，大小剛好等於 R_B，而且使變形的情況等效於原來的靜不定樑，如圖 (b) 所示。則可簡化為靜定的懸臂樑，而用第七章節的諸多方法求解。

例如，以積分法求解如下所述：

當 $0 \leq x \leq 3$ 時，可得微分方程式

$$EIy_1'' = -M = -M_A + R_A \times x \tag{3}$$

由 (1) 式得知 $R_A = 80 - R_B$，由 (2) 式得知 $M_A = 240 - 6R_B$，代入 (3) 式得

$$EIy_1'' = -(240 - 6R_B) + (80 - R_B)x$$

$$EIy_1' = -(240 - 6R_B)x + \frac{1}{2}(80 - R_B)x^2 + C_1 \tag{4}$$

$$EIy_1 = -\frac{1}{2}(240 - 6R_B)x^2 + \frac{1}{6}(80 - R_B)x^3 + C_1x + C_2 \tag{5}$$

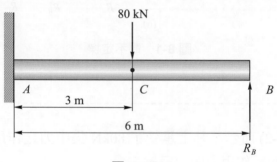

圖 8-2(b)

取邊界條件如下，並求得積分常數。

1. 當 $x = 0$ 時，旋轉角 $y_1' = 0$，代入 (4) 得 $C_1 = 0$

2. 當 $x = 0$ 時，撓度 $y_1 = 0$，代入 (5) 得 $C_2 = 0$

可得撓度曲線微分方程式為

$$EIy_1 = -\frac{1}{2}(240 - 6R_B)x^2 + \frac{1}{6}(80 - R_B)x^3 \quad 0 \leq x \leq 3$$

當 $3 \leq x \leq 6$ 時，可得微分方程式

$$EIy_2'' = -M = -M_A + R_A \times x - 80(x - 3)$$

即是

$$EIy_2'' = 6R_B - R_Bx \tag{6}$$

$$EIy_2' = 6R_Bx - \frac{1}{2}R_Bx^2 + C_3 \tag{7}$$

$$EIy_2 = 3R_Bx^2 - \frac{1}{6}R_Bx^3 + C_3x + C_4 \tag{8}$$

取邊界條件如下，並求得積分常數。

3. 當 $x = 3$ 時，旋轉角 $y_1' = y_2'$，代入 (4) 與 (7) 式得 $C_3 = -360$

4. 當 $x = 3$ 時，撓度 $y_1 = y_2$，代入 (5) 與 (8) 式得 $C_4 = 360$

可得撓度曲線微分方程式為

$$EIy_2 = 3R_Bx^2 - \frac{1}{6}R_Bx^3 - 360x + 360 \quad 3 \le x \le 6$$

又當 $x = 6$ 時，$y_2 = 0$ 代入 (8) 式

故　$R_B = 25(\text{kN})$

代入 (1) 式得

　$R_A = 55(\text{kN})$

代入 (2) 式得

　$M_A = 90(\text{kN-m})$

學生練習

8-1.1　有一拘束樑如圖 (8-1.1) 所示，其上承受了強度 12kN/m 之均佈負載作用，若其剛性 EI 為一常數，請應用撓度曲線微分方程式來求解拘束樑之反作用力與力矩。

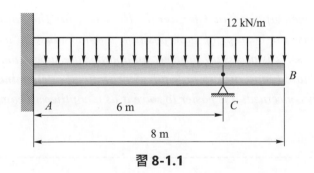

習 8-1.1

Ans：$M_A = 42\text{kN} \cdot \text{m}$，$R_A = 39\text{kN}$，$R_C = 57\text{kN}$

8-1.2　請以積分法求得連續樑的撓度曲線微分方程式，然後再求出反作用力。

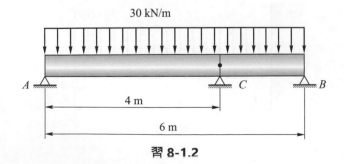

習 8-1.2

Ans：$R_A = 66.75\text{kN}$，$R_B = 43.5\text{kN}$，$R_C = 69.75\text{kN}$

8-1.3　試求下圖所示之拘束樑的反作用力與力矩。

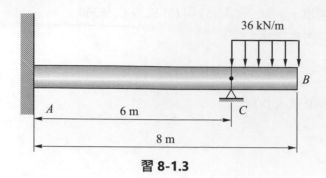

習 8-1.3

Ans：$M_A = 36\text{kN} \cdot \text{m}$，$R_A = -18\text{kN}$，$R_C = 90\text{kN}$

8-2 ┊ 力矩—面積法

　　此方法已在第七章應用過，然對於靜不定樑的求解則必須配合重疊法的觀念才可使解法簡化，過程中需要先選擇一適當的贅力而使靜不定樑變為等效的靜定樑，就拘束樑而言，將其等效為懸臂樑較容易求解。

This method has been applied in Chapter 7. However, for the solution of statically indeterminate beams, the concept of superposition method must be used to simplify the solution. In the process, it is necessary to select an appropriate superfluous force to make the statically indeterminate beams turn to an equivalent statically determinate beam, as far as a restrained beam is concerned, it is easier to solve it as a cantilever beam.

---- 例題　8-2 ┃ --

有一拘束樑之剛性為一常數，其受負載情形如圖 (8-3) 所示，請問支承處的反作用力與力矩之值。

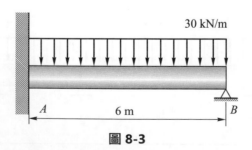

圖 8-3

解

將反力 R_B 視為贅力，則可得圖 (a)，以重疊法的觀念可將求解的過程簡化為圖 (b)；否則，以原來之力矩面積圖，即是圖 (c) 來求解，比較麻煩。

根據力的平衡方程式得

$$\uparrow + \Sigma F_y = 0 \quad R_A + R_B = 180 \tag{1}$$

$$\circlearrowleft + \Sigma M_A = 0 \quad M_A - 180 \times 3 + R_B \times 6 = 0 \tag{2}$$

因為固定端 (B 點) 之撓度 $\delta_B = 0$

利用圖 (b) 力矩面積法得

$$\frac{1}{3} \times 540 \times 6 \times \left(\frac{3}{4} \times 6 \right) = \frac{1}{2} \times 6R_B \times 6 \times \left(\frac{2}{3} \times 6 \right)$$

故

$$R_B = 67.5 \text{(kN)}$$

代入 (1) 得

$$R_A = 112.5 \text{kN}$$

代入 (2) 得 $M_A = 135 \text{kN} \cdot \text{m}$

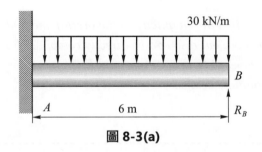

圖 8-3(a)

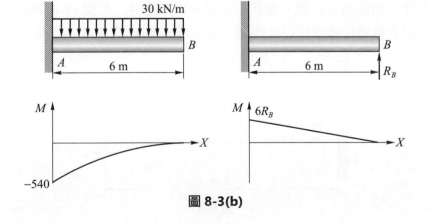

圖 8-3(b)

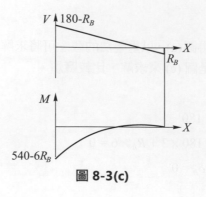

圖 8-3(c)

8-3 ┊ 重疊法

在 (7-4) 節中已展現了重疊法的簡便，不但可以配合力矩面積法來使用，而且亦可直接從附錄 E 中幾個基本型態的樑之撓度或斜度公式組合而成。這是一個解靜不定樑最實用的方法。

Section (7-4) has demonstrated the simplicity of the overlap method, not only can it be used with the moment area method, but also can be directly combined from the deflection or slope formulas of several basic types of beams in Appendix E. This is the most practical method for solving statically indeterminate beams.

---- 例題 **8-3**

假若拘束樑之剛性為一常數，當其承受集中力載重時，如圖 (8-4) 所示，試以力矩面積法配合重疊法來求出反作用力，並求出中點 C 之撓度 δ_C。

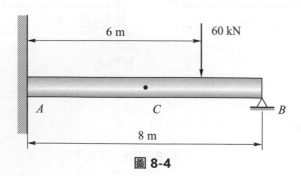

圖 8-4

解

根據力的平衡方程式得

$$\uparrow + \Sigma F_y = 0 \qquad R_A + R_B = 60 \tag{1}$$

$$\circlearrowleft + \Sigma M_A = 0 \qquad M_A - 60 \times 6 + R_B \times 8 = 0 \tag{2}$$

1. 求反作用力

假設反力 R_B 為贅力，運用重疊法可得力矩面積圖如圖 (a)。

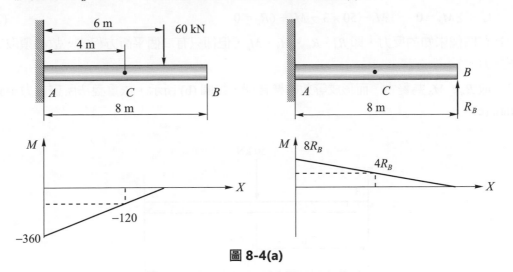

圖 8-4(a)

則

$$EI\delta_B = \frac{1}{2} \times 360 \times 6 \times \left(\frac{2}{3} \times 6 + 2 \right) - \frac{1}{2} \times 8R_B \times 8 \times \left(\frac{2}{3} \times 8 \right) \tag{3}$$

$\because \delta_B = 0$

$\therefore$ 化簡 (3) 式得 $R_B = 37.97\text{kN}$

代入 (1) 式得 $R_A = 22.03\text{kN}$

代入 (2) 式得 $M_A = 56.25\text{kN} \cdot \text{m}$

2. 求撓度 δ_C

$$EI\delta_C = \left[\frac{1}{2} \times 240 \times 4 \times \left(\frac{2}{3} \times 4 \right) + 120 \times 4 \times 2 \right] - \left[\frac{1}{2} \times 4R_B \times 4 \times \left(\frac{2}{3} \times 4 \right) + 4R_B \times 4 \times 2 \right]$$

$$EI\delta_C = 215$$

$$\delta_C = \frac{215}{EI}$$

受集中負載的固定樑如圖 (8-5) 所示，其為二度靜不定樑，試求反力。

解

取自由體圖如圖 (a)，依力的平衡方程式可得

$$\uparrow + \Sigma F_y = 0 \qquad R_A + R_B = 50 \tag{1}$$

$$\circlearrowleft + \Sigma M_A = 0 \qquad M_A - 50 \times 3 - M_B + 6R_B = 0 \tag{2}$$

因為有四個未知的反力，即 R_A、R_B、M_A、M_B，但卻只有二個平衡方程式，故必須取二個贅力。

現今取 R_B、M_B 為贅力，而形成等效的懸臂樑，如圖 (b) 所示，依重疊法所畫之力矩圖如圖 (c)。

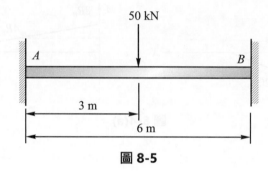

圖 8-5

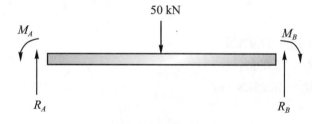

圖 8-5(a)

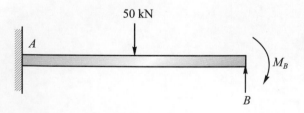

圖 8-5(b)

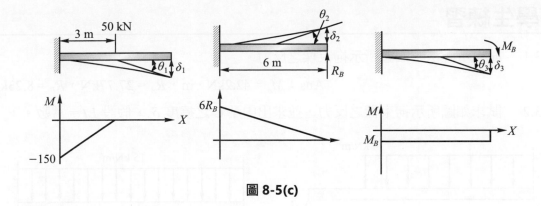

圖 8-5(c)

由力矩面積法之公式得

$$EI\delta_1 = \frac{1}{2} \times 150 \times 3 \times \left(3 + \frac{2}{3} \times 3\right) = 1125$$

$$EI\delta_2 = \frac{1}{2} \times 6R_B \times 6 \times \left(\frac{2}{3} \times 6\right) = 72R_B$$

$$EI\delta_3 = 6 \times M_B \times \left(\frac{1}{2} \times 6\right) = 18M_B$$

而 $\delta_B = \delta_1 - \delta_2 + \delta_3$

且 $\delta_B = 0$

故 $1125 - 72R_B + 18M_B = 0$ (3)

又 $EI\theta_1 = \frac{1}{2} \times 150 \times 3 = 225$

$$EI\theta_2 = \frac{1}{2} \times 6R_B \times 6 = 18R_B$$

$$EI\theta_3 = 6 \times M_B = 6M_B$$

$$\theta_B = \theta_1 - \theta_2 + \theta_3$$

且 $\theta_B = 0$

$\therefore 225 - 18R_B + 6M_B = 0$ (4)

由 (3) 與 (4) 式聯立解得 (4)

$R_B = 25\text{kN}$

$M_B = 37.5\text{kN} \cdot \text{m}$

代入 (1) 與 (2) 式得

$R_A = 25\text{kN}$

$M_A = 37.5\text{kN} \cdot \text{m}$

學生練習

8-3.1 試以重疊法求如圖所示拘束樑之反力。

Ans：$M_A = 42.2\text{kN} \cdot \text{m}$，$R_A = 27.77\text{kN}$，$R_B = 8.23\text{kN}$

8-3.2 試求如圖所示拘束樑之反力，並求出中點 C 之撓度 δ_c，假設 $EI = $ 常數。

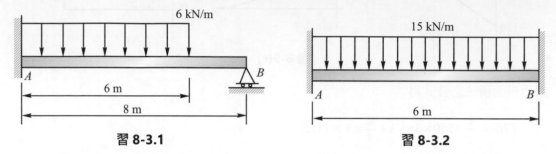

<table>
<tr><td style="text-align:center">習 8-3.1</td><td style="text-align:center">習 8-3.2</td></tr>
</table>

Ans：$M_A = 45\text{kN} \cdot \text{m}$，$R_A = 20.625\text{kN}$，$R_B = 9.375\text{kN}$，$\delta_C = \dfrac{140}{EI}$

8-3.3 試求如圖所示固定樑之反作用力及中點 C 之撓度 δ_C。

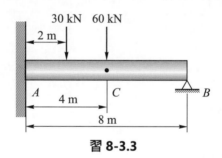

習 8-3.3

Ans：$M_A = -129.36\text{kN} \cdot \text{m}$、$R_A = 68.67\text{ kN}$、$R_B = 21.33\text{kN}$、$\delta_C = \dfrac{342.5}{EI}$

8-4 連續樑

在我們的日常生活中，可以經常看到很多屬於連續樑型式的機構或結構，譬如，傳動軸、捷運的高架橋、西螺大橋、大樓的橫樑等等，這些為了承受重負荷之載重而增添了很多支承。目前單跨或雙跨之連續樑，若採用重疊法來求解反力或撓度較方便，可選擇中間幾個支承的反力為贅力，保留最外側的兩個支承，而成為等效簡支樑，如圖 (8-6) 所示。

In our daily life, we can often see many mechanisms or structures that belong to the continuous beam type, such as drive shafts, viaducts of MRT, Xiluo Bridge, beams of buildings, etc., which are added by a lot of supports to bear heavy loads. At present, for single-span or double-span continuous beams, if it is more convenient to use the overlapping method to solve the reaction force or deflection, we can select the reaction forces of the middle supports as superfluous forces, and retain the outermost two supports to become an equivalent simply supported beam. As shown in Figure (8-6).

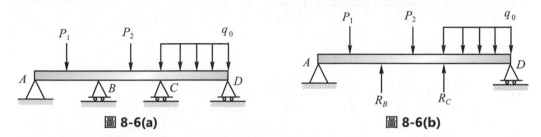

圖 8-6(a)　　　　　　　　　　　圖 8-6(b)

　　但是，當支承的數量比圖 (8-6) 連續樑更多時，如圖 (8-7a) 所示，將使求解過程增加很多方程式，而使聯立方程組變得更複雜。

　　為了簡化這些計算，本節介紹另一種解析的方法，即是「把連續樑中間的支承全部分離，然後取分離處之彎矩為贅力」，如圖 (8-7b) 所示，而成為一連串的簡支樑。

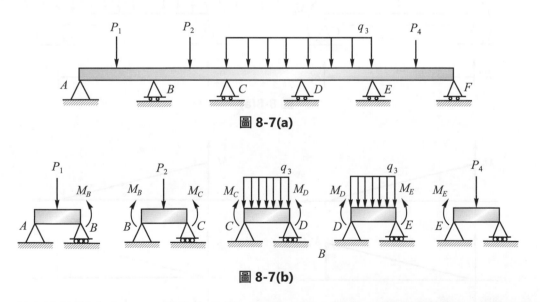

圖 8-7(a)

圖 8-7(b)

　　現取連續樑中之 *BCD* 部分來分析，如圖 (8-8a) 所示，則兩簡支樑在 *C* 點之斜度必相等，若以重疊法的方式來計算且每一部分之慣性矩 I 皆相等，則由圖 (8-8b) 中之力矩面積圖可得知 θ_c' 與 θ_c'' 之值。

$$EI\theta_c' = \frac{1}{L_1}\left[\frac{M_B L_1}{2}\times\frac{L_1}{3}+\frac{M_C L_1}{2}\times\frac{2L_1}{3}+A_1\overline{X_2}\right]$$

$$= \frac{M_B L_1}{6}+\frac{M_C L_1}{3}+\frac{A_1\overline{X_2}}{L_1}$$

$$EI\theta_c'' = \frac{1}{L_2}\left[\frac{M_C L_2}{2}\times\frac{2L_2}{3}+\frac{M_D L_2}{2}\times\frac{L_2}{3}+A_2\overline{X_2}\right]$$

$$= \frac{M_C L_2}{3}+\frac{M_D L_2}{6}+A_2\frac{\overline{X_2}}{L_2}$$

因為　　$\theta_C' = -\theta_C''$

故　　$\dfrac{M_B L_1}{6}+\dfrac{M_C L_1}{3}+\dfrac{A_1 X_1}{L_1} = \dfrac{-M_C L_2}{3}-\dfrac{M_D L_2}{6}-\dfrac{A_2\overline{X_2}}{L_2}$

$$M_B L_1 + 2M_C(L_1+L_2)+M_D L_2 = -\frac{6A_1\overline{X_1}}{L_1}-\frac{6A_2\overline{X_2}}{L_2} \tag{8-1}$$

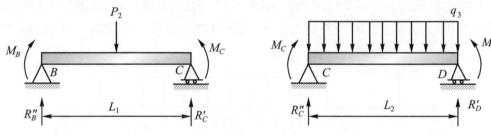

圖 8-8(a)

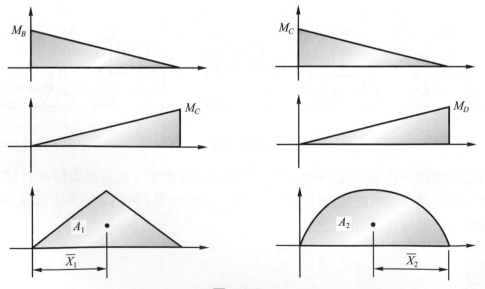

圖 8-8(b)

上式被稱為三彎矩公式，只要連續三個支承即可列出一個 (8-1) 式的方程式；因此連續樑若有 n 個支承，則有 $(n-2)$ 個支承需分離而產生 $(n-2)$ 個贅力矩，同時運用 (8-1) 式恰可列出 $(n-2)$ 個方程式，故可先求出 $(n-2)$ 個贅力矩。再透過力平衡方程式即可求得支承的反力，以圖 (8-8a) 為例來說，即為

令　　　$\Sigma M_B = 0$，可求得 $R_C{}'$

令　　　$\Sigma M_D = 0$，可求得 $R_C{}''$

則　　　$R_C = R_C{}' + R_C{}''$　　　　　　　　　　　　　　　　　　　　　　　　(8-2)

--- **例題 8-5** |--

試求圖 (8-9) 所示連續樑之各支承反力，並且假設 EI 為一常數。

解

取 ABC 部分如圖 (a) 所示。

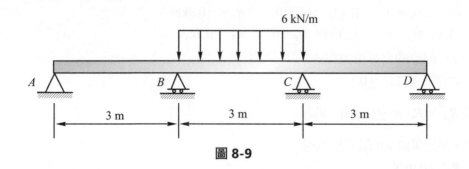

圖 8-9

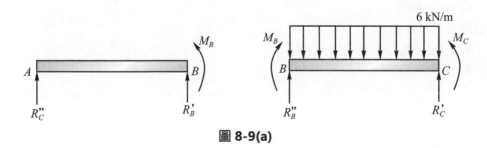

圖 8-9(a)

因 EI 為常數，由 (8-1) 式可得

$$0 + 2M_B(3+3) + M_C \times 3 = 0 - \frac{6}{3}\left(\frac{2}{3} \times \frac{27}{4} \times 3\right)\left(\frac{3}{2}\right)$$

$$4M_B + M_C = -\frac{27}{2}　　　　　　　　　　　　　　　　　　　　　　(1)$$

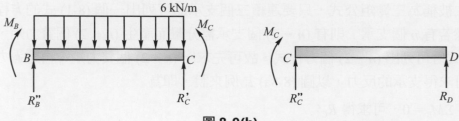

$$\text{圖 8-9(b)}$$

由圖 (b) 得

$$M_B(3) + 2M_C(3+3) + 0 = -\frac{81}{2} - 0$$

$$M_B + 4M_C = -\frac{27}{2} \qquad\qquad (2)$$

由 (1) 與 (2) 聯立解得

$$M_B = M_C = -2.7\text{kN} \cdot \text{m}$$

① 取 AB 部分的力平衡方程式

$$\circlearrowleft + \Sigma M_B = 0 \qquad R_A(3) - M_B = 0 \qquad R_A = -0.9\text{kN}$$

$$\circlearrowleft + \Sigma M_A = 0 \qquad R_B'(3) + M_B = 0 \qquad R_B' = 0.9\text{kN}$$

② 取 BC 部分的力平衡方程式

因對稱，且 $\Sigma F_y = 0$

故 $R_B'' = R_C' = \frac{1}{2}(6 \times 3) = 9\text{kN}$

③ CD 部分可由 AB 部分相似得

$$R_C'' = 0.9\text{kN}$$

$$R_D = -0.9\text{kN}$$

因此

$$R_B = R_B' + R_B'' = 0.9 + 9 = 9.9\text{kN}$$

$$R_C = R_C' + R_C'' = 9 + 0.9 = 9.9\text{kN}$$

學生練習

8-4.1　試以三彎矩公式求如圖所示連續樑之支承反力。

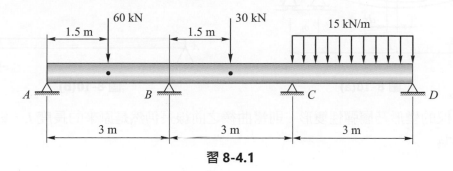

習 8-4.1

Ans：$R_A = 22.5\text{kN}$，$R_B = 56.25\text{kN}$，$R_C = 37.5\text{kN}$，$R_D = 18.75\text{kN}$

8-4.2　試求如圖所示連續樑之反力。

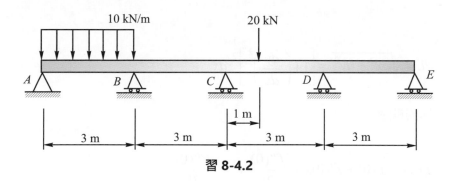

習 8-4.2

Ans：$R_A = 13.41\text{kN}$，$R_B = 17.02\text{kN}$，$R_C = 12.87\text{kN}$，$R_D = 7.89\text{kN}$，$R_E = -1.19\text{kN}$

8-5 │ 樑端之水平位移

　　從第七章到本小節所討論的簡支樑，都是一端為鉸支承，另一端為滾支承。如圖 (8-10a) 所示，當承受負荷時 B 端會產生水平位移 δ_h，以前我們暫時不予考慮，但是千萬不要把簡支樑的支承誤以為圖 (8-10b) 所示兩端皆為鉸支承。

The simply supported beams discussed from Chapter 7 to this subsection are supported by a hinge at one end and a rolling support at the other end. As shown in Figure (8-10a), when the load is applied, end B will produce a horizontal displacement δ_h, which was temporarily left out of account before, but do not mistake the support of simply supported beams for a hinge support at both ends as shown in Figure (8-10b).

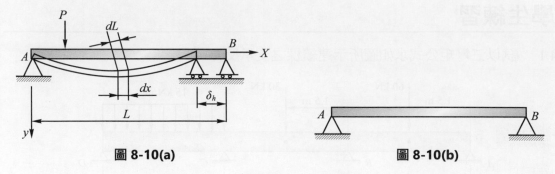

圖 8-10(a)   圖 8-10(b)

假設樑的變形乃屬彈性變形，則彎曲後之曲線長仍然是原來的長度 L，則樑端之水平位移為

$$\delta_h = \int_0^L (dL - dx) \tag{1}$$

其中

$$dL = \sqrt{dx^2 + dy^2} = \left[1 + \left(\frac{dy}{dx}\right)^2\right]^{\frac{1}{2}} dx \tag{2}$$

應用馬克勞林展開式

$$f(x) = f(0) + f'(0)x + \frac{f''(0)}{2!}x^2 + \frac{f'''(0)}{3!}x^3 + \cdots\cdots$$

可將 (2) 式的平方根展開成為

$$\left[1 + \left(\frac{dy}{dx}\right)^2\right]^{\frac{1}{2}} = 1 + \frac{1}{2}\left(\frac{dy}{dx}\right)^2 - \frac{1}{8}\left(\frac{dy}{dx}\right)^4 + \cdots\cdots \tag{3}$$

因為 $\dfrac{dy}{dx}$ 之值很小，因此高次項可省略，故 (3) 式可簡化為

$$\left[1 + \left(\frac{dy}{dx}\right)^2\right]^{\frac{1}{2}} ≒ 1 + \frac{1}{2}\left(\frac{dy}{dx}\right)^2 \tag{4}$$

將 (4) 式代入 (2) 式中可得

$$dL = \left[1 + \frac{1}{2}\left(\frac{dy}{dx}\right)^2\right] dx$$

代入 (1) 式得

$$\delta_h = \int_0^L \frac{1}{2}\left(\frac{dy}{dx}\right)^2 dx \tag{8-3}$$

例題 8-6

有一長 10m 之簡支樑承受一 12kN/m 之均佈負荷，且 $E = 200GP_a$，$I = 45000cm^4$，如圖 (8-11) 所示，試求樑端之水平位移 δ_h 為多少？

解

查附錄 E 之表 (E-2) 可得

$$y = \frac{q}{24EI}(L^3 x - 2Lx^3 + x^4)$$

故 $\dfrac{dy}{dx} = \dfrac{q}{24EI}(L^3 - 6Lx^2 + 4x^3)$

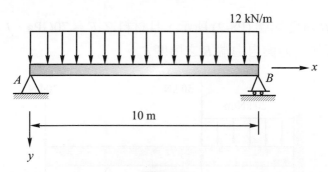

圖 8-11

由 (8-3) 式得

$$\delta_h = \frac{1}{2}\int_0^L \left[\frac{q}{24EI}(L^3 - 6Lx^2 + 4x^3)\right]^2 dx$$

$$= \frac{1}{2}\left(\frac{q}{24EI}\right)^2 \int_0^L (L^3 - 6Lx^2 + 4x^3)^2 dx$$

$$= \frac{1}{2}\left(\frac{q}{24EI}\right)^2 \left(\frac{17}{35}L^7\right)$$

代入

$E = 200 \times 10^9 \text{N/m}^2$

$I = 45000 \times 10^{-8} \text{m}^4$

$q = 12000 \text{N/m}$

$L = 10\text{m}$

可得

$\qquad \delta_h = 0.07496\text{mm}$

由例題 (8-6) 可得知水平位移的值遠小於原來長度，即 $\delta_h \ll L$，因此第七章將其忽略不計並不會造成很大的誤差。

學後 總 評量

- **P8-1**：有一拘束樑 ABC 在末端 C 承受一集中負荷，如圖 (P8-1) 所示，$E = 70\text{GPa}$，$I = 4850\text{cm}^4$，試求支承 B 之反力與端點 C 之撓度 δ_C。

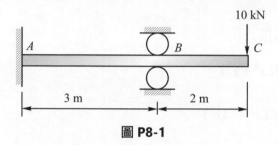

圖 P8-1

- **P8-2**：拘束樑 AB 承受如圖 (P8-2) 所示，且材料之 $E = 70\text{GPa}$，$I = 145 \times 10^6\text{mm}^4$，試求支承 D 的反作用力與自由端 B 之撓度 δ_B。

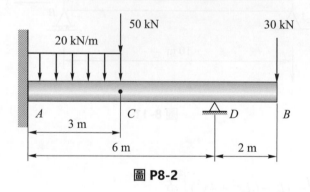

圖 P8-2

- **P8-3**：承受均佈負荷之拘束樑，如圖 (P8-3) 所示，若材料之 $E = 210\text{GPa}$，$I = 995 \times 10^6\text{mm}^4$，則中點的撓度 δ_C 與支承 B 的反作用力為何？

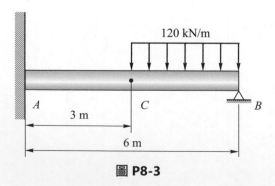

圖 P8-3

- **P8-4**：固定樑在中點承受集中負荷，如圖 (P8-4) 所示，試求中點的撓度。

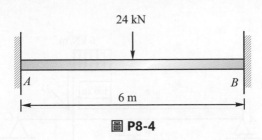

圖 **P8-4**

- **P8-5**：若圖 (P8-4) 中的集中負荷 24kN 作用位置改在離端點 A 為 2m 的地方，則中點的撓度又為何？

- **P8-6**：拘束樑受力的情形如圖 (P8-6) 所示，若 EI 為一常數，試問 AB 之中點 D 之撓度 δ_D 為何？其中之集中力 $P = 0$。

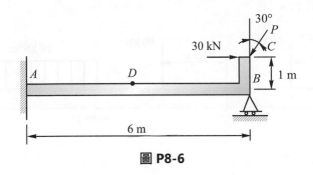

圖 **P8-6**

- **P8-7**：若圖 (P8-6) 所示之 $P = 50$kN，則端點 B 之反力為何，中點 D 之撓度 δ_D 又為何？

- **P8-8**：連續樑 ABC 在 D 點承受一 60kN 之集中負荷，如圖 (P8-8) 所示，試問 B 支承之反力為何，並求 D 點之撓度 δ_D。

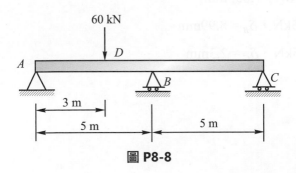

圖 **P8-8**

- **P8-9**：連續樑 ABC 受力情形如圖 (P8-9) 所示，假設 EI = 常數，試求支承 B 的反力與 D 點之撓度 δ_D。

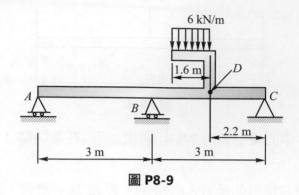

圖 **P8-9**

- **P8-10**：連續樑受力之情形如圖所示，若材料之 E = 120GPa，$I = 202 \times 10^6 \text{mm}^4$，試求各支承之反作用力。

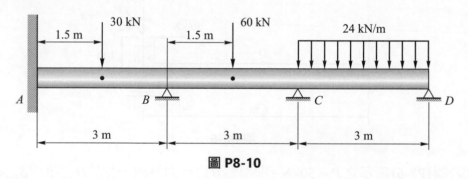

圖 **P8-10**

解答

P8-1 $R_B = 10\text{kN}$，$\delta_C = 7.855\text{mm}$

P8-2 $R_D = 67.1875\text{kN}$，$\delta_B = 8.99\text{mm}$

P8-3 $R_B = 230.625\text{kN}$，$\delta_C = 2.3\text{mm}$

P8-4 $\dfrac{27}{EI}$

P8-5 $\dfrac{20}{EI}$

P8-6 $\dfrac{-135}{EI}$

P8-7 $R_B = 44.55\text{kN}$，$\delta_D = \dfrac{-45}{8EI}$

P8-8 $R_B = 47.52\text{kN}$，$\delta_D = \dfrac{97.92}{EI}$

P8-9 $R_B = 11.056\text{kN}$，$\delta_D = \dfrac{-35.32}{EI}$

P8-10 $M_A = -8.58\text{kN} \cdot \text{m}$，$R_A = 12.32\text{kN}$，$R_B = 44.48\text{kN}$，$R_C = 77.94\text{kN}$，

           $R_D = 27.26\text{kN}$

Mechanics of Materials

第 **09** 章

能量法

9-1 緒論

　　能量法 (energy method) 亦是能量原理，是描述功與能之互等原理、卡式原理、虛功原理等相關方法的統稱，常運用來解決彈性構件的靜力學問題。在自然界中，功與能是不可分的，其在一保守力場中功與能必須維持守恒。而在材料力學中，當彈性體受外力作用時，若不考慮熱能的影響，其發生拉伸、壓縮、剪切、扭轉及彎曲等變形時，外力所做的功會轉化為元件的變形能儲存起來，即是外力所作的功應等於材料之應變能。而所謂外力所作的功如下列所述：

The energy method is also the energy principle, which is a general term for describing the reciprocal principle of work and energy, the card type principle, the virtual work principle and other related methods. It is often used to solve the static problems of elastic components. In nature, work and energy are inseparable, and work and energy must be conserved in a conservative force field. In material mechanics, when an elastic body is subjected to an external force, if the influence of thermal energy is not considered, as it undergoes deformation such as stretching, compression, shearing, torsion, and bending, the work done by the external force will be converted into the deformation energy of the component and stored. So, the work done by the external force should be equal to the strain energy of the material. The work done by the so-called external force is as follows:

1. 力所作的功

　　當一外力 F 作用在剛體的某一質點上，造成此質點沿著外力 F 的同一方向上，產生一微小位移 dS，則其所作的功 W 是為外力 F 與位移 dS 之純量積。

When an external force F acts on a certain particle of a rigid body, causing the particle to produce a small displacement dS along the same direction as the external force F, the work W done by it is the scalar product of the external force F and the displacement dS.

即是

$$W = \vec{F} \cdot d\vec{S} \tag{9-1}$$

　　需注意力若會作功，必須是與位移同方向之力量來計算。對於剛體而言，在做功時乃是假設剛體內部無變形之位移，而只考慮剛體移動所做之位移。

　　對於變形體而言，當一等截面之桿件長 L，承受一軸向力 F 作用時，其載重 F 與變形量 δ 之關係圖，如圖 9-1 所示。

Attention is required if work can be done, it must be calculated as the force in the same direction as the displacement. F or a rigid body, when doing work, it is assumed that there is no deformation displacement inside the rigid body, and only the displacement made by the movement of the rigid body is considered.

For a deformable body, when a rod with a constant cross-section has a length L and is subjected to an axial force F, the relationship between the load F and the deformation is shown in Figure 9-1.

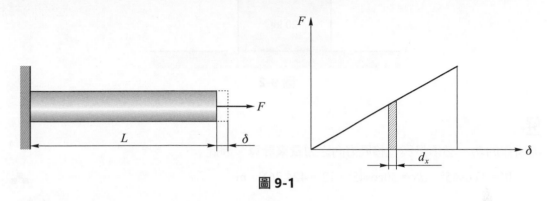

圖 9-1

今考慮桿件伸長一微小變形 dx，其載重 F 所作的功為 dW

則 $dW = F \cdot dx$

當桿件伸長到某一變形量 δ 時，其載重 F 所做之總功為

$$W = \int_0^\delta F \cdot dx \tag{9-2}$$

所做的功相當於 $F\text{-}\delta$ 關係圖之面積，圖 9-1 之面積為三角形，故

$$W = \int_0^\delta F \cdot dx = \frac{1}{2} F\delta \tag{9-3}$$

當受載重時，變形體所作功必須考慮材料內部之變形，此即是軸向載重所做功之通式。

---- **例題** **9-1** |--

有一質量 20kg 之滑塊，置於滑軌上，假設滑塊與滑軌之摩擦力為 0，若有一 50N 的外力作用於滑塊上，如圖 9-2，使其滑行 12m，請問其所作的功為何？

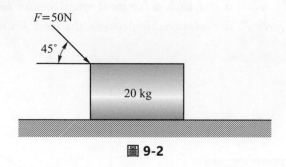

圖 9-2

解

力所作的功，必須是與位移同方向之力量來計算。因此

$$W = F\cos 45° \cdot dS = 50\cos 45° \cdot 12 = 424.26 \text{N} \cdot \text{m}$$

2. 力偶矩所作的功

力偶即是大小相等，方向相反，且相互平行之兩個力，當剛體承受一力偶時，會產生力偶矩 M，其大小為力偶 F 乘以力偶臂 r，即

A force couple is two forces that are equal in size, opposite in direction, and parallel to each other. When a rigid body bears a force couple, a couple moment M will be generated, and its magnitude is the force couple F multiplied by the couple arm r, that is

$M = F \cdot r$，其所產生之功如圖 9-3 所示為

$$dW = FdS = F \cdot rd\theta = Md\theta \tag{9-4}$$

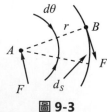

圖 9-3

當 M 與 $d\theta$ 有相同之旋轉方向時，是為做正功，反之，則做負功。

實務上需考量物體為變形體,當一桿件受力偶作用,而產生力偶矩,如圖 9-4 所示。其扭矩 $T = F \cdot r$,對桿件所作之微量功為

$$dW = \frac{1}{2}Td\phi \tag{9-5}$$

因 $d\phi = \dfrac{Tdx}{GJ}$ 故可得知

$$dW = \frac{1}{2}T \times \frac{Tdx}{GJ} = \frac{T^2dx}{2GJ} \tag{9-6}$$

若考慮整個桿件,其扭矩所產生之總功將為

$$W = \int \frac{T^2dx}{2GJ} \tag{9-7}$$

載重對於剛體與變形體所產生功的型式,在材料力學中,需考量材料為變形體,且在彈性變形之範圍,因此,載重與變形之關係皆為線性關係。由於功能守恒定律,所以材料所作的功等於材料所產生之應變能。

> When it comes to the type of work produced by load on a rigid body and a deformable body, in the mechanics of materials, it is necessary to consider that the material is a deformable body and is within the range of elastic deformation. Therefore, the relationship between load and deformation is a linear relationship. Due to the law of conservation of Work and Energy, the work done by a material is equal to the strain energy produced by the material.

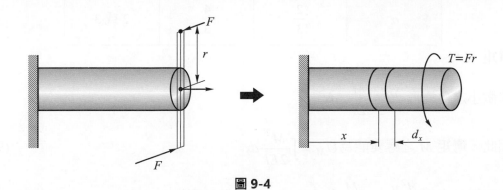

圖 9-4

9-2 ┊ 各種載重下所產生之應變能

一般存在於內部之載重型態有下列四種：

1. 軸向載重 F：

在第二章節得知其微小變形量 $d\delta = \dfrac{F}{EA} \cdot dx$

因此，載重 F 之應變能為 $U_F = \displaystyle\int \dfrac{F^2}{2EA} dx$ $\qquad(9\text{-}8)$

若桿件之斷面為均勻材質

則　$U_F = \dfrac{F^2 L}{2EA}$ $\qquad(9\text{-}9)$

或是 $U_F = \dfrac{EA\delta^2}{2L}$ $\qquad(9\text{-}10)$

2. 剪力 V：

其微小變形 $d\delta = \dfrac{\alpha V}{GA} \cdot dx$

因此，剪力 V 之應變能為 $U_V = \displaystyle\int \dfrac{\alpha V^2}{2GA} dx$ $\qquad(9\text{-}11)$

其中 α 為材料斷面模數，會隨斷面之形狀而變。一般斷面模數如下表：

表 9-1

	矩形	圓形	I 字形
α	$\dfrac{2}{3}$	$\dfrac{4}{3}$	2 或 3

3. 彎矩 M：

其微小之角變形 $d\theta = \dfrac{M}{EI} \cdot dx$

因此，彎矩 M 之應變能為 $U_M = \displaystyle\int \dfrac{M^2}{2EI} dx$ $\qquad(9\text{-}12)$

若將第七章之 $\dfrac{d^2 y}{dx^2} = -\dfrac{M}{EI}$ 代入上式，可得另一型態

$$U_M = \dfrac{EI}{2} \int \left(\dfrac{d^2 y}{dx^2} \right)^2 dx \qquad(9\text{-}13)$$

4. 扭矩 T：

其微小之扭角 $d\phi = \dfrac{T}{GJ}dx$

因此，扭矩 T 之應變能為 $U_T = \int \dfrac{T^2}{2GJ}dx$ (9-14)

9-3 │ 結構體之應變能計算

其結構體之載重型態大致可分三大類：

1. 軸向載重所造成之應變能

2. 彎矩所造成之應變能

3. 扭矩所造成之應變能

分別以下列例題來說明。

--- **例題 9-2** --

某一桿件有不同斷面，如圖 9-5 所示，受一軸向載重 $F = 200\text{N}$，求其總應變能為何？其 AB 段之面積為 200mm^2，BC 段之面積為 100mm^2。若材料之 $E = 200\text{GPa}$。

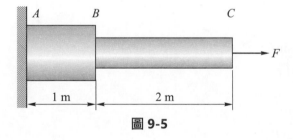

圖 9-5

解

(1) 各段所受之內力皆為 200N，先分段求產生之應變能

依據 9-9 式 $U_F = \dfrac{F^2 L}{2EA}$ 得知

AB 段：

$$U_{F,ab} = \frac{(200)^2 \times 1 \times 10^3}{2 \times 200 \times 10^3 \times 200} = 0.5 \ (\text{N-mm})$$

BC 段：

$$U_{F,bc} = \frac{(200)^2 \times 2 \times 10^3}{2 \times 200 \times 10^3 \times 100} = 2 \ (\text{N-mm})$$

(2) 將各段之應變能相加

$$U_F = U_{F,ab} + U_{F,bc} = 2.5(\text{N-mm})$$

例題 9-3

有一結構體由 AB、BC、CA 三桿組成,如圖 9-6 所示,其中 AB、BC 兩桿件之斷面積 A 與長度 L 皆相同,請問總應變能為何?

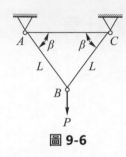

圖 9-6

解

(1) 先分析 AB 與 BC 兩桿之受力

依據力的平衡方程式得知

$$\Sigma F_x = 0$$

$$F_{BC} \cos\beta - F_{AB} \cos\beta = 0$$

因此,

$$F_{BC} = F_{AB}$$

又　$\Sigma F_y = 0$

$$F_{AB} \sin\beta + F_{BC} \sin\beta = P$$

代入 $F_{BC} = F_{AB}$ 可得

$$2F_{AB} \sin\beta = P$$

因此,$F_{AB} = \dfrac{P}{2\sin\beta}$

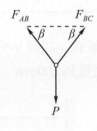

(2) 求各桿之應變能與總應變能

$$U_{AB} = \frac{F_{AB}^{\,2}L}{2EA} = \frac{P^2 L}{8EA\sin^2\beta}$$

$$U_{BC} = \frac{F_{BC}^{\,2}L}{2EA} = \frac{P^2 L}{8EA\sin^2\beta}$$

$$U = U_{AB} + U_{BC} = \frac{P^2 L}{4EA\sin^2\beta}$$

學生練習

9-3.1 相同材質之鋼棒，於 AB 段與 CD 段之面積為 300mm²，BC 段之面積為 200mm²，其在 B 處受力 100N，且在 D 處受力 250N，如圖習 9-3.1 所示，求總應變能為何？若材料之 E = 200GPa。

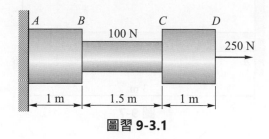

圖習 **9-3.1**

Ans：$U = 2.71(\text{N} \cdot \text{mm})$

9-3.2 一平面構架受一力 P 作用，如圖習 9-3.2 所示，求其總應變能。若桿件皆為相同材質 E 及截面積 A。

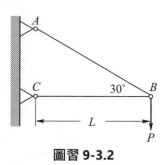

圖習 **9-3.2**

Ans：$U = \dfrac{(8+3\sqrt{3})P^2L}{2\sqrt{3}EA}$

9-3.3 有一力 P 作用於 C 點，如圖習 9-3.3 所示，若桿件 AC 與 BC 皆有相同材質 E、截面積 A 及長度 L，求總應變能為何？

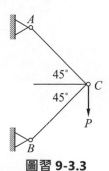

圖習 **9-3.3**

Ans：$U = \dfrac{P^2L}{2EA}$

例題 9-4

有一懸臂樑，受集中力作用如圖 9-7 所示，若不考慮剪力之效果，試求樑內所產生之總應變能。若材料之 $E = 200\text{GPa}$、$I = 995 \times 10^6\text{mm}^4$。

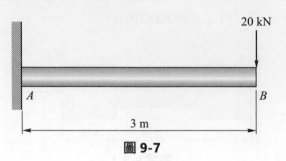

圖 9-7

解

運用 9-12 式 $U_M = \int \dfrac{M^2}{2EI} dx$ 進行計算

以自由體圖分析得知

$$M = R_A \cdot x - M_A = 20x - 60 = 20(x - 3)$$

因此，

$$U_M = \int \frac{M^2}{2EI} dx = \frac{20^2}{2EI} \int_0^3 (x-3)^2 dx$$

$$= \frac{20^2}{2EI} \int_0^3 (x^2 - 6x + 9)dx$$

$$= \frac{20^2}{2EI} \left(\frac{1}{3} x^3 - 3x^2 + 9x \right)_0^3$$

$$= \frac{(20 \times 10^3)^2 \times (3 \times 10^3)^3}{6 \times 200 \times 10^3 \times 995 \times 10^6}$$

$$= 9.045 \times 10^3 \ (\text{N} \cdot \text{mm})$$

---- **例題** 9-5 --

若忽略剪力效應,則在簡支樑上有 2 處承受集中力 P 作用,如圖 9-8 所示,請問總應變能為何?

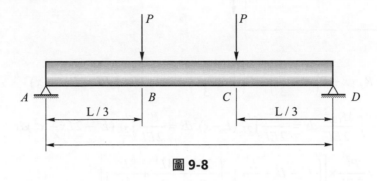

圖 **9-8**

解

(1) 各支承之反力

由於對稱及靜力平衡方程式可得

$$R_A = R_D = P$$

(2) 求出各段所承受之彎矩及應變能

AB 段自由體圖:

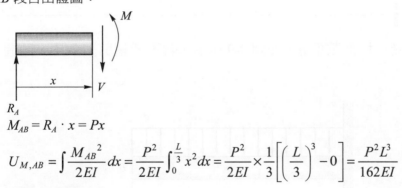

$$M_{AB} = R_A \cdot x = Px$$

$$U_{M,AB} = \int \frac{M_{AB}^2}{2EI} dx = \frac{P^2}{2EI} \int_0^{\frac{L}{3}} x^2 dx = \frac{P^2}{2EI} \times \frac{1}{3}\left[\left(\frac{L}{3}\right)^3 - 0\right] = \frac{P^2 L^3}{162EI}$$

BC 段自由體圖:

$$M_{BC} = R_A \cdot x - P\left(x - \frac{L}{3}\right) = Px - Px + \frac{PL}{3} = \frac{PL}{3}$$

$$U_{M,BC} = \int \frac{M_{BC}^2}{2EI} dx = \frac{P^2 L^2}{18EI} \int_{\frac{L}{3}}^{\frac{2L}{3}} dx = \frac{P^2 L^2}{18EI} \times \left[\left(\frac{2L}{3}\right) - \left(\frac{L}{3}\right)\right] = \frac{P^2 L^3}{54EI}$$

CD 段自由體圖：

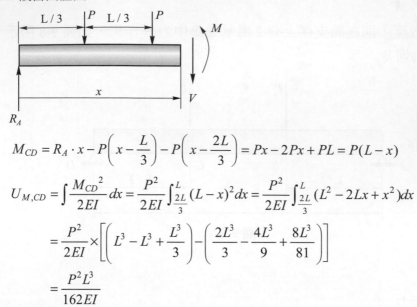

$$M_{CD} = R_A \cdot x - P\left(x - \frac{L}{3}\right) - P\left(x - \frac{2L}{3}\right) = Px - 2Px + PL = P(L-x)$$

$$U_{M,CD} = \int \frac{M_{CD}^2}{2EI}dx = \frac{P^2}{2EI}\int_{\frac{2L}{3}}^{L}(L-x)^2 dx = \frac{P^2}{2EI}\int_{\frac{2L}{3}}^{L}(L^2 - 2Lx + x^2)dx$$

$$= \frac{P^2}{2EI}\times\left[\left(L^3 - L^3 + \frac{L^3}{3}\right) - \left(\frac{2L^3}{3} - \frac{4L^3}{9} + \frac{8L^3}{81}\right)\right]$$

$$= \frac{P^2 L^3}{162EI}$$

(3) 求出總應變能

$$U_M = U_{M,AB} + U_{M,BC} + U_{M,CD} = \frac{P^2 L^3}{162EI} + \frac{P^2 L^3}{54EI} + \frac{P^2 L^3}{162EI} = \frac{5P^2 L^3}{162EI}$$

--- 例題　**9-6** |--

有一懸臂樑承受一均佈載重 q，如圖 9-9 所示。若不考量剪力效應，請問總應變能為何？

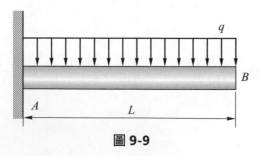

圖 9-9

解

(1) 求出各支承之反力

透過力與力矩平衡方程式可得

$$R_A = qL$$

$$M_A = \frac{qL^2}{2}$$

(2) 求出整段之彎矩

以自由體圖分析得知

$$M = R_A \cdot x - M_A - \frac{qx^2}{2} = -\frac{q}{2}(L-x)^2$$

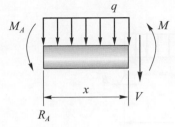

(3) 求出總應變能

因此，

$$U_M = \int_0^L \frac{M^2}{2EI} dx = \frac{q^2}{8EI} \int_0^L (L-x)^4 dx = \frac{q^2 L^5}{40EI}$$

⬥

--- 例題 **9-7** ┃ --

有一實心鋼軸，其受扭矩載重如圖 9-10 所示，請問其總應變能為何？假若極慣性矩 $J_1 = 2J_2$。

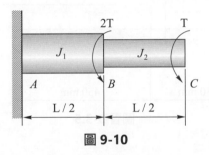

圖 9-10

解

分析不同斷面之扭矩得知

$$T_{AB} = 3T$$

$$T_{BC} = T$$

$$U_T = \int \frac{T^2}{2GJ} dx = \int_0^{\frac{L}{2}} \frac{T_{AB}^2}{2GJ_1} dx + \int_{\frac{L}{2}}^L \frac{T_{BC}^2}{2GJ_2} dx$$

$$U_T = \frac{9T^2 L}{8GJ_2} + \frac{T^2 L}{4GJ_2} = \frac{11T^2 L}{8GJ_2}$$

⬥

學生練習

9-3.4 有一簡支樑承受一均佈載重 q，如圖習 9-3.4 所示。若不考量剪力效應，請問總應變能為何？(假設 $E = 200\text{GPa}$、$I = 658 \times 10^6 \text{mm}^4$)

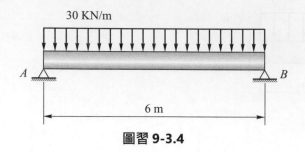

30 KN/m

A B

6 m

圖習 9-3.4

Ans：$U_M = 0.222\text{kN-m}$

9-3.5 有一中空的圓棒 AB 受一扭矩 $T = 360\text{N-m}$ 作用於 B 端，如圖習 9-3.5 所示。假若其材質之 $G = 80\text{GPa}$，請問其總應變能為何？

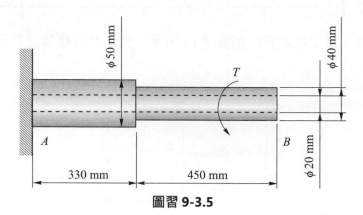

ϕ 50 mm T ϕ 40 mm

A B ϕ 20 mm

330 mm   450 mm

圖習 9-3.5

Ans：$U_T = 1994.06(\text{N} \cdot \text{mm})$

9-4 卡氏定理

結構所產生之應變能經常被用來分析樑及結構之撓度，因此，在 1873 年義大利工程師卡斯提也努 (Carlo Alberto Castigliano) 發展出卡氏定理 (Castigliano's Theorem)。其乃是從能量角度研究彈性體受載與變形關係而得到的定理。其又被分為卡氏第一定理及第二定理。卡氏第一定理一般用來求取結構之負載，而卡氏第二定理 (又稱卡氏變位定理) 可用來求取結構之撓度 (或變位)。雖然卡氏定理是發展於樑上，但亦可應用於線性結構上。

The strain energy generated by structures is often used to analyze the deflection of beams and structures. Therefore, in 1873, Italian engineer Carlo Alberto Castigliano developed Castigliano's Theorem. It is a theorem obtained from studying the relationship between elastic body loading and deformation from the perspective of energy. It is further divided into Karl's first theorem and the second theorem. Karl's first theorem is generally used to calculate the load of the structure, while Karl's second theorem (also known as Karl's displacement theorem) can be used to calculate the deflection (or displacement) of the structure. Although Karl's theorem was developed on beams, it can also be applied to linear structures.

9-4.1 卡氏第一定理

假設 U 為結構體所產生之總應變能，其應變能增量 dU 則為

$$dU = F_i d\delta_i \tag{9-15}$$

因此，

$$F_i = \frac{dU}{d\delta_i} \tag{9-16}$$

若以偏微分型態表示可得

$$F_i = \frac{\partial U}{\partial \delta_i} \tag{9-17}$$

卡氏第一定理一般用來求取負載，對材料變形之分析較不實用，故在此沒有以範例加以闡述。

9-4.2 卡氏第二定理

卡氏第二定理又稱卡氏變位定理，主要是用於求取撓度或變位，其定理即是當彈性體承受負載時，若總應變能為 U，當對 U 以負載取偏微分時，可得該負載相對應之撓度或變位。在此，將分別以各種不同型態之負載來說明卡氏第二定理。

1. **集中力**

$$\delta_i = \frac{\partial U}{\partial F_i} \tag{9-18}$$

其中 δ_i 代表第 i 個負載 F_i 作用下之撓度或變位。

而受集中力作用之應變能為 $U = \int \frac{F^2}{2EA} dx$

因此，$\delta = \frac{\partial U}{\partial F} = \int \frac{F}{EA} dx \tag{9-19}$

2. **彎矩**

$$\theta_i = \frac{\partial U}{\partial M_i} \tag{9-20}$$

其中 θ_i 代表第 i 個力矩 M_i 作用下之旋轉角。

而當樑上受載重 P 作用時，在樑內產生彎矩之應變能為 $U = \int \frac{M^2}{2EI} dx$

因此，$\delta = \frac{\partial U}{\partial P} = \int \frac{M}{EI} \frac{\partial M}{\partial P} dx \tag{9-21}$

3. **扭矩**

$$\phi_i = \frac{\partial U}{\partial T_i} \tag{9-22}$$

其中 ϕ_i 代表第 i 個扭矩 T_i 作用下之旋轉角。

當結構體承受扭矩 T 作用時，其所產生之應變能為 $U = \int \frac{T^2}{2GJ} dx$

因此，扭轉角 $\phi = \frac{\partial U}{\partial T} = \int \frac{T}{GJ} dx \tag{9-23}$

一般在運用卡氏第二定理求解撓度 (或變位) 及旋轉角時，常會遇到兩種問題，其解決方法如下所述。

(1) 結構無載重時：可加虛擬載重以解決之。例如在某節點有一負載 P 是垂直向下，但要求節點之水平位移，則可先虛擬一個水平力 F，再讓 $F = 0$。

(2) 結構中有相同之載重時：可將相同之載重分別以不同載重代號替代之，如 P_1，P_2 等。

--- 例題 **9-8** |---

有一不同斷面之棒材受一外力 F 作用,如圖 9-11 所示,請用卡氏第二定理求出末端 C 點之變位?(若 AB 斷面之面積為 A_1,BC 斷面之面積為 A_2,且 $A_1 = 2A_2$)

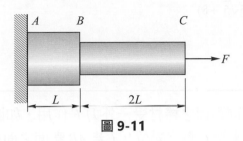

圖 **9-11**

解

$$\delta_C = \frac{\partial U}{\partial F_C} = \int_0^L \frac{F}{EA_1}\,dx + \int_L^{3L} \frac{F}{EA_2}\,dx$$

$$= \frac{FL}{EA_1} + \frac{F \times 2L}{EA_2}$$

$$= \frac{FL}{EA_2}\left(\frac{1}{2} + 2\right) = \frac{5FL}{2EA_2}$$

--- 例題 **9-9** |---

有一彈性結構體,其所有桿件之截面積 A 與材質 E 皆相同,如圖 9-12 所示,請用卡氏第二定理求出 A 點之垂直變位。其中 AC 桿之長度為 L。

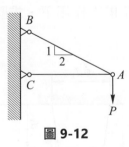

圖 **9-12**

解

依據力的平衡方程式可得

$$F_{AB} = \sqrt{5}\,P$$

$$F_{AC} = 2P$$

依據 9-9 式 $U_F = \dfrac{F^2 L}{2EA}$ 得知

$$U_P = \frac{1}{2EA}\left[\left(\sqrt{5}P\right)^2 \times \frac{\sqrt{5}}{2}L + (2P)^2 \times L\right] = \frac{P^2L}{4EA}\left(5\sqrt{5}+8\right)$$

A 點之垂直變位為

$$\delta_v = \frac{\partial U_P}{\partial P} = \frac{PL}{2EA}\left(5\sqrt{5}+8\right)$$

學生練習

9-4.1　有一相同材質不同斷面之棒材受一外力 F 作用，如圖習 9-4.1 所示，請用卡氏第二定理求出末端 C 點之變位？(若 AB 斷面之面積為 BC 斷面之面積的 2 倍)

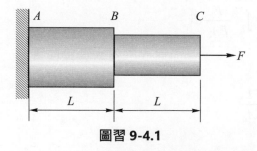

圖習 **9-4.1**

Ans：$\dfrac{3FL}{2EA_{BC}}$

9-4.2　有一錐形圓棒 AB，其 A 端直徑為 d_1，B 端直徑為 d_2，長度為 L，其垂直向下懸掛，考量在自重的負荷 W 之作用下，求圓棒末端之伸長量 δ。(若圓棒之楊氏係數為 E)。

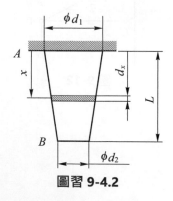

圖習 **9-4.2**

Ans：$\dfrac{4wL}{\pi Ed_1d_2}$

9-4.3　有一彈性結構體，其所有桿件之截面積 A、長度 L 與材質 E 皆相同，在 A 點有一垂直負荷 P 作用，如圖習 9-4.3 所示，請用卡氏第二定理求出 A 點之垂直變位與水平變位。

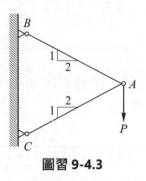

圖習 9-4.3

$$\text{Ans}：\delta_v = \frac{5PL}{2EA} 、 \delta_h = 0$$

--- **例題** **9-10** --

有一懸臂樑於末端 B 點承受一集中力 F 與力矩 M 之作用，如圖 9-13 所示，請用卡氏第二定理求出末端 B 點之撓度 δ_B 與旋轉角 θ_B。

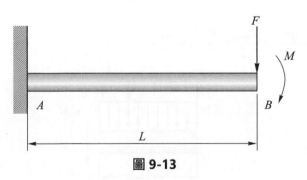

圖 9-13

解

取自由體圖分析得知 $M = R_A \cdot x - M_A = Fx - (FL + M)$

M_A ⤺　　⤵ M

x →　V

R_A

$$U_M = \int \frac{M^2}{2EI}\,dx = \frac{1}{2EI}\int_0^L [Fx-(FL+M)]^2\,dx = \frac{1}{2EI} \times \frac{1}{3F}[Fx-(FL+M)]^3\Big|_0^L$$

$$= \frac{F^2L^3 + 3FL^2M + 3LM^2}{6EI}$$

$$\delta_B = \frac{\partial U}{\partial F} = \frac{2FL^3 + 3L^2M}{6EI}$$

$$\theta_B = \frac{\partial U}{\partial M} = \frac{3FL^2 + 6LM}{6EI} = \frac{FL^2 + 2LM}{2EI}$$

例題 9-11

有一簡支樑承受均佈載重 q 作用，如圖 9-14 所示，請用卡氏第二定理求出中點 C 之撓度。(不考慮剪力之效應)

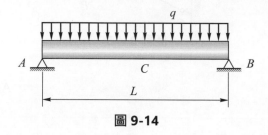

圖 9-14

解

先在中點 C 虛擬一集中力 F，則

取自由體圖分析得知

$$M_{AC} = R_A \cdot x - \frac{qx^2}{2} = \left(\frac{qL}{2} + \frac{F}{2} \right)x - \frac{qx^2}{2}$$

$$0 \le X \le \frac{L}{2} \qquad\qquad \frac{L}{2} \le X \le L$$

$$M_{CB} = R_A \cdot x - \frac{qx^2}{2} - F\left(x - \frac{L}{2} \right) = \left(\frac{qL}{2} + \frac{F}{2} \right)x - \frac{qx^2}{2} - F\left(x - \frac{L}{2} \right)$$

$$= \left(\frac{qL}{2} - \frac{F}{2} \right)x - \frac{qx^2}{2} + \frac{FL}{2}$$

$$U_M = \int \frac{M^2}{2EI}\,dx$$

本題直接利用 9-21 式來求解比較簡便，即是

$$\delta_c = \frac{\partial U}{\partial F} = \int \frac{M}{EI} \frac{\partial M}{\partial F} dx = \int_0^{\frac{L}{2}} \frac{M_{AC}}{EI} \frac{\partial M_{AC}}{\partial F} dx + \int_{\frac{L}{2}}^{L} \frac{M_{CB}}{EI} \frac{\partial M_{CB}}{\partial F} dx$$

$$= \frac{1}{EI} \int_0^{\frac{L}{2}} \left[\left(\frac{qL}{2} + \frac{F}{2} \right) x - \frac{qx^2}{2} \right] \times \frac{x}{2} dx$$

$$+ \frac{1}{EI} \int_{\frac{L}{2}}^{L} \left[\left(\frac{qL}{2} - \frac{F}{2} \right) x - \frac{qx^2}{2} + \frac{FL}{2} \right] \times \frac{L-x}{2} dx$$

代入 $F = 0$，則

$$\delta_c = \frac{1}{4EI} \int_0^{\frac{L}{2}} (qLx^2 - qx^3) dx + \frac{1}{4EI} \int_{\frac{L}{2}}^{L} (qL^2 x - 2qLx^2 + qx^3) dx$$

$$\delta_c = \frac{5qL^4}{384EI}$$

例題 9-12

有一懸臂樑承受一均佈載重 q，如圖 9-15 所示。若不考量剪力效應，請用卡氏第二定理求出末端 B 點之撓度 δ_B。

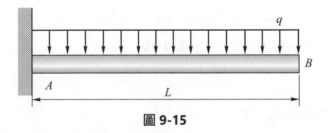

圖 9-15

解

先在末端 B 點虛擬一集中力 F，則

取自由體圖分析得知

$$M = R_A \cdot x - M_A - \frac{qx^2}{2} = F(x - L) - \frac{q}{2}(L - x)^2$$

$$U_M = \int \frac{M^2}{2EI} dx$$

$$\delta_B = \frac{\partial U}{\partial F} = \int \frac{M}{EI} \frac{\partial M}{\partial F} dx = \frac{1}{EI} \int_0^L \left[F(x-L) - \frac{q}{2}(L-x)^2 \right](x-L)dx$$

代入 $F = 0$，則

$$\delta_B = \frac{q}{2EI} \int_0^L (L-x)^3 dx$$

$$\delta_B = \frac{qL^4}{8EI}$$

例題 9-13

有一相同材質不同截面積之桿件受扭矩 T 作用於末端 C 點，如圖 9-16 所示，請用卡氏第二定理求出末端 C 點之扭轉角 ϕ_C。若其極慣性矩 $J_1 = 2J_2$。

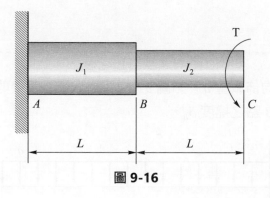

圖 9-16

解

內部所承受之扭矩 $T_{AB} = T_{BC} = T$

受扭矩作用之應變能為 $U = \int \frac{T^2}{2GJ} dx$

依據 9-23 式

$$\phi_C = \frac{\partial U}{\partial T} = \int \frac{T}{GJ} dx = \int_0^L \frac{T}{GJ_1} dx + \int_L^{2L} \frac{T}{GJ_2} dx = \frac{TL}{G2J_2} + \frac{TL}{GJ_2}$$

$$\phi_C = \frac{3TL}{2GJ_2}$$

學生練習

9-4.4 有一簡支樑承受集中力 P 作用於 C 點，如圖習 9-4.4 所示，請用卡氏第二定理求 C 點之撓度 δ_C。

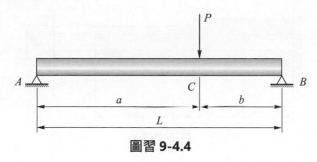

圖習 **9-4.4**

Ans：$\dfrac{Pa^2b^2}{3LEI}$

9-4.5 有一懸臂樑承受一集中力 P 作用於 C 點，如圖習 9-4.5 所示，請用卡氏第二定理求 C 點之撓度 δ_C 及最大撓度 δ_{max}。

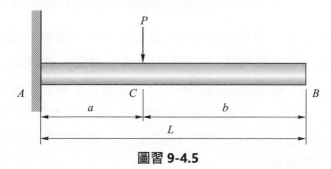

圖習 **9-4.5**

Ans：$\delta_C = \dfrac{Pa^3}{3EI}$，$\delta_{max} = \delta_B = \dfrac{Pa^2}{6EI}(3L - a)$

9-4.6 有一懸臂樑承受一部分均佈力 q 作用，如圖習 9-4.6 所示，請用卡氏第二定理求末端 B 點之撓度 δ_B 及旋轉角 θ_B。

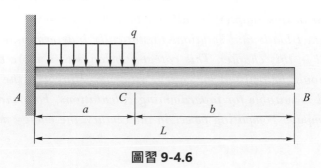

圖習 **9-4.6**

Ans：$\delta_B = \dfrac{qa^3}{24EI}(4L - a)$，$\theta_B = \dfrac{qa^3}{6EI}$

9-4.7　有一中空的圓棒 AB 受一扭矩 T 作用於末端 B 點，如圖習 9-4.7 所示。假若其材質皆相同且 $d_1 = 3d_0$、$d_2 = 2d_0$，請用卡氏第二定理求末端 B 點之扭轉角 ϕ_B。

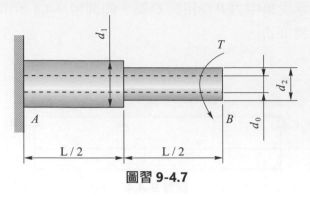

圖習 9-4.7

Ans：$\phi_B = \dfrac{19TL}{15\pi G d_0{}^4}$

9-5 ┆ 結論

在結構力學分析當中，能量法佔有非常重要之地位，雖然計算較為麻煩，但仍可視此法為一帖萬靈丹，尤其較複雜之力學問題，能量法更可顯現其必要性。

在本章所舉之範例，皆屬淺顯易於表達之基礎觀念，對於衝擊載重及求解靜不定問題之範例並無在本章詳述。此範疇屬於較深入而困難之問題，對於大專生而言應可省略之。而且能量法之方程式形式適應於編程計算，隨着電腦運算能力不斷提升的世紀，能量法將更加受到重視。

In the analysis of structural mechanics, the energy method plays a very important role. Although the calculation is more troublesome, this method can still be regarded as a panacea. Especially for more complicated mechanical problems, the energy method can show its necessity.

The examples given in this chapter are all simple and easy-to-express basic concepts. As to examples of impact loads and solutions to statically indeterminate problems are not described in detail in this chapter. This category belongs to a more deep and difficult problem, which should be omitted for college students. Moreover, the equation form of the energy method is suitable for programming calculations. Following the continuous improvement of computer computing power in the century, the energy method will receive more attention.

學後 總 評量

- **P9-1**：有一懸臂樑承受一部分均佈力 $q = 30\text{kN/m}$ 之作用，並於末端 B 點受集中力 20kN 作用，如圖 P9-1 所示，請問總應變能為何？（假設 $E = 210\text{GPa}$、$I = 1360 \times 10^6\text{mm}^4$）

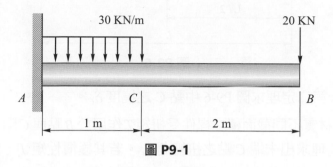

圖 P9-1

- **P9-2**：有一懸臂樑承受一力矩 M_0 之作用，如圖 P9-2 所示，請問總應變能為何？

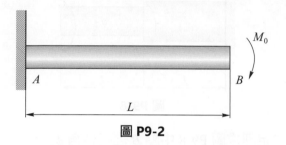

圖 P9-2

- **P9-3**：運用卡氏第二定理求圖 P9-1 之撓度 δ_B 及旋轉角 θ_B。
- **P9-4**：運用卡氏第二定理求圖 P9-2 之撓度 δ_B 及旋轉角 θ_B。
- **P9-5**：運用卡氏第二定理求圖 P9-5 之撓度 δ_B 及旋轉角 θ_B。

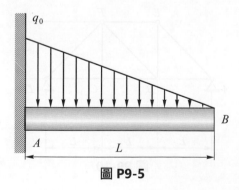

圖 P9-5

- **P9-6**：在簡支樑上承受部分均佈力 q 之作用，如圖 P9-6 所示，請問總應變能為何？

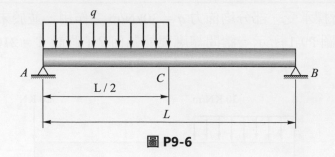

圖 **P9-6**

- **P9-7**：運用卡氏第二定理求圖 P9-6 中點 C 之撓度 δ_C。

- **P9-8**：有一相同材質不同截面積之桿件受扭矩 T 作用於 B 點與 C 點，如圖 P9-8 所示，請用卡氏第二定理求出末端 C 點之扭轉角 ϕ_C。若其極慣性矩 $J_1 = 2J_2$。

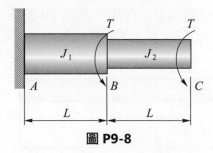

圖 **P9-8**

- **P9-9**：運用卡氏第二定理求圖 P9-8 中點 B 之扭轉角 ϕ_B。

- **P9-10**：有一樑架如圖 P9-10 所示，當於 C 點承受一載重 $P = 10\text{kN}$ 之作用時，若所有桿件之斷面積皆為 5000mm^2，材料 $E = 200\text{GPa}$，且 $L = 3\text{m}$，請問 C 點之垂直變位 δ_v 為何？

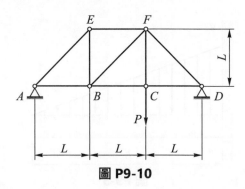

圖 **P9-10**

解答

P9-1 $U_M = 7.344$ kN-mm

P9-2 $U_M = \dfrac{M_0^{\,2}L}{2EI}$

P9-3 $\delta_B = 0.678$mm ，$\theta_B = 0.33 \times 10^{-3}$ rad

P9-4 $\delta_B = \dfrac{M_0 L}{2EI}$ ，$\theta_B = \dfrac{M_0 L}{EI}$

P9-5 $\delta_B = \dfrac{q_0 L^4}{30EI}$ ，$\theta_B = \dfrac{q_0 L^3}{24EI}$

P9-6 $U_M = \dfrac{17 q^2 L^5}{15360 EI}$

P9-7 $\delta_c = \dfrac{5 q L^4}{768 EI}$

P9-8 $\phi_C = \dfrac{2TL}{GJ_2}$

P9-9 $\phi_B = \dfrac{TL}{GJ_2}$

P9-10 $\delta_v = 0.107$mm

第 **10** 章

柱

1. 探討柱在軸向載重下的變形情況，以提供
   設計較理想之柱。

2. 如何加強柱的穩定性，以防止挫屈的產生。

10-1 挫屈與構件之穩定性 ("Buckling and Stability of Components")

結構與機械的材料種類、載重方式與構件的支承情況，皆會使結構的破壞方式不同。例如構件在靜態的負載下，因承受過重的負荷，導致內部產生的應力超過了材料的降伏應力或極限應力，導致結構破壞斷裂。而在動態循環應力的作用下，就算負載未到達材料之降伏應力或極限應力，也會因構件的疲勞而使結構崩塌斷裂，但結構除了上述兩種破壞方式以外，是否還會有其他的方式導致破壞呢？

在第一章緒論中，我們曾經說過，要成為一位機械工程師，必須對於構件的破壞方式十分瞭解，而其破壞方式可粗略由三方面來衡量構件承受負荷的能力，前述章節中已經對前兩方面有所探討，現在我們便要討論這第三方面：構件必須要有足夠的穩定性使其不產生挫屈。至於何謂挫屈呢？

10-1.1 挫屈 (Buckling)

通常一根細長的構件在承受軸向壓力時，雖其正向應力未達到材料之破壞應力，但因其結構細長，萬一外界有小干擾使構件產生了側向彎曲及側向撓度時，軸向壓力會使側向撓度越來越大，最後結構斷裂破壞。這樣的情況如圖 (10-1) 所示我們稱之為構件挫屈 (想像一下！如果對一根細長的竹子施以壓力，它是不是會有 "蛇狀" 的變形產生？這樣的蛇狀變形就是挫屈 !!)。當然，如果構件不夠細長如圖 (10-2) 所示，外部的小干擾將無法使構件產生側向的彎曲，當然也就不會有挫屈的情況發生了！所以，我們應該針對挫屈加以詳細定義如下：

當長而纖細的構件 (一般這樣的構件我們可稱之為 "柱" ("column")) 承受軸向壓力時，其直接的壓縮所造成的破壞，將可能被彎曲及側向撓曲所取代，此時我們稱此構件已經挫屈。

When a long and slender component (commonly referred to as a "column") is subjected to axial compression, the direct failure caused by compression may be replaced by bending and lateral deflection. At this point, we refer to this component as having buckled. 。

 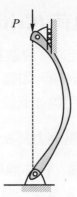

圖 10-1 柱承受軸向壓力 *P* 作用，並產生挫屈之情況 (The column is subjected to axial compressive force P, resulting in buckling.)

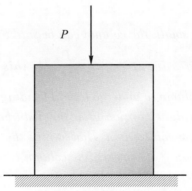

圖 10-2 粗短構件承受軸向壓力 *P* 作用，無法產生挫屈之情況 (The short and stout component is subjected to axial compressive force *P*, and it does not experience buckling.)

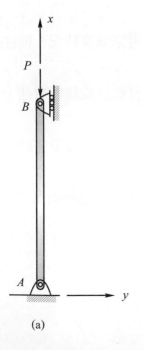 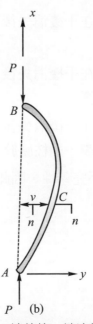 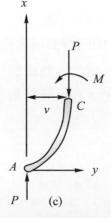

(a)   (b)   (c)

圖 10-3 一端鉸接一端滾接之柱

10-3

10-1.2 臨界負荷 (Critical Load)

　　柱是如何產生挫屈？會讓其產生挫屈的軸向負荷又為何？現在我們先針對一端鉸支一端滾支的柱來討論，如圖 (10-3a) 所示，有一垂直壓力 P 正作用於此柱的截面形心上，且此力之作用線亦假設在此柱的軸線上，當負荷 P 較小時，柱可說僅承受軸向的壓縮，均勻的壓應力為 $\sigma = \dfrac{P}{A}$。此時若有一側向干擾致使柱產生了側向的彎曲變形，在干擾消失後，柱亦能馬上恢復筆直的情況，則稱此柱處於穩定平衡的狀態，但在負荷 P 越來越大至某一負荷 P_{max} 時，就算干擾消失，柱亦無法恢復原來筆直的狀況，反而會因此負荷而使得側向撓度越來越大，柱處在不穩定平衡的狀態，導致柱破壞斷裂，而此負荷 P_{max} 即稱為柱的臨界負荷 P_{cr} (Critical Load)，

When the load P is relatively small, the column can be said to only bear axial compression, resulting in uniform compressive stress $\sigma = \dfrac{P}{A}$. At this point, if there is a lateral disturbance that causes the column to undergo lateral bending deformation, and the column immediately returns to its straight position after the disturbance disappears, it is referred to as being in a state of stable equilibrium. However, as the load P increases to a certain value P_{max}, even if the disturbance disappears, the column is unable to return to its original straight state. Instead, the lateral deflection increases due to the load, and the column enters an unstable equilibrium state, leading to failure and fracture of the column. This critical load P_{max} is referred to as the column's critical load P_{cr}.

　　現在我們用更詳細的定義描述如下：

1. 當軸向壓力 P 小於 P_{cr} 時，外在干擾消失後，柱會馬上恢復原筆直狀況，則柱處於穩定平衡。

2. 當軸向壓力 P 等於 P_{cr} 時，外在干擾消失後，柱會恢復筆直狀況或稍微彎曲，保持隨遇平衡，則柱處於臨界平衡。

3. 當軸向壓力 P 大於 P_{cr} 時，外在干擾消失後，柱將產生挫屈無法恢復筆直狀況，側向彎曲越來越大終至破壞斷裂，則柱處於不穩定平衡。

　　當然，實際的柱之性質存有不完善性，因此行為並非理想化，不過我們為了方便分析，在此皆針對理想柱來討論。

　　剛剛我們已經瞭解臨界負荷的定義，此負荷大小是會不會使柱產生挫曲的重要依據，故其值為何？值得我們好好分析研究。針對圖 (10-3b) 而言，當外界小干擾導致柱有微量的側向撓度 v 時，由圖 (10-3b) 是不是很像一根樑 AB 自水平位置旋轉了 90 度？現在分析 n-n 剖面之自由體圖，如圖 (10-3c)，由靜力平衡方程式可得 $M = P \times v$，而在樑之撓度的章節中，樑某剖面撓度 v 與力矩 M 之關係式為 $EIv'' = -M$。所以負荷 P 等於臨界負荷 P_{cr} 時，整個式子將可以重新整理如下：

$$EIv'' = -P_{cr} \times v$$

$$EIv'' + P_{cr} \times v = 0$$

$$v'' + \frac{P_{cr}}{EI} \times v = 0 \tag{10-1}$$

其中 EI 為柱之材料撓曲剛度 (Flexural Rigidity)，式子 (10-1) 為二階齊次線性微分方程式，具有常數係數，為了簡化此方程式，我們帶入一個新變數並讓此變數 $\kappa^2 = \dfrac{P_{cr}}{EI}$。

　　現在式子 (10-1) 可以重新寫成式子 (10-2)

$$v'' + \kappa^2 \times v = 0 \tag{10-2}$$

此方程式之一般解為

$$v(x) = C_1 \sin\kappa x + C_2 \cos\kappa x \tag{10-3}$$

(10-3) 式中的常數 C_1 與 C_2 可以由柱之兩端邊界條件求出：

邊界條件：

$$v(0) = 0 \; ; \; C_2 = 0$$

$$v(L) = 0 \; ; \; C_1 \sin\kappa L = 0$$

由於 $C_1 \neq 0$，故 $\sin\kappa L$ 必須為零

$$\sin\kappa L = 0 \; , \; \kappa L = \pm n\pi \; ; \; n = 0 \cdot 1 \cdot 2 \cdot 3$$

$$\kappa = \pm \frac{n\pi}{L}$$

$$P_{cr} = \kappa^2 \cdot EI = \frac{n^2 \pi^2 EI}{L^2}$$

當 $n = 0$ 時，$P_{cr} = 0$ 為不合理的情況

故　　　　$P_{cr} = \dfrac{n^2 \pi^2 EI}{L^2}$　；$n = 1 \cdot 2 \cdot 3 \cdot 4 \cdot \cdots$ 　　　　　(10-4)

當 $n = 1$ 時，$P_{cr} = \dfrac{\pi^2 EI}{L^2}$ 對應之變形 $v(x) = C_1 \sin \dfrac{\pi x}{L}$

當 $n = 2$ 時，$P_{cr} = \dfrac{4\pi^2 EI}{L^2}$ 對應之變形 $v(x) = C_1 \sin \dfrac{2\pi x}{L}$

當 $n = 3$ 時，$P_{cr} = \dfrac{9\pi^2 EI}{L^2}$ 對應之變形 $v(x) = C_1 \sin \dfrac{3\pi x}{L}$

好了，辛苦萬分終於把臨界負荷 P_{cr} 求出，不過在 (10-4) 式子中，n 值可以是 1, 2, 3,…，這意味著在數學的解題中對應不同的值將有多個 P_{cr} 可以滿足剛剛的微分方程，但回到前述中對於臨界負荷的定義。

我們知道當柱承受軸向壓力負荷大於臨界負荷時，柱會挫屈並有可能破壞斷裂，

也就是當 $P_{cr} = \dfrac{\pi^2 EI}{L^2}$ 即最小 n 值時，柱就已經挫屈了，而 $n = 2$ 以上所對應出的其他臨界負荷 P_{cr} 又有何意義呢？一般而言，當 $n = 1$ 時所求的臨界負荷我們稱之最小臨界負荷，柱為模式一的情況 (或稱基本情況)。當其他 n 值發生時，我們所在意的已經不再是所得的臨界負荷大小，反而是柱的變形情況，如圖 (10-4)，這是更高的挫屈模式，提供了我們柱的反曲點 (或節點) 位置，讓我們可以在該位置提供側向支承來加強柱的穩定性。(相關的練習可見例題 10-3)。

We know that when a column is subjected to an axial compressive load greater than the critical load, it will buckle and may potentially fail and fracture. In other words, when $P_{cr} = \dfrac{\pi^2 EI}{L^2}$, which represents the minimum value of n (n = 1), is reached, the column has already buckled. So, what is the significance of other critical loads P_{cr} corresponding to n values greater than n = 2? Generally speaking, when n equals 1, the critical load obtained is referred to as the minimum critical load, and it represents the case where the column is in mode 1 (or the basic mode). When other n values occur, our focus shifts from the magnitude of the critical load obtained to the deformation of the column. As shown in Figure (10-4), this represents a higher mode of buckling and provides us with the location of the column's inflection point (or node), allowing us to provide lateral support at that position to enhance the stability of the column.

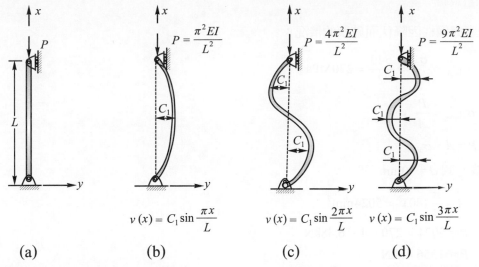

圖 10-4 (a) 柱最初筆直的情況；(b) $n = 1$ 時之挫屈情況；(c) $n = 2$ 時之挫屈情況；
(d) $n = 3$ 時之挫屈情況

例題 10-1

如圖 (10-5) 所示之鋼柱承受軸向壓力 P 作用，若鋼之降伏應力 $\sigma_y = 540\text{MPa}$，
彈性模數 $E = 200\text{GPa}$。試求截面尺寸不同的柱體產生壓縮破壞的最大負荷 P 與
產生挫屈的臨界負荷 P_{cr}。假設安全係數 $n = 2$。

(1) 直徑 80mm 的實心圓，如圖 (a)。

(2) 外徑 100mm 內徑 60mm 的空心圓，如圖 (b)。

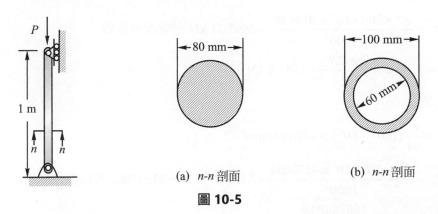

(a) *n-n* 剖面   (b) *n-n* 剖面

圖 10-5

解

首先考慮鋼柱因降伏而破壞的情況：

$$\sigma_{allow} = \frac{\sigma_y}{n} = \frac{540}{2} = 270MPa$$

$$\sigma_{allow} = \frac{P}{A}$$

$$P = A \times \sigma_{allow}$$

(1) 實心圓 $d = 80mm$

$$A = \frac{\pi}{4}(80)^2 = 5024 mm^2$$

$$P = 5024 \times 270 = 1356.48kN$$

$$P = 1356.48kN$$

(2) 空心圓 $do = 100mm$；$di = 60mm$

$$A = \frac{\pi}{4}(100^2 - 60^2) = 5024 mm^2$$

$$P = 5024 \times 270 = 1356.48kN$$

$$P = 1356.48kN$$

再考慮鋼柱因挫屈而破壞的情況：

$$P_{cr} = \frac{\pi^2 \cdot EI}{L^2}$$

(1) 實心圓：

$$I = \frac{\pi}{64}(80^4) = 2009600 \ mm^4$$

$$P_{cr} = \frac{\pi^2 \times 200 \times 10^3 \times 2009600}{1000^2} = 3962.77 \ kN \ 考慮安全係數$$

$$n = 2，P_{cr} = \frac{3962.77}{2} = 1981.4 \ kN$$

(2) 空心圓：

$$I = \frac{\pi}{64}(100^4 - 60^4) = 4270400 \ mm^4$$

$$P_{cr} = \frac{\pi^2 \times 200 \times 10^3 \times 4270400}{1000^2} = 8420887.2 \ N = 8420.9kN \ 考慮安全係數$$

$$n = 2，P_{cr} = \frac{39628420.9}{2} = 4210.4 \ kN$$

PS：由此例題可知在相同面積的情況下，空心圓慣性矩 I 將比實心圓大約 2 倍有餘故其臨界負荷亦可大 2 倍有餘，簡言之空心圓將擁有更大抵抗挫屈的能力。此外同學亦可查看看附錄 D 寬翼型鋼之相同面積之慣性矩 I 是否又更大呢？(W406X39 $A = 4950mm^2$ $I = 125000000mm^4$)

---- 例題 **10-2** |---

如圖 (10-6) 所示之矩形截面鋼柱，當承受軸向壓力 P 之作用時，試求在 X-Y 平面上與 Z-Y 平面上所產生挫屈的臨界負荷。其中 $E = 200\text{GPa}$。

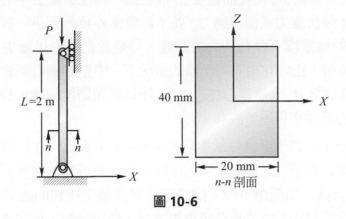

圖 **10-6**

解

首先針對主軸 x 與 z 求截面之慣性矩 I_x，I_z

$$I_x = \frac{0.02 \times 0.04^3}{12} = 1.07 \times 10^{-7}\,\text{m}^4$$

$$I_z = \frac{0.04 \times 0.02^3}{12} = 0.27 \times 10^{-7}\,\text{m}^4$$

Y-Z 平面上之臨界負荷：

$$P_{cr} = \frac{\pi^2 \times EI_z}{L^2} = \frac{\pi^2 \times 200 \times 10^9 \times 0.27 \times 10^{-7}}{2^2} = 13.3\text{kN}$$

X-Y 平面上之臨界負荷：

$$P_{cr} = \frac{\pi^2 \times EI_x}{L^2} = \frac{\pi^2 \times 200 \times 10^9 \times 1.07 \times 10^{-7}}{2^2} = 52.8\text{kN}$$

由此可知，因為 $I_z < I_x$，故此鋼筋會在 Y-Z 平面上先產生挫屈。

在上述兩個例題的求解過程中，我們可以清楚發現，柱體在未達到壓縮破壞時會先因挫屈的發生而斷裂，所以一旦構件尺寸為細長且承受壓力作用時，我們設計的重點應擺在穩定度而非強度上。除此之外，例題中還有地方值得注意，讓我們先回到式子 (10-4)，在這臨界負荷 P_{cr} 與撓曲剛度 EI 成正比，與柱長度 L 平方成反比，但是柱材料本身的強度 (降伏應力或極限應力) 並不影響臨界負荷大小，故選用較高強度的材料對於提升柱的穩定度不會有多大的意義，可是我們卻可以藉由增加截面的慣性矩 I 來增加臨界負荷，正如在相同截面積的情況下，中空的圓截面會比實心截面穩定度高 (因為中空圓柱之 P_{cr} 大於實心柱之 P_{cr})，所以就預防挫屈增加穩定性的考量下，中空圓柱會比實心圓柱來得經濟許多。

此外前述觀念中我們僅考慮柱的挫屈發生於 x-y 平面上，在柱體截面對稱的情況下這樣的假設是可以接受的，因為 $I_x = I_z$ 不同平面上所得到的臨界負荷也會一樣，但如果柱體截面不對稱，如例題 10-2，這時不同平面產生挫屈的臨界負荷將不相同，較小的慣性矩計算出較小的臨界負荷將會先達到，換句話說，挫屈會先發生於較大慣性矩的主形心軸所在的平面上 (注意：這裡是較大慣性矩的主形心軸所在的平面而非較小者，同學可到樑之橈度的部分複習之)。現在我們再舉一個截面為寬翼樑的例子針對這個部分加以說明。

--- 例題 **10-3**

一個兩端鉸接的 W762-196 寬翼型鋼柱 $E = 200\text{GPa}$，如圖 (10-7a) 所示，試求鋼柱產生挫屈之臨界負荷。若在此柱在 X-Z 平面中間處有支承固定如圖 (10-7b) 所示，則臨界負荷又將為何？

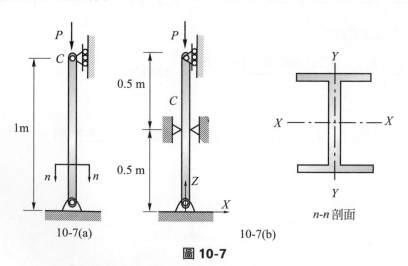

10-7(a)　　　　　10-7(b)　　　　n-n 剖面

圖 **10-7**

解

查附錄可知 W762-196 寬翼型鋼 $I_x = 2400 \times 10^6 \text{mm}^4$; $I_y = 81.6 \times 10^6 \text{mm}^4$

在圖 (10-7a)

因 $I_y < I_x$ 故柱會在 $Y\text{-}Z$ 平面上先會產生挫屈

臨界負荷的計算中慣性矩 I 應該以 I_y 代入：

$$P_{cr} = \frac{\pi^2 EI_y}{L^2} = \frac{\pi^2 \times 200 \times 10^9 \times 81.6 \times 10^{-6}}{1^2} = 161000\text{kN}$$

但在圖 (10-7b) 中因在 $X\text{-}Z$ 平面上中間被拘束住，故計算臨界負荷時將以 $n = 2$ 帶入即

$$P_{cr} = \frac{4\pi^2 EI_y}{L^2} = 644000\text{kN}$$

檢查在 $X\text{-}Z$ 平面

$$P_{cr} = \frac{\pi^2 EI_x}{L^2} = \frac{\pi^2 \times 200 \times 10^9 \times 2400 \times 10^{-6}}{1^2} = 4732608\text{kN} > 644000\text{kN}$$

故柱應該還是在 $Y\text{-}Z$ 平面上先會產生挫屈

$$P_{cr} = \frac{4\pi^2 EI_y}{L^2} = 644000\text{kN}$$

例題 10-4

如圖 (10-8) 所示，一鋼棒 AB 於 A 處鉸接，並於 C 處與 $EI = 2 \times 10^3 \text{N} \cdot \text{m}^2$ 且長 2m 之柱鉸接，試求作用於 B 點上的負荷 Q 必須超過多少才可以讓柱挫屈？

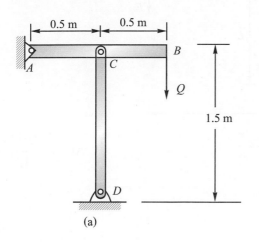

(a)

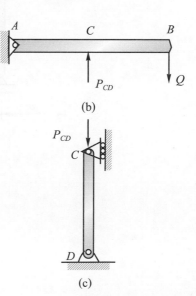

(b)

(c)

圖 10-8

解

針對圖 10-8c 柱 CD 之臨界負荷先計算

$$P_{cr} = \frac{\pi^2 EI}{L^2} = \frac{\pi^2 \times 2 \times 10^3}{1.5^2} = 8.77\text{kN}$$

$$P_{CD} = P_{cr} = 8.77\text{kN}$$

針對桿 ACB 之自由體圖之靜力平衡方程式

$$\Sigma M_A = 0$$

$$-P_{CD} \times 0.5 + Q \times 1 = 0$$

$$Q = P_{CD} \times 0.5$$

$$Q = 8.77 \times 0.5$$

$$Q = 4.39\text{kN}$$

學生練習

10-1.1 兩具相同長度，相同截面積，相同 E 值的柱體如圖 (10-5) 所示，其截面一為圓形，一為正方形，其臨界負荷之比值為何？

Ans：0.9549

10-1.2 若 CD 下方皆由細長桿件鋼性 EI 支撐著，請問負載 F 多少會使此構件崩壞。

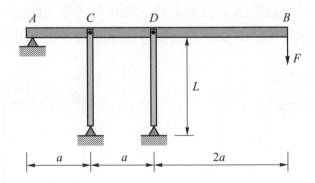

Ans：$\dfrac{3\pi^2 EI}{4L^2}$

10-2 ｜ 其他各種不同支承情況之柱的臨界負荷

　　我們前面關於柱的穩定度分析，皆是假設柱兩端的支承情況為鉸接與滾接，但實際上，柱兩端的支承情況還有其他方式，例如固定或自由端等。在不同的支承情況下，構件的穩定度也會受到影響，現在，我們便來分析在不同的支承下其臨界負荷又有何不同的地方。

10-2.1 一端固定一端為自由端之柱體 (Column Fixed at the Base and Free at the Top)

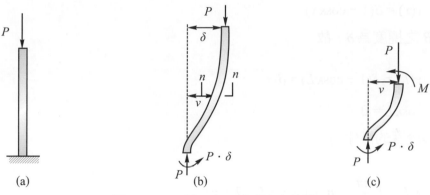

圖 10-9　一端固定一端自由之柱體

由圖 (10-9c) 可得 *n-n* 剖面之平衡方程式：

$$M + P \times \delta - P \times v = 0$$

$$M = P(v - \delta)$$

$$EIv'' = -M = -P(v - \delta)$$

$$EIv'' + Pv = P\delta$$

$$v'' + \kappa^2 v = \kappa^2 \delta \tag{10-5}$$

其中 δ 為自由端之側向撓度 (此值為未知)。

　　(10-5) 式與先前所得 (10-1) 式之不同點乃是在等號右邊不為零，因此，此方程式之解，除了齊次解 v_h 即 (10-3) 式外，還需加上特解 v_p。

$$v(x) = v_h(x) + v_p(x)$$

$$v_h(x) = C_1\cos\kappa x + C_2\sin\kappa x$$

$$v_p(x) = \delta$$

$$v(x) = C_1\cos\kappa x + C_2\sin\kappa x + \delta \tag{10-6}$$

由於 A 端為固定端，故其邊界條件為撓度 v 旋轉角 θ 皆為零。

$$v(0) = 0 \ ; \ C_2 + \delta = 0 \qquad 得 \ C_2 = -\delta$$

$$\theta = v'(0) = 0 \ ; \ C_1 \times \kappa = 0 \qquad 得 \ C_1 = 0$$

故 $\qquad v(x) = \delta(1 - \cos\kappa x)$

而自由端 B 之撓度為 δ，故

$$v(L) = \delta(1 - \cos\kappa L) = \delta$$

得 $\qquad \cos\kappa L = 0$

而 $\cos\kappa L$ 等於零的條件為

$$\kappa L = \pm\frac{n\pi}{2} \ , \ n = 1 \ 、 \ 3 \ 、 \ 5 \ 、 \ 7 \ 、 \cdots$$

此時對應的臨界負荷 P_{cr}：

$$P_{cr} = \frac{n^2\pi^2 EI}{4L^2} \ ; \ n = 1 \ 、 \ 3 \ 、 \ 5 \ 、 \ 7 \ 、 \cdots$$

撓度公式 $v(x)$：

$$v(x) = \delta\left(1 - \cos\frac{n\pi x}{2L}\right) \ ; \ n = 1 \ 、 \ 3 \ 、 \ 5 \ 、 \ 7 \ 、 \cdots$$

仔細看看這部分的結果，你會發現這樣的支承情況會比先前我們所介紹的支承情況穩定性差。而最小 $P_{cr} = \dfrac{\pi^2 EI}{4L^2}$。

10-2.2 兩端固定之柱體 (Column Fixed at the both end)

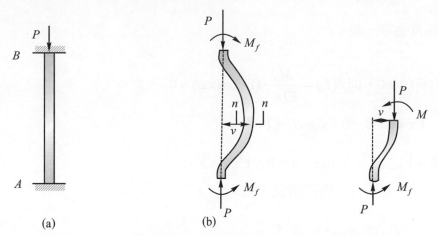

圖 10-10　兩端皆固定之柱體

由圖 (10-10c) 可得 n-n 剖面之平衡方程式：

$$M_f + Pv - M = 0$$

$$M = Pv + M_f$$

$$EIv'' = -Pv - M_f$$

$$EIv'' + Pv = -M_f$$

$$v'' + \kappa^2 v = \frac{M_f}{EI} \tag{10-7}$$

其中 M_f 為固定端之反作用力矩。

同樣此方程式之解，除了齊次解 v_h 以外，還需加上特解 v_p。

$$v(x) = v_h(x) + v_p(x)$$

$$v(x) = c_1 \sin \kappa x + c_2 \cos \kappa x + \frac{M_f}{EI\kappa^2} \tag{10-8}$$

由於 A 端為固定端，故其邊界條件為撓度 v 旋轉角 θ 皆為零。

$$v(0) = 0 \;；\; 得 c_2 = -\frac{M_f}{EI\kappa^2}$$

$$\theta = v'(0) = 0 \;，\; 得 c_1 = 0$$

$$v(x) = \frac{M_f}{EI\kappa^2}(1 - \cos\kappa x) \tag{10-9}$$

而 B 端之撓度為零,故

$$v(L) = 0 \text{,則 } v(L) = \frac{M_f}{EI\kappa^2}(1 - \cos\kappa L) = 0$$

$$1 - \cos\kappa L = 0 \text{ ; } \cos\kappa L = 1$$

滿足 $\cos\kappa L = 1$ 之 $\kappa L = \pm 2n\pi$,$n = 0$、1、2、3、$\cdots$

同樣地,$n = 0$,並不符合實際情況,故

$$P_{cr} = \frac{4n^2\pi^2 EI}{L^2} \text{ ; } n = 1 \text{、} 2 \text{、} 3 \text{、} \cdots$$

最小 $P_{cr} = \frac{4\pi^2 EI}{L^2}$。

為了使同學對不同的支承狀況有更深刻的瞭解,我們將前述的結果歸納如下:

一端鉸接一端滾接 (基本情況):$P_{cr} = \frac{\pi^2 EI}{L^2}$。

一端固定一端自由:$P_{cr} = \frac{\pi^2 EI}{4L^2}$。

兩端固定:$P_{cr} = \frac{4\pi^2 EI}{L^2}$。

* 一端固定一端滾接:$P_{cr} = \frac{2\pi^2 EI}{L^2}$。

若我們將不同狀況所得之臨界負荷皆表示成:

$$P_{cr} = \frac{K_e\pi^2 EI}{L^2}$$

則以下之表格將有助於你記憶：

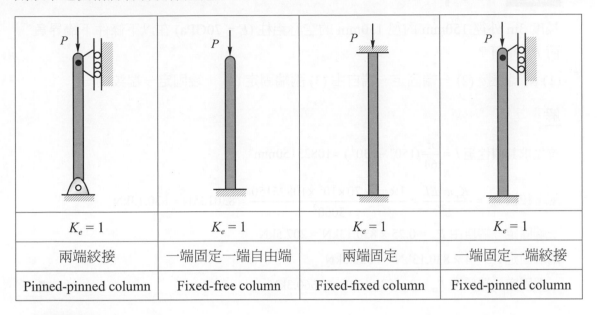

$K_e = 1$	$K_e = 1$	$K_e = 1$	$K_e = 1$
兩端絞接	一端固定一端自由端	兩端固定	一端固定一端絞接
Pinned-pinned column	Fixed-free column	Fixed-fixed column	Fixed-pinned column

--- 例題 **10-5**

一柱長度 1m 在兩端固定且一切理想的情況下，試求在彈性限度內溫度上升多少會使得此柱產生挫屈？其中熱膨脹係數 $\alpha = 1.7 \times 10^{-5}/℃$，截面為實心圓而直徑 $d = 50\text{mm}$。

解

由於熱膨脹變形量 $\delta = \Delta T \alpha L$，此變形伸長量由於兩端束縛住而形成不穩定狀態，故

$$\delta = \frac{PL}{AE} = \Delta T \alpha L$$

$$P = AE\Delta T\alpha$$

而　$P_{cr} = \frac{4\pi^2 EI}{L^2}$

$$AE\Delta T\alpha = \frac{4\pi^2 EI}{L^2}$$

$$\Delta T = \frac{4\pi^2 I}{A\alpha L^2}$$

$$\Delta T = \frac{4\pi^2 \times \frac{\pi}{64} \times (50 \times 10^{-3})^4}{\frac{\pi}{4}(50 \times 10^{-3})^2 \times 1.7 \times 10^{-5} \times 1^2} = 363\,℃$$

---- **例題** 10-6 ┃---

長度 3m 外徑 150mm 內徑 130mm 的空心鋁柱 (E = 70GPa) 在以下條件下臨界負荷 P_{cr} 為何?

(1) 兩端鉸接 (2) 一端固定一端自由 (3) 兩端固定 (4) 一端固定一端鉸接

解

首先求其慣性矩 $I = \dfrac{\pi}{64}(150^4 - 130^4) = 10825150\,\text{mm}^4$

兩端鉸接 $P_{cr} = \dfrac{K_e \pi^2 EI}{L^2} = \dfrac{1 \times \pi^2 \times 70 \times 10^3 \times 10825150}{3000^2} = 830135\text{N} = 830.13\text{kN}$

一端固定一端自由 $P_{cr} = 0.25 \times 830.13\text{kN} = 207.5\text{kN}$

兩端固定 $P_{cr} = 4 \times 830.13\text{kN} = 3320.5\text{kN}$

一端固定一端鉸接 $P_{cr} = 2 \times 830.13\text{kN} = 1660.3\text{kN}$　　　　　　◆

---- **例題** 10-7 ┃---

兩端固定柱長 L = 1m 之鋁柱,其截面為 30 × 60mm 矩形,受壓力 P 作用下,在安全係數 n = 5 時,柱內允許應力為何?若其中 E = 70GPa。

解

首先計算截面較小之慣性矩 I 值

$$I = \frac{(60 \times 10^{-3}) \times (30 \times 10^{-3})^3}{12} = 1.35 \times 10^{-7}\,\text{m}^4$$

$$P_{cr} = \frac{4\pi^2 EI}{L^2} = \frac{4\pi^2 \times 70 \times 10^9 \times 1.35 \times 10^{-7}}{1} = 373\text{kN}$$

$$\sigma = \frac{P_{cr}}{A} = \frac{373 \times 10^3}{(60 \times 10^{-3}) \times (30 \times 10^{-3})} = 207.3\text{MPa}$$

$$\sigma_{\text{allow}} = \frac{\sigma}{n} = \frac{207.3}{5} = 41.5\text{MPa}$$　　　　　　◆

學生練習

10-2.1　一端固定一端自由之中空圓截面鋼柱其外徑為 60mm，承受壓力 100kN 作用，為使此柱不發生挫屈之最大內徑為何？其中 $L = 1$m，且 $E = 200$GPa。

Ans：54.5mm

10-2.2　如圖所示，承壓垂直圓管 AB 底端 A 為固定端，頂端 B 為鉸接 (hinge)，用以支一水平鋼體桿 CD，C 端為鉸接端，自由端 D 點受一垂直荷重 P 作用。已知：$a = 2$m，圓管外徑 $d = 12$cm，管厚 $t = 1$cm，管長 $L = 12$m，材料彈性係數 $E = 210$GPa，設計安全係數為 $n = 2.5$，試求其允許荷重 P 值為多少。

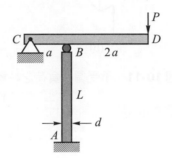

Ans：允許荷重 $P_a = 20.6$KN

10-3 承受偏心軸向負荷之柱 (A column subjected to an eccentric axial load)

　　在上述章節中，柱的穩定性分析皆假設負荷作用於截面的形心上，但實際上，倘若負荷並未作用於形心上，而是偏離形心一段距離 e 時，如圖 (10-11) 所示，這時我們將輕易地發現，只要負荷開始作用於柱上，柱體便會因為負荷的偏心而產生側向的變形，這與前章節中所述柱體承受負荷必須達到臨界負荷時側向變形才會發生的情況大不相同，當負荷作用偏心時臨界負荷的計算反而沒那麼重要了，現在我們針對圖 (10-11) 中之情況來詳加討論：

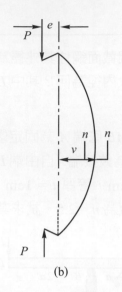

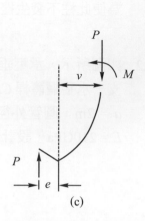

(a)　　　　　　　　　　　(b)　　　　　　　　　　　(c)

圖 10-11　承受偏心負荷之柱體

針對圖 10-11c 之平衡方程式可得

$$M - p(e + v) = 0$$
$$EIv'' = -M = -p(e + v)$$
$$v'' + \kappa^2 v = -\kappa^2 e \tag{10-10}$$

式子 (10-10) 中等號右邊不為零，其解必須包括齊次解 v_h 與特解 v_p

$$v(x) = c_1 \sin\kappa x + c_2 \cos\kappa x - e$$

代入邊界條件求常數：

$v(0) = 0$ 得 $c_2 - e = 0$，$c_2 = e$

$v(L) = 0$ 得 $c_1 \sin\kappa L + e\cos\kappa L - e = 0$

$$c_1 = \frac{e(1 - \cos\kappa L)}{\sin\kappa L} = e\tan\frac{\kappa L}{2}$$

此時曲線的側向撓度方程式為：

$$v_x = e\left(\tan\frac{\kappa L}{2} \times \sin\kappa L + \cos\kappa x - 1\right) \tag{10-11}$$

在這個方程式中只要負荷 (即 κ) 與負荷偏心量 e 已知，我們便可計算出柱內任何位置的側向撓度，這與臨界負荷的計算完全不同，在前述章節中我們知道負荷未到達臨界負荷時，柱體是不會有任何的撓度發生，一旦負荷到達臨界負荷時，柱的撓度大小可以為零或未定，因為此時柱是處於臨界平衡的狀態。然而在此章節裡，針對負荷偏心的情況下，只要負荷一作用，不管負荷的大小為何，皆可對柱產生側向撓度且撓度公式為 (10-11) 式。此外柱內的最大撓度應發生於柱的中點上即 $x = \dfrac{L}{2}$，因此我們以 $x = \dfrac{L}{2}$ 代入 (10-11) 式中，將可得柱的最大撓度 $v_{\max}$：

$$v_{\max} = v\left(\frac{L}{2}\right) = e\left(\tan\frac{\kappa L}{2} \times \sin\frac{\kappa L}{2} + \cos\frac{\kappa L}{2} - 1\right)$$

$$= e\left(\frac{\sin^2\dfrac{\kappa L}{2} + \cos^2\dfrac{\kappa L}{2}}{\cos\dfrac{\kappa L}{2}} - 1\right) = \left(\sec\frac{\kappa L}{2} - 1\right) \tag{10-12}$$

此時對應的彎矩也是最大 $M_{\max}$：

$$M_{\max} = P(e + v_{\max}) \tag{10-13}$$

不過為了便於分析，柱的撓度值假設很小，因此式子 (10-12) 我們可以重新整理如下：

首先 sec 函數以泰勒級數展開

$$\sec\theta = 1 + \frac{\theta^2}{2!} + \frac{5\theta^4}{4!} + \cdots\cdots$$

由於 $\dfrac{5\theta^4}{4!} \ll 1$，故此級數可只取前兩項來近似

$$\sin\theta = 1 + \frac{\theta^2}{2}$$

此時 $\theta = \dfrac{\kappa L}{2}$ 代入

$$\sec\frac{\kappa L}{2} = 1 + \frac{\kappa^2 L^2}{8}$$

代入公式 (10-12) 中可得

$$v_{\max} = \frac{\kappa^2 L^2}{8} = \frac{PeL^2}{8EI}$$

(10-14)

例題 10-8

如圖 10-12，柱下端固定上端受一偏心的壓力 P 作用，試推導柱的最大撓度與最大力矩。

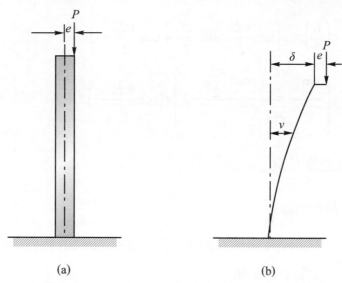

圖 10-12 一端固定之柱體承受偏心負荷作用

解

由圖 (10-12b) 可知

$$M = -P(e + \delta - v)$$

則

$$EIv'' = P(e + \delta - v)$$

$$EIv'' + Pv = P(e + \delta)$$

$$v'' + \kappa^2 v = \kappa^2 (e + \delta)$$

$$v(x) = c_1 \sin\kappa x + c_2 \cos\kappa x + e + \delta$$

代入邊界條件

$v(0) = 0$ 得 $c_2 + e + \delta = 0$，$c_2 = -e - \delta$

$v(0)' = 0$ 得 $c_1 = 0$

此時

$$v(x) = (e + \delta)(1 - \cos\kappa x)$$

再代入邊界條件

$$v(L) = \delta \ ; \ v(L) = (e + \delta)(1 - \cos\kappa L) = \delta$$

$$(e + \delta)(1 - \cos\kappa L) = \delta$$

$$e(1 - \cos\kappa L) = \delta\cos\kappa L$$

$$\delta = e(\sec\kappa L - 1)$$

因此

$$v_{\max} = \delta = e(\sec\kappa L - 1) = e\left(1 + \frac{\kappa^2 L^2}{2} - 1\right)$$

$$= \frac{e\kappa^2 L^2}{2} = \frac{PeL^2}{2EI}$$

而　　$$M_{\max} = P(\delta + e) = Pe\sec\kappa L = Pe\left(1 + \frac{\kappa^2 L^2}{2} - 1\right)$$

學後 總 評量

▌ 基本習題

- **P10-1 ～ 10-3**：試求圖 P10-1 至 P10-3 示中各柱的臨界負荷。假設柱可在任意平面上挫屈。

- **P10-4**：如圖 P10-1 所示，若壓力 $P = 10000$kN，試於附錄中選擇可承受此臨界負荷之最大面積寬翼型鋼。

- **P10-5**：如圖 P10-2 所示，其中柱之截面若改為中空圓且外徑為 50mm，試求此柱能夠承受軸向壓力 $P = 140$kN 作用下之最小壁厚。

- **P10-6**：一根方形斷面柱如圖 P10-4 所示，試問兩平面上產生相同臨界負荷之斷面尺寸 h/b 條件為何？

- **P10-7**：如圖 P10-5 所示，一水平剛桿 AB 在 A 端鉸接，而在 B 端承受負荷 Q 作用，AB 桿在 C 處由鋁柱所支承，其中 $E = 72$GPa，若圓柱 CD 之直徑為 50mm，試問此架構最大負荷 Q？並求此時柱內的允許應力為何？假設安全係數 $n = 4$。

- **P10-8**：試求兩端固定長度為 5m 之 W203 × 60 寬翼型鋼柱之臨界壓力與允許應力。假設安全係數 $n = 2.5$ 且 $E = 200$GPa。

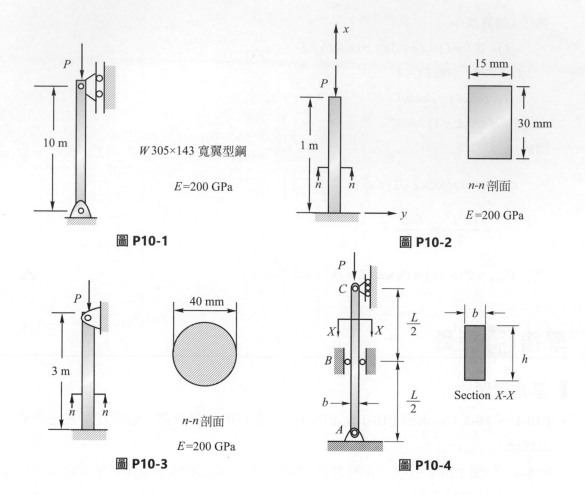

圖 P10-1

$W\,305{\times}143$ 寬翼型鋼

$E{=}200$ GPa

圖 P10-2

n-n 剖面

$E{=}200$ GPa

圖 P10-3

n-n 剖面

$E{=}200$ GPa

Section X-X

圖 P10-4

▌進階習題

- **P10-9**：如圖 P10-6 所示，一水平剛桿 AB 在 A 端鉸接，而在 B 端承受負荷 Q 作用，AB 桿在 CD 兩處由 EI 皆為 2×10^4 的柱所支承，試問負荷 Q 需若干，才可使此結構挫屈而崩塌。

- **P10-10**：如圖 P10-7 所示，此柱為方形截面 50×50mm，且承受軸向壓力 P 大小為 $0.5P_{cr}$ 之作用，若偏心量 $e=12.5$mm 時，試求此柱最大撓度與彎矩。假設此柱 $E=200$GPa。

- **P10-11**：如圖 P10-8 所示，一根實心圓柱 $d=150$mm，承受壓力 $P=200$kN 作用於截面邊緣上，試求柱長為何？才能使柱之最大撓度不超過 10mm。假若 $E=70$GPa。

- **P10-12**：水平桿 AB 在 A 處與 FA 桿鉸接在 C 處與 CD 鉸接並在 B 處承受向下負荷 Q 試求不使 FA 與 CD 兩桿產生挫曲的臨界負荷 $Q=$？其中相關尺寸如圖 P10-9 所示而兩桿之撓屈剛度皆為 EI。

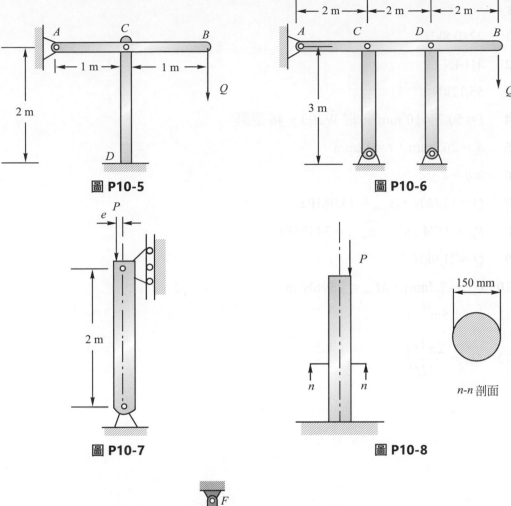

圖 P10-5

圖 P10-6

圖 P10-7

圖 P10-8

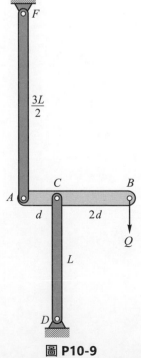

圖 P10-9

解答

P10-1 2210.8kN

P10-2 4164N

P10-3 55.12kN

P10-4 $I = 50.7 \times 10^6 \text{mm}^4$，取 W203 × 46 型鋼

P10-5 $d_i = 26.2\text{mm}$，$t = 12\text{mm}$

P10-6 $h/b = 2$

P10-7 $Q = 13.6\text{kN}$，$\sigma_{max} = 13.9\text{MPa}$

P10-8 $P_{cr} = 2574.5\text{kN}$，$\sigma_{allow} = 341\text{MPa}$

P10-9 $Q = 21.9\text{kN}$

P10-10 $v_{max} = 7.7\text{mm}$，$M_{max} = 2596\text{N-m}$

P10-11 $L < 1.5\text{m}$

P10-12 $Q_{cr} = \dfrac{2\pi^2 EI}{9L^2}$

Appendix

附錄

附錄 A ┊ 英制單位與公制單位換算

表 A-1 英制單位與公制單位換算

1. 長度 　　　1 哩 (mile) = 1760 碼 (yd) 　　　1 碼 = 3 呎 (ft) 　　　1 呎 = 12 吋 (in) = 0.3048 公尺 (m) 　　　1 吋 = 25.4 公厘 (mm)
2. 面積 　　　1 公頃 = 100 公畝 = 10000 平方公尺 　　　1 平方公尺 = 0.3025 坪 　　　1 畝 = 30 坪
3. 質量 　　　1 噸 (ton,us) = 2000 磅 (lbm) 　　　1 磅 = 0.45359 公斤 (kg) = 16 盎司 (oz) 　　　1 公斤 = 2.20462 磅
4. 力 　　　1 磅力 (l bf) = 4.4482 牛頓 (N) = 0.45359(kgf)
5. 功率 　　　1 馬力 (HP) = 550ft-lbf/sec = 745.696 瓦特 (W) 　　　　　　　　 = 745.696 N-m/sec

單位換算之實例：

(1) $550 \text{ ft-lbf/sec} = 550 \text{ ft-lbf/sec} \times \dfrac{0.3048\text{m}}{1\text{ft}} \times \dfrac{4.4482\text{N}}{1\text{lbf}}$

$\qquad = 745.696 \text{ N} \cdot \text{m/sec}$

$\qquad = 745.696 \text{ J/sec}$

$\qquad = 745.696 \text{ Watt}$

(2) $1 \text{ ksi} = 1 \text{ klbf/in}^2$

$\qquad = 1000 \text{ lbf/in}^2 \times \dfrac{4.4482\text{N}}{1 \text{ lbf}} \times \dfrac{1^2\text{in}^2}{25.4^2 \text{ mm}^2}$

$\qquad = 6.89472 \text{ N/mm}^2$

$\qquad = 6.89472 \text{ MPa}$

表 A-2 公制單位前所加代號之乘數

符號	乘數	英文名	中文名
T	10^{12}	Tera	兆
G	10^{9}	Giga	十億
M	10^{6}	Mega	百萬
K	10^{3}	Kilo	千
h	10^{2}	Hecto	百
c	10^{-2}	Centi	釐
m	10^{-3}	Milli	毫
μ	10^{-6}	Micro	微
n	10^{-9}	Nano	毫微
P	10^{-12}	Pico	微微

附錄 B │ 金屬材料之機械性質

表 B-1　公制單位

材料	密度 (kg/m³)	熱膨脹係數 (10⁻⁶/℃)	比例限ᵃMpa			極限強度 MPa			疲勞限ᶜ (MPa)	彈性模數 (GPa)	
			拉	壓	剪	拉	壓	剪		拉 (E)	剪 (G)
鐵材：											
熟鐵	7700		210	b		330	b	170	160	190	
結構鋼	7870	12.1	250	b		450	b	190	190	200	76
鋼，含碳量 0.2%，硬化	7870	11.9	430	b		620	b			210	80
的鋼，含碳量 0.4%，熱軋	7870	11.9	360	b		580	b		260	210	80
鋼，含碳量 0.8%，熱軋	7870		520	b		840	b			210	80
灰鑄鐵	7200	12.1				170	690		80	100	
展性鑄鐵	7370	11.9	220	b		340	b			170	
球狀鑄鐵	7370	11.9	480			690				170	
不鏽鋼 (18-8)，退火	7920	17.3	250	b		590	b		270	190	86
不鏽鋼 (18-8)，冷軋	7920	17.3	1140	b		1310	b		620	190	86
鋼，SAE4340，熱處理	7840		910	1000		1030	b	650	520	200	76
非鐵金屬合金：											
鋁，鑄造 195-T6	2770		160	170		250		210	50	71	26
鋁合金：											
2014-T4	2800	22.5	280	280	160	430	b	260	120	73	28
2024-T4	2770	22.5	330	330	190	470	b	280	120	73	28
6061-T6	2710	22.5	270	270	180	310	b	210	93	70	26
鎂，擠製，AZ80X	1830	25.9	240	180		340	b	140	130	45	16
鎂，砂鑄，AZ63-HT	1830	25.9	100	96		270	b	130	100	45	16
蒙納合金，熱軋	8840	14.0	340	b		620	b		270	180	65
紅銅，冷軋	8750	17.6	410			520				100	39
紅銅，退火	8750	17.6	100	b		270	b			100	39
青銅，冷軋	8860	16.9	520			690				100	45
青銅，退火	8860	16.9	140	b		340	b			100	45
鈦合金，退火	4630		930	b		1070	b			96	36
鎳合金，退火	8090	1.1	290	b		480	b			140	56

a 比例限可以是降伏點或降伏強度。　　b 易延展性材料之壓應力一般皆假設與拉應力相同。

c 迴轉樑之疲勞試驗。

表 **B-2**　英制單位

材料	密度 (ib/in³)	熱膨脹係數 (10⁻⁶/°F)	比例限 [a] KSi			極限強度 KSi			疲勞限 [c] (KSi)	彈性模數 (10³MSi)	
			拉	壓	剪	拉	壓	剪		拉 (E)	剪 (G)
鐵材：											
熱鐵	0.278	6.7	30	b		48	b	25	23	28	
結構鋼	0.284	6.6	36	b		66	b		28	29	11.0
鋼，含碳量 0.2%，硬化	0.284	6.6	62	b		90	b		38	30	11.6
的鋼，含碳量 0.4%，熱軋	0.284		53	b		84	h		38	30	11.6
鋼，含碳量 0.8%，熱軋	0.284		76	b		122	b			30	11.6
灰鑄鐵	0.260	6.7		b		25	100		12	15	
展性鑄鐵	0.266	6.6	32	b		50	b			25	
球狀鑄鐵	0.266	6.6	70	b		100				25	
不鏽鋼 (18-8)，退火	0.286	9.6	36	b		85	b		40	28	12.5
不鏽鋼 (18-8)，冷軋	0.286	9.6	165	b	145	190	b	95	90	28	12.5
鋼，SAE4340，熱處理	0.283		132			150	b		76	29	11.0
非鐵金屬合金：											
鋁，鑄造 195-T6	0.100		24	25		36		30	7	10.3	3.8
鋁合金：											
2014-T4	0.101	12.5	41	41	24	62	b	38	18	10.6	4.0
2024-T4	0.100	12.5	48	48	28	68	b	41	18	10.6	4.0
6061-T6	0.098	12.5	40	40	26	45	b	30	13.5	10.0	3.8
鎂，擠製，AZ80X	0.066	14.4	35	26		49	b	21	19	6.5	2.4
鎂，砂鑄，AZ63-HT	0.066	14.4	14	14		40	b	19	14	6.5	2.4
蒙納合金，熱軋	0.319	7.8	50	b		90	b		40	26	9.5
紅銅，冷軋	0.316	9.8	60			75				15	5.6
紅銅，退火	0.316	9.8	15	b		40	b			15	5.6
青銅，冷軋	0.320	9.4	75			100				15	6.5
青銅，退火	0.320	9.4	20	b		50	b			15	6.5
鈦合金，退火	0.167		135	b		155				14	5.3
鎳合金，退火	0.292	0.6	42	b		70	b			21	8.1

a 比例限可以是降伏點或降伏強度。　b 易延展性材料之壓應力一般皆假設與拉應力相同。
c 迴轉樑之疲勞試驗。

附錄 C ┊ 簡單截面之面積性質

符號意義說明：

A = 面積

$\bar{x}$ = 形心 C 到 y 軸的距離

$\bar{y}$ = 形心 C 到 x 軸的距離

$I_{\bar{x}}$、$I_{\bar{y}}$ = 面積對形心軸之慣性矩

I_x、I_y = 面積對座標軸之慣性矩

I_p = 面積對形心之極慣性矩

I_{xy} = 面積對 x 軸與 y 軸之慣性積

I_o = 面積對 o 點之極慣性矩

基本公式提示：

$$\bar{x} = \frac{\int x\,dA}{A} \; , \; \bar{y} = \frac{\int y\,dA}{A}$$

$$I_x = \int y^2\,dA \; , \; I_y = \int x^2\,dA$$

$$I_p = \int \rho^2\,dA = \int (x^2 - y^2)\,dA = I_x + I_y$$

$$I_{xy} = \int xy\,dA \text{；若 } x \text{、} y \text{ 軸有任何一軸為面積之對稱軸時，其慣性積為零。}$$

$$I_x = I_{\bar{x}} + Ad^2 \text{；平行軸定理，} d_1 \text{ 為 } x \text{ 軸與形心軸之距離。}$$

1. 矩形

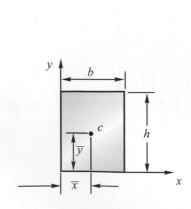

$$A = bh \, , \; \bar{x} = \frac{b}{2} \; , \; \bar{y} = \frac{h}{2}$$

$$I_{\bar{x}} = \frac{bh^3}{12} \; , \; I_{\bar{y}} = \frac{hb^3}{12}$$

$$I_p = \frac{bh}{12}(b^2 + h^2)$$

$$I_x = \frac{bh^3}{3} \; , \; I_y = \frac{hb^3}{3}$$

$$I_O = \frac{bh}{3}(b^2 + h^2)$$

$$I_{\bar{x}\bar{y}} = 0$$

$$I_{xy} = \frac{b^2 h^2}{4}$$

2. 圓形

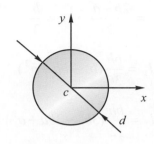

$A = \dfrac{\pi d^2}{4}$，形心在圓心上

$I_x = I_y = \dfrac{\pi d^4}{64}$

$I_\rho = \dfrac{\pi d^4}{32}$，$I_{xy} = 0$

3. 圓環

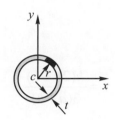

$A = 2\pi rt$，形心在圓心上

$I_x = I_y = \pi r^3 t = \dfrac{\pi d^3 t}{8}$

$I_p = 2\pi r^3 t = \dfrac{\pi d^3 t}{4}$

4. 半圓形

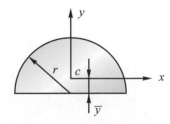

$A = \dfrac{\pi r^2}{2}$，$y = \dfrac{4r}{3\pi}$

$I_x = \dfrac{(9\pi^2 - 64)r^4}{72\pi}$，$I_y = \dfrac{\pi r^4}{8}$

5. 橢圓

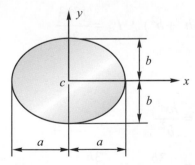

$A = \pi ab$，形心在橢圓圓心

$I_x = \dfrac{\pi ab^3}{4}$，$I_y = \dfrac{\pi ba^3}{4}$

$I_p = \dfrac{\pi ab}{4}(b^2 + a^2)$

6. 三角形

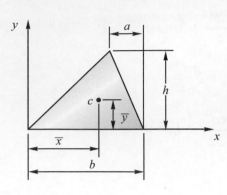

$$A = \frac{1}{2}bh \, , \, \bar{x} = \frac{2b-a}{3} \, , \, \bar{y} = \frac{h}{3}$$

$$I_x = \frac{bh^3}{36} \, , \, I_y = \frac{bh}{36}(b^2 - ba + a^2)$$

$$I_x = \frac{bh^3}{12} \, , \, I_y = \frac{bh}{12}(3b^2 - 3ba + a^2)$$

$$I_{xy} = \frac{bh^2}{24}(3b - 2a)$$

7. 梯形

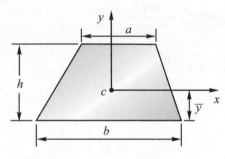

$$A = \frac{h(a+b)}{2} \, , \, y = \frac{h(2a+b)}{3(a+b)}$$

$$I_x = \frac{h^3(a^2 + 4ab + b^2)}{36(a+b)}$$

8. 直角三角形

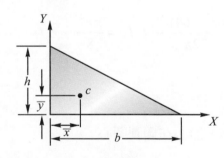

$$A = \frac{1}{2}bh \, , \, x = \frac{b}{3} \, , \, y = \frac{h}{3}$$

$$I_x = \frac{bh^3}{12} \, , \, I_y = \frac{bh^3}{12}$$

$$I_p = \frac{bh}{12}(h^2 + b^2) \, , \, I_{xy} = \frac{b^2 h^2}{24}$$

9. 拋物線 (原點設在頂點上)

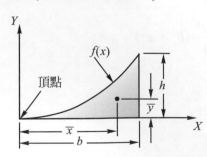

$$y = f(x) = \frac{hx^2}{b^2}$$

$$A = \frac{1}{3} \, , \, \bar{x} = \frac{3b}{4} \, , \, \bar{y} = \frac{3h}{10}$$

$$I_x = \frac{bh^3}{21} \, , \, I_y = \frac{hb^3}{5} \, , \, I_{xy} = \frac{b^2 h^2}{12}$$

10. n 次曲線 (如上圖所示)

$$y = f(x) = \frac{hx^n}{b^n} \quad , \quad n > 0$$

$$A = \frac{bh}{n+1} \quad , \quad \bar{x} = \frac{b(n+1)}{n+2} \quad , \quad \bar{y} = \frac{h(n+1)}{2(2n+1)}$$

$$I_x = \frac{bh^3}{3(3n+1)} \quad , \quad I_y = \frac{hb^3}{n+3} \quad , \quad I_{xy} = \frac{b^2 h^2}{4(n+1)}$$

11. n 次曲線 $(n > 0)$

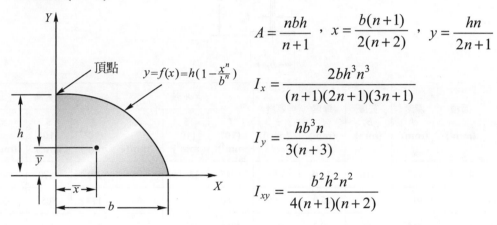

$$A = \frac{nbh}{n+1} \quad , \quad x = \frac{b(n+1)}{2(n+2)} \quad , \quad y = \frac{hn}{2n+1}$$

$$I_x = \frac{2bh^3 n^3}{(n+1)(2n+1)(3n+1)}$$

$$I_y = \frac{hb^3 n}{3(n+3)}$$

$$I_{xy} = \frac{b^2 h^2 n^2}{4(n+1)(n+2)}$$

附錄 D ┊ 型鋼之截面性質

D-1 公制型鋼

1. 寬翼型鋼

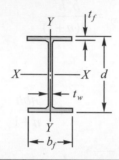

規格	面積 (mm²)	深度 d (mm)	寬度 b_f (mm)	厚度 t_f (mm)	厚度 t_w (mm)	x-x 軸			y-y 軸		
						I (10⁶ mm⁴)	S (10³ mm³)	r (mm)	I (10⁶ mm⁴)	S (10³ mm³)	r (mm)
W914×342	43610	912	418	32.0	19.3	6245	13715	378	391	1870	94.7
×238	30325	915	305	25.9	16.5	4060	8880	366	123	805	63.5
W838×299	38130	855	400	29.2	18.2	4785	11210	356	312	1560	90.4
×226	28850	851	294	26.8	16.1	3395	7980	343	114	775	62.7
×193	24170	840	292	21.7	14.7	2795	6655	335	90.7	620	60.7
W762×196	25100	770	268	25.4	15.6	2400	6225	310	81.6	610	57.2
×161	20450	758	266	19.3	13.8	1860	4900	302	60.8	457	54.6
W686×217	27675	695	355	24.8	15.4	2345	6735	290	184	1040	81.5
×140	17870	684	254	18.9	12.4	1360	3980	277	51.6	406	53.8
W610×155	19740	611	324	19.1	12.7	1290	4230	257	108	667	73.9
×125	15935	612	229	19.6	11.9	985	3210	249	39.3	342	49.5
×92	11750	603	179	15.0	10.9	645	2145	234	14.4	161	35.1
W457×144	18365	472	283	22.1	13.6	728	3080	199	83.7	592	67.3
×113	14385	463	280	17.3	10.8	554	2395	196	63.3	452	66.3
×89	11355	463	192	17.7	10.5	410	1770	190	20.9	218	42.9
W406×149	18970	431	265	25.0	14.9	620	2870	180	77.4	585	64.0
×100	12710	415	260	16.9	10.0	397	1915	177	49.5	380	62.5

規格	面積 (mm²)	深度 d (mm)	寬度 b_f (mm)	厚度 t_f (mm)	厚度 t_w (mm)	x-x 軸			y-y 軸		
						I (10⁶ mm⁴)	S (10³ mm³)	r (mm)	I (10⁶ mm⁴)	S (10³ mm³)	r (mm)
×60	7615	407	178	12.8	7.7	216	1060	168	12.0	135	39.9
×39	4950	399	140	8.8	6.4	125	629	159	3.99	57.2	28.4
W356×179	22775	368	373	23.9	15.0	574	3115	158	206	1105	95.0
×122	15550	363	257	21.7	13.0	367	2015	154	61.6	480	63.0
×64	8130	347	203	13.5	7.7	178	1025	148	18.8	185	48.0
×45	5710	352	171	9.8	6.9	121	688	146	8.16	95.4	37.8
W305×143	18195	323	309	22.9	14.0	347	2145	138	112	728	78.5
×97	12325	308	305	15.4	9.9	222	1440	134	72.4	477	76.7
×74	9485	310	205	16.3	9.4	164	1060	132	23.4	228	49.8
×45	5670	313	166	11.2	6.6	99.1	633	132	8.45	102	38.6
W254×89	11355	260	256	17.3	10.7	142	1095	112	48.3	377	65.3
×67	8580	257	204	15.7	8.9	103	805	110	22.2	218	51.1
×45	5705	266	148	13.0	7.6	70.8	531	111	6.95	94.2	34.8
×33	4185	258	146	9.1	6.1	49.1	380	108	4.75	65.1	33.8
W203×60	7550	210	205	14.2	9.1	60.8	582	89.7	20.4	200	51.8
×46	5890	203	203	11.0	7.2	45.8	451	88.1	15.4	152	51.3
×36	4570	201	165	10.2	6.2	34.5	342	86.7	7.61	92.3	40.9
×22	2865	206	102	8.0	6.2	20.0	193	83.6	1.42	27.9	22.3
W152 ×37	4735	162	154	11.6	8.1	22.2	274	68.6	7.12	91.9	38.6
×24	3060	160	102	10.3	6.6	13.4	167	66.0	1.84	36.1	24.6
W127 ×24	3020	127	127	9.1	6.1	8.87	139	54.1	3.13	49.2	32.3
W102 ×19	2470	106	103	8.8	7.1	4.70	89.5	43.7	1.61	31.1	25.4

實翼型鋼之標稱以 W 代表之，規格以深度 (mm) × 每單位長度之質量 (kg/mm) 表示之

2. 美國標準樑用型鋼

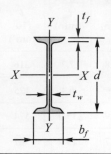

規格	面積 (mm²)	深度 d (mm)	寬度 b_f (mm)	厚度 t_f (mm)	厚度 t_w (mm)	x-x 軸			y-y 軸		
						I (10⁶ mm⁴)	S (10³ mm³)	r (mm)	I (10⁶ mm⁴)	S (10³ mm³)	r (mm)
S610×180	22970	622.3	204.5	27.7	20.3	1315	4225	240	34.7	339	38.9
×158	20130	622.3	199.9	27.7	15.7	1225	3935	247	32.1	321	39.9
×149	18900	609.6	184.0	22.1	18.9	995	3260	229	19.9	216	32.3
×134	17100	609.6	181.0	22.1	15.9	937	3065	234	18.7	206	33.0
×119	15160	609.6	177.8	22.1	12.7	874	2870	241	17.6	198	34.0
S508×143	18190	515.6	182.9	23.4	20.3	695	2705	196	20.9	228	33.8
×128	16320	515.6	179.3	23.4	16.8	658	2540	200	19.5	218	34.5
×112	14190	508.0	162.2	20.2	16.1	533	2100	194	12.4	153	29.5
×98	12520	508.0	158.9	20.2	12.8	495	1950	199	11.5	145	30.2
S457×104	13290	457.2	158.8	17.6	18.1	358	1690	170	10.0	127	27.4
×81	10390	457.2	152.4	17.6	11.7	335	1465	180	8.66	114	29.0
S381×74	9485	381.0	143.3	15.8	14.0	202	1060	146	6.53	91.3	26.2
×64	8130	381.0	139.7	15.8	10.4	186	977	151	5.99	85.7	27.2
S305×74	9485	304.8	139.1	16.7	17.4	127	832	116	6.53	94.1	26.2
×61	7740	304.8	133.4	16.7	11.7	113	744	121	5.66	84.6	26.9
×52	6645	304.8	129.0	13.8	10.9	95.3	626	120	4.11	63.7	24.1
×47	6030	304.8	127.0	13.8	8.9	90.7	596	123	3.90	61.3	25.4
S254×52	6645	254.0	125.6	12.5	15.1	61.2	482	96.0	3.48	55.4	22.9
×38	4815	254.0	118.4	12.5	7.9	51.6	408	103	2.83	47.7	24.2
S203×34	4370	203.2	105.9	10.8	11.2	27.0	265	78.7	1.79	33.9	20.3
×27	3490	203.2	101.6	10.8	6.9	24.0	236	82.8	1.55	30.5	21.1

規格	面積 (mm²)	深度 d (mm)	寬度 b_f (mm)	厚度 t_f (mm)	厚度 t_w (mm)	x-x 軸			y-y 軸		
						I (10⁶ mm⁴)	S (10³ mm³)	r (mm)	I (10⁶ mm⁴)	S (10³ mm³)	r (mm)
S178×30	3795	177.8	98.0	10.0	11.4	17.6	198	68.3	1.32	26.9	18.6
×23	2905	177.8	93.0	10.0	6.4	15.3	172	72.6	1.10	23.6	19.5
S152×26	3270	152.4	90.6	9.1	11.8	10.9	144	57.9	0.961	21.3	17.1
×19	2370	152.4	84.6	9.1	5.9	9.20	121	62.2	0.758	17.9	17.9
S127×22	2800	127.0	83.4	8.3	12.5	6.33	99.8	47.5	0.695	16.6	15.7
×15	1895	127.0	76.3	8.3	5.4	5.12	80.6	52.1	0.508	13.3	16.3
S102×14	1800	101.6	71.0	7.4	8.3	2.83	55.6	39.6	0.376	10.6	14.5
×11	1460	101.6	67.6	7.4	4.9	2.53	49.8	41.7	0.318	9.41	14.8
S76×11	1425	76.2	63.7	6.6	8.9	1.22	32.0	29.2	0.244	7.67	13.1
×8.5	1075	76.2	59.2	6.6	4.3	1.05	27.5	31.2	0.189	6.39	13.3

美國標準型鋼之標稱以 S 代表之，規格以深度 (mm) × 每單位長度之質量 (kg/m) 表示之

3. 美國標準槽型鋼 (C 型鋼)

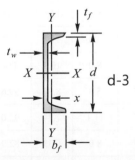

d-3

規格	面積 (mm²)	深度 d (mm)	寬度 b_f (mm)	厚度 t_f (mm)	厚度 t_w (mm)	x-x 軸			y-y 軸			
						I (10⁶ mm⁴)	S (10³ mm³)	r (mm)	I (10⁶ mm⁴)	S (10³ mm³)	r (mm)	s (mm)
C457×86	11030	457.2	106.7	15.9	17.8	281	1230	160	7.41	87.2	25.9	21.9
×77	9870	457.2	104.1	15.9	15.2	261	1140	163	6.83	83.1	26.4	21.8
×68	8710	457.2	101.6	15.9	12.7	241	1055	167	6.29	79.0	26.9	22.0
×64	8230	457.2	100.3	15.9	11.4	231	1010	169	5.99	76.9	27.2	22.3
C381×74	9485	381.0	94.4	16.5	18.2	168	882	133	4.58	61.9	22.0	20.3
×60	7615	381.0	89.4	16.5	13.2	145	762	138	3.84	55.2	22.5	19.7

規格	面積 (mm²)	深度 d (mm)	寬度 b_f (mm)	厚度 t_f (mm)	厚度 t_w (mm)	x-x 軸			y-y 軸			
						I (10⁶ mm⁴)	S (10³ mm³)	r (mm)	I (10⁶ mm⁴)	S (10³ mm³)	r (mm)	s (mm)
×50	6425	381.0	86.4	16.5	10.2	131	688	143	3.38	51.0	23.0	20.0
C305×45	5690	304.8	80.5	12.7	13.0	67.4	442	109	2.14	33.8	19.4	17.1
×37	4740	304.8	77.4	12.7	9.8	59.9	395	113	1.86	30.8	19.8	17.1
×71	3930	304.8	74.7	12.7	7.2	53.7	352	117	1.61	28.3	20.3	17.7
C254×45	5690	254.0	77.0	11.1	17.1	42.9	339	86.9	1.64	27.0	17.0	16.5
×37	4740	254.0	73.3	11.1	13.4	38.0	298	89.4	1.40	24.3	17.2	15.7
×30	3795	254.0	69.6	11.1	9.6	32.8	259	93.0	1.17	21.6	17.6	15.4
×23	2895	254.0	66.0	11.1	6.1	28.1	221	98.3	0.949	19.0	18.1	16.1
C229×30	3795	228.6	67.3	10.5	11.4	25.3	221	81.8	1.01	19.2	16.3	14.8
×22	2845	228.6	63.1	10.5	7.2	21.2	185	86.4	0.803	16.6	16.8	14.9
×20	2540	228.6	61.8	10.5	5.9	19.9	174	88.4	0.733	15.7	17.0	15.3
C203×28	3555	203.2	64.2	9.9	12.4	18.3	180	71.6	0.824	16.6	15.2	14.4
×20	2605	203.2	59.5	9.9	7.7	15.0	148	75.9	0.637	14.0	15.6	14.0
×17	2180	203.2	57.4	9.9	5.6	13.6	133	79.0	0.549	12.8	15.9	14.5
C178×22	27951	77.8	58.4	9.3	10.6	11.3	127	63.8	0.574	12.8	14.3	13.5
×18	2320	177.8	55.7	9.3	8.0	10.1	114	66.0	0.487	11.5	14.5	13.3
×15	1850	177.8	53.1	9.3	5.3	8.87	99.6	69.1	0.403	10.2	14.8	13.7
C152×19	2470	152.4	54.8	8.7	11.1	7.24	95.0	54.1	0.437	10.5	13.3	13.1
×16	1995	152.4	51.7	8.7	8.0	6.33	82.9	56.4	0.360	9.24	13.4	12.7
×12	1550	152.4	48.8	8.7	5.1	5.45	71.8	59.4	0.288	8.06	13.6	13.0
C127×13	1705	127.0	47.9	8.1	8.3	3.70	58.3	46.5	0.263	7.37	12.4	12.1
×10	1270	127.0	44.5	8.1	4.8	3.12	49.2	49.5	0.199	6.19	12.5	12.3
C102×11	1375	101.6	43.7	7.5	8.2	1.91	37.5	37.3	0.180	5.62	11.4	11.7
×8	1025	101.6	40.2	7.5	4.7	1.60	31.6	39.6	0.133	4.64	11.4	11.6
C76×9	1135	76.2	40.5	6.9	9.0	0.862	22.6	27.4	0.127	4.39	10.6	11.6
×7	948	76.2	38.0	6.9	6.6	0.770	20.3	28.4	0.103	3.82	10.4	11.1
×6	781	76.2	35.8	6.9	4.6	0.691	18.0	29.7	0.082	3.31	10.3	11.1

美國標準型鋼之標稱以 S 代表之，規格以深度 (mm) × 每單位長度之質量 (kg/m) 表示之

4. 等邊角鋼 (L 型鋼)

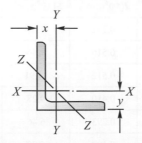

尺寸與厚度 (mm)	單位長度之 質量 (kg/m)	面積 (mm²)	x-x 軸或 y-y 軸			形心 x 或 y (mm)	z-z 軸 r (mm)
			$I(10^6 mm^4)$	$S(10^3 mm^3)$	r(mm)		
L203×203×25.4	75.9	9675	37.0	259	62.0	60.2	39.6
×22.2	67.0	8515	33.1	229	62.2	58.9	39.9
×19.1	57.9	7355	29.0	200	62.7	57.9	40.1
×15.9	48.7	6200	24.7	169	63.2	56.6	40.1
×12.7	39.3	5000	20.2	137	63.5	55.6	40.4
L152×152×25.4	55.7	7095	14.8	140	45.7	47.2	29.7
×22.2	49.3	6275	13.3	125	46.0	46.2	29.7
×19.1	42.7	5445	11.7	109	46.5	45.2	29.7
×15.9	36.0	4585	10.1	92.8	46.7	43.9	30.0
×12.7	29.2	3710	8.28	75.5	47.2	42.7	30.0
×9.5	22.2	2815	6.61	57.8	47.8	41.7	30.2
L127×127×22.2	40.5	5150	7.41	84.7	37.8	39.9	24.7
×19.1	35.1	4475	6.53	74.2	38.4	38.6	24.8
×15.9	29.8	3780	5.66	63.3	38.6	37.6	24.8
×12.7	24.1	3065	4.70	51.8	39.1	36.3	25.0
×9.5	18.3	2330	3.64	39.7	39.6	35.3	25.1
L102×102×19.1	27.5	3510	3.19	46.0	30.2	32.3	19.8
×15.9	23.4	2975	2.77	39.3	30.5	31.2	19.8
×12.7	19.0	2420	2.31	32.3	31.0	30.0	19.9
×9.5	14.6	1845	1.81	24.9	31.2	29.0	20.0
×6.4	9.8	1250	1.27	17.2	31.8	27.7	20.2
L89×89×12.7	16.5	2095	1.52	24.4	26.9	26.9	17.3
×9.5	12.6	1600	1.19	18.8	27.2	25.7	17.4
×6.4	8.6	1090	0.837	13.0	27.7	24.6	17.6
L76×76×12.7	14.0	1775	0.924	17.5	22.8	23.7	14.8

尺寸與厚度 (mm)	單位長度之質量 (kg/m)	面積 (mm²)	x-x軸或y-y軸 $I(10^6mm^4)$	$S(10^3mm^3)$	r(mm)	形心 x 或 y (mm)	z-z軸 r (mm)
×9.5	10.7	1360	0.732	13.7	23.2	22.6	14.9
×6.4	7.3	929	0.516	9.46	23.6	21.4	15.0
L64×64×12.7	11.5	1450	0.512	11.91	8.8	20.5	12.4
×9.5	8.8	1115	0.410	9.28	19.1	19.4	21.4
×6.4	6.1	768	0.293	6.46	19.5	18.2	12.5
L51×51×9.5	7.0	877	0.199	5.75	15.1	16.2	9.88
×6.4	4.75	605	0.145	4.05	15.5	15.0	9.93
×3.2	2.46	312	0.079	2.15	15.9	13.9	10.1

5. 不等邊角鋼

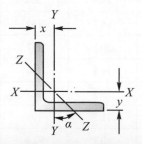

尺寸與厚度 (mm)	單位長度之質量 (kg/m)	面積 (mm²)	x-x軸 $I(10^6 mm^4)$	$S(10^3 mm^3)$	r (mm)	y (mm)	y-y軸 $I(10^6 mm^4)$	$S(10^3 mm^3)$	r (mm)	x (mm)	z-z軸 r (mm)	$\tan \alpha$
L229×102×15.9	39.1	4985	27.0	188	73.7	85.3	3.46	43.4	26.4	21.8	21.5	0.216
×12.7	31.7	4030	22.1	153	74.2	84.1	2.88	35.6	26.7	20.6	21.7	0.220
L203×152×25.4	65.8	8385	33.6	247	63.2	67.3	16.1	146	43.9	41.9	32.5	0.543
×19.1	50.3	6415	26.4	192	64.3	65.0	12.8	113	44.7	39.6	32.8	0.551
×12.7	34.2	4355	18.4	131	65.0	62.7	9.03	78.5	45.5	37.3	33.0	0.558
L203×102×25.4	55.7	7095	29.0	231	64.0	77.5	4.83	64.6	26.2	26.7	21.5	0.247
×19.1	42.7	5445	22.9	179	64.8	74.9	3.90	50.3	26.7	24.2	21.6	0.258
×12.7	29.2	3710	16.0	123	65.8	72.6	2.81	35.2	27.4	21.8	22.0	0.267
L178×102×19.1	39.0	4960	15.7	138	56.4	63.8	3.77	49.7	27.7	25.7	21.8	0.324
×12.7	26.6	3385	11.1	95.2	57.2	61.5	2.72	34.7	28.2	23.3	22.1	0.335
×9.5	20.2	2570	8.57	72.8	57.7	60.2	2.12	26.7	28.7	22.1	22.4	0.340
L152×102×19.1	35.1	4475	10.2	102	47.8	52.8	3.61	48.7	28.4	27.4	21.8	0.428
×12.7	24.1	306	57.24	71.0	48.5	50.5	2.61	34.1	29.2	25.1	22.1	0.440

尺寸與厚度 (mm)	單位長度之質量 (kg/m)	面積 (mm²)	x-x 軸				y-y 軸				z-z 軸	
			I (10⁶ mm⁴)	S (10⁶ mm³)	r (mm)	y (mm)	I (10⁶ mm⁴)	S (10³ mm³)	r (mm)	x (mm)	r (mm)	tan α
×9.5	18.3	3230	5.62	54.4	49.0	19.3	2.04	26.2	29.7	23.9	22.3	0.446
L152×89×12.7	22.8	2905	6.91	69.5	48.8	52.8	1.77	26.1	24.7	21.2	19.3	0.344
×9.5	17.4	2205	5.37	53.1	49.3	51.8	1.39	20.2	25.1	20.0	19.5	0.350
L127×89×19.1	29.5	3750	5.79	70.1	39.4	44.5	2.31	36.4	24.8	25.3	19.0	0.464
×12.7	20.2	2580	4.16	49.0	40.1	42.2	1.69	25.6	25.7	23.0	19.2	0.479
×9.5	15.5	1970	3.24	37.5	40.6	40.9	1.32	19.8	25.9	21.9	19.4	0.486
×6.4	10.4	1330	2.24	25.7	41.1	39.6	0.928	13.6	26.4	20.7	19.6	0.492
L127×76×12.7	19.0	2420	3.93	47.7	40.4	44.5	1.07	18.8	21.1	19.1	16.5	0.357
×9.5	14.6	1845	3.07	36.7	40.9	43.2	0.849	14.6	21.5	17.9	16.6	0.364
×6.4	9.82	1250	2.13	25.1	41.1	42.2	0.599	10.1	21.9	16.7	16.8	0.371
L102×89×12.7	17.1	2260	2.21	31.8	31.2	31.8	1.58	24.9	26.4	25.4	18.3	0.750
×9.5	13.5	1725	1.74	24.4	31.8	30.7	1.23	19.2	26.9	24.3	18.5	0.755
×6.4	9.22	1170	1.21	16.9	32.3	29.5	0.870	13.2	27.2	23.1	18.6	0.759
L102×76×12.7	16.5	2095	2.10	31.0	31.8	33.8	1.01	18.4	21.9	21.0	16.2	0.543
×9.5	12.6	1600	1.65	23.9	32.0	32.5	0.799	14.2	22.3	19.9	16.4	0.551
×6.4	8.63	1090	1.15	16.4	32.5	31.5	0.566	9.82	22.8	18.7	16.5	0.558
L89×76×12.7	15.2	1935	1.44	23.8	27.2	28.7	0.970	18.0	22.4	22.2	15.8	0.714
×9.5	11.8	1485	1.13	18.5	27.7	27.4	0.770	13.9	22.8	21.1	15.9	0.721
×6.4	8.04	1005	0.795	12.7	28.2	26.4	0.541	9.65	23.2	19.9	16.0	0.727
L89×64×12.7	14.0	1775	1.35	23.1	27.7	30.5	0.566	12.5	17.9	17.9	13.6	0.486
×9.5	10.7	1360	1.07	17.9	27.9	29.5	0.454	8.70	18.3	16.8	13.6	0.496
×6.4	7.29	929	0.749	12.4	28.4	28.2	0.323	6.75	18.7	15.6	13.8	0.506
L76×64×12.7	12.6	1615	0.866	17.0	23.2	25.4	0.541	12.2	18.3	19.1	13.2	0.667
×9.5	9.82	1240	0.69	113.3	23.6	24.3	0.433	9.52	18.7	17.9	13.3	0.676
×6.4	6.70	845	0.48	79.1	924.0	23.1	0.309	6.62	19.1	16.8	13.4	0.684
L76×51×12.7	11.5	1450	0.799	16.4	23.5	27.4	0.280	7.77	13.9	14.8	10.9	0.414
×9.5	8.78	1115	0.637	12.8	23.9	26.4	0.226	6.08	14.2	13.7	10.9	0.428
×6.4	6.10	768	0.454	8.88	24.3	25.2	0.163	4.26	14.6	12.5	11.0	0.440
L64×51×9.5	7.89	1000	0.380	8.96	19.5	20.7	0.214	5.95	14.7	14.8	10.7	0.614
×6.4	5.39	684	0.272	6.24	19.9	20.0	0.155	4.16	15.0	13.6	10.8	0.626

6. T 型鋼

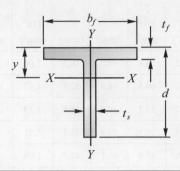

規格	面積 (mm²)	深度 d (mm)	翼板		柄部	x-x 軸				y-y 軸		
			寬度 b_f (mm)	厚度 t_f (mm)	厚度 t_w (mm)	I (10^6 mm⁴)	S (10^3 mm³)	r (mm)	y (mm)	I (10^6 mm⁴)	S (10^3 mm³)	r (mm)
WT457×171	21805	455.9	418.3	32.0	19.3	389	1098	133	102	196	936	94.7
×119	15160	457.3	304.8	25.9	16.5	308	914	142	120	61.2	403	63.5
WT381×98	12515	384.9	267.8	25.4	15.6	175	613	118	99.1	40.8	305	57.2
×80	10260	278.8	266.1	19.3	13.8	145	524	119	102	30.4	228	54.6
WT305×77	9870	305.6	323.9	19.1	12.7	78.7	328	89.2	65.8	54.1	333	73.9
×70	8905	308.7	230.3	22.2	13.1	77.4	333	93.2	75.9	22.7	197	50.3
×63	8000	306.1	229.1	19.6	11.9	69.1	300	93.2	75.4	19.6	172	49.5
×46	6875	301.5	178.8	15.0	10.9	54.5	256	96.3	87.9	7.16	80.3	35.1
WT229×57	7225	231.3	280.3	17.3	10.8	29.9	161	64.5	45.7	31.7	226	66.3
×45	5690	231.6	191.9	17.7	10.5	26.9	152	68.8	54.9	10.4	109	42.9
×37	4730	228.5	190.4	14.5	9.0	22.3	128	68.6	53.8	8.32	87.7	41.9
×30	3795	227.3	152.8	13.3	8.0	18.6	110	70.1	58.2	3.98	51.9	32.3
WT203×74	9485	215.5	264.8	25.0	14.9	32.0	187	57.9	44.7	38.8	293	63.8
×37	4755	206.5	179.6	16.0	9.7	17.6	111	61.0	48.0	7.74	86.2	40.4
×30	3800	203.3	177.7	12.8	7.7	13.8	87.7	60.2	46.0	5.99	67.5	39.9
×19	2475	199.3	139.7	8.8	6.4	9.78	67.0	62.7	53.1	2.00	28.5	28.4
WT178×89	11420	183.9	372.6	23.9	15.0	21.5	141	43.4	31.5	103	552	95.0
×61	7740	181.7	257.3	21.7	13.0	17.1	117	47.0	35.3	30.9	239	63.0
×51	6445	178.3	254.9	18.3	10.5	13.6	93.2	46.0	32.8	25.3	198	62.5
×36	4560	177.4	204.0	15.1	8.6	10.4	73.4	47.5	34.3	10.7	105	48.5
×22	2850	175.8	170.9	9.8	6.9	7.91	58.2	52.6	40.1	4.07	47.7	37.8

規格	面積 (mm²)	深度 d (mm)	翼板		柄部	x-x 軸				y-y 軸		
			寬度 b_f (mm)	厚度 t_f (mm)	厚度 t_w (mm)	I (10^6 mm⁴)	S (10^3 mm³)	r (mm)	y (mm)	I (10^6 mm⁴)	S (10^3 mm³)	r (mm)
×16	2095	174.5	127.0	8.5	5.8	6.16	47.7	54.4	44.7	1.46	22.9	26.4
WT152×89	11355	166.6	312.9	28.1	18.0	18.1	135	39.9	32.5	71.6	459	79.5
×71	9095	161.4	308.9	22.9	14.0	13.3	100	38.4	28.7	56.2	364	78.5
×54	6840	155.6	305.8	17.0	10.9	9.66	74.4	37.6	25.9	40.6	265	77.2
×37	4735	154.8	205.2	16.2	9.4	7.78	62.1	40.6	29.7	11.7	114	49.8
×22	2840	156.7	165.6	11.2	6.6	5.62	45.1	44.5	32.3	4.25	51.1	38.6
×12	1525	52.3	101.3	6.7	5.6	3.62	33.4	48.8	44.2	0.587	11.6	19.6
WT127×83	10645	144.3	264.5	31.8	19.2	11.9	105	33.5	30.7	49.1	370	68.1
×64	8325	137.7	260.7	25.1	15.4	8.66	78.2	32.3	26.9	37.2	285	66.8
×45	5690	129.8	256.0	17.3	10.7	5.37	49.8	30.7	22.5	24.2	188	65.3
×22	2850	133.0	147.6	13.0	7.6	3.86	36.7	36.8	27.9	3.48	47.0	34.8
×9	1140	125.3	100.6	5.3	4.8	1.81	20.0	39.9	34.5	0.454	9.03	19.9
WT102×43	5515	111.1	208.8	20.6	13.0	3.80	42.8	26.2	22.2	15.6	150	53.3
×30	3785	104.8	205.0	14.2	9.1	2.39	27.7	25.1	18.7	10.2	99.6	51.8
×18	2285	100.7	165.0	10.2	6.2	1.47	17.7	25.4	17.7	3.80	46.0	40.9
×13	1695	103.41	33.4	8.4	5.8	1.42	17.2	29.0	21.2	1.66	24.9	31.2
×7	955	100.2	100.1	5.2	4.3	0.895	11.7	30.5	24.2	0.437	8.72	21.4
WT76×15	1895	78.71	52.9	9.3	6.6	0.733	11.4	19.7	14.2	2.76	3.62	38.1
×9	1150	76.6	101.6	7.1	5.8	0.549	9.24	21.9	17.2	0.624	12.3	23.3
WT51×10	1230	52.8	103.1	8.8	7.1	0.219	5.26	13.3	11.2	0.803	15.6	25.4

T 型鋼之標稱以 S 代表之，規格以深度 (mm) × 每單位長度之質量 (kg/m) 表示之

D-2 英制型鋼

1. 寬翼型鋼

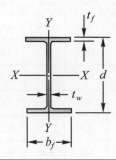

規格	面積 (in²)	深度 d (in)	翼板		腹板	x-x 軸			y-y 軸		
			寬度 b_f (in)	厚度 t_f (in)	厚度 t_w (in)	I (in⁴)	S (in³)	r (in)	I (in⁴)	S (in³)	r (in)
W36×230	67.6	35.90	16.47	01.26	00.760	15000	837	14.9	940	114	3.73
×160	47.0	36.01	12.000	1.020	0.650	9750	542	14.4	295	49.1	2.50
W33×201	59.1	33.68	15.745	1.150	0.715	11500	684	14.0	749	95.2	3.56
×152	44.7	33.49	11.565	1.055	0.635	8160	487	13.5	273	47.2	2.47
×130	38.3	33.09	11.510	0.855	0.580	6710	406	13.2	218	37.9	2.39
W30×132	38.9	30.31	10.545	1.000	0.615	5770	380	12.2	196	37.2	2.25
×108	31.7	29.83	10.475	0.760	0.545	4470	299	11.9	146	27.9	2.15
W27×146	42.9	27.38	13.965	0.975	0.605	5630	411	11.4	443	63.5	3.21
×94	27.7	26.92	9.990	0.745	0.490	3270	243	10.9	124	24.8	2.12
W24×104	30.6	24.06	12.750	0.750	0.500	3100	258	10.1	259	40.7	2.91
×84	24.7	24.10	9.020	0.770	0.470	2370	196	9.79	94.4	20.9	1.95
×62	18.2	23.74	7.040	0.590	0.430	1550	131	9.23	34.5	9.80	1.38
W21×101	29.8	21.36	12.290	0.800	0.500	2420	227	9.02	248	40.3	2.89
×83	24.3	21.43	8.355	0.835	0.515	1830	171	8.67	81.4	19.5	1.83
×62	18.3	20.99	8.240	0.615	0.400	1330	127	8.54	57.5	13.9	1.77
W18×97	28.5	18.59	11.145	0.870	0.535	1750	188	7.82	201	36.1	2.65
×76	22.3	18.21	11.035	0.680	0.425	1330	146	7.73	152	27.6	2.61
×60	17.6	18.24	7.555	0.695	0.415	984	108	7.47	50.1	13.3	1.69
W16×100	29.4	16.971	0.425	0.985	0.585	1490	175	7.10	186	35.7	2.52

規格	面積 (in²)	深度 d (in)	翼板		腹板	x-x 軸			y-y 軸		
			寬度 b_f (in)	厚度 t_f (in)	厚度 t_w (in)	I (in⁴)	S (in³)	r (in)	I (in⁴)	S (in³)	r (in)
×67	19.7	16.33	10.23	50.665	0.395	954	117	6.96	119	23.2	2.46
×40	11.8	16.01	6.995	0.505	0.305	518	64.7	6.63	28.9	8.25	1.57
×26	7.68	15.69	5.500	0.345	0.250	301	38.4	6.26	9.59	3.4	91.12
W14×120	35.3	14.48	14.670	0.940	0.590	1380	190	6.24	495	67.5	3.74
×82	24.1	14.31	10.130	0.855	0.510	882	123	6.05	1482	9.3	2.48
×43	12.6	13.66	7.995	0.530	0.305	428	62.7	5.82	45.2	11.3	1.89
×30	8.85	13.84	6.730	0.385	0.270	291	42.0	5.73	19.6	5.82	1.49
W12×96	28.2	12.71	12.160	0.900	0.550	833	131	5.44	270	44.4	3.09
×65	19.1	12.12	12.000	0.605	0.390	533	87.9	5.28	174	29.1	3.02
×50	14.7	12.19	8.080	0.640	0.370	394	64.7	5.18	56.3	13.9	1.96
×30	8.79	12.34	6.520	0.440	0.260	238	38.6	5.21	20.3	6.24	1.52
W10×60	17.6	10.22	10.080	0.680	0.420	341	66.7	4.39	116	23.0	2.57
×45	13.3	10.10	8.020	0.620	0.350	248	49.1	4.33	53.4	13.3	2.01
×30	8.84	10.47	5.810	0.510	0.300	170	32.4	4.38	16.7	5.75	1.37
×22	6.49	10.17	5.750	0.360	0.240	118	23.2	4.27	11.4	3.97	1.33
W8×40	11.7	8.25	8.070	0.560	0.360	146	35.5	3.53	49.1	12.2	2.04
×31	9.13	8.00	7.995	0.435	0.2851	102	7.5	3.47	37.1	9.27	2.02
×24	7.08	7.93	6.495	0.400	0.245	82.8	20.9	3.42	18.3	5.63	1.61
×15	4.44	8.11	4.015	0.315	0.245	48.0	11.8	3.29	3.41	1.70	0.876
W6×25	7.34	6.38	6.080	0.455	0.320	53.4	16.7	2.70	17.1	5.61	1.52
×16	4.74	6.28	4.030	0.405	0.260	32.1	10.2	2.60	4.43	2.20	0.967
W5×16	4.68	5.01	5.000	0.360	0.240	21.3	8.51	2.13	7.51	3.00	1.27
W4×13	3.83	4.16	4.060	0.345	0.280	11.3	5.46	1.72	3.86	1.90	1.00

寬翼型鋼之標稱以 W 代表之，規格以深度 (mm) × 每單位長度之質量 (kg/m) 表示之

2. 美國標準樑用型鋼

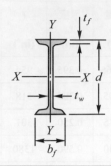

規格	面積 (in²)	深度 d (in)	翼板		腹板	x-x軸			y-y軸		
			寬度 b_f (in)	厚度 t_f (in)	厚度 t_w (in)	I (in⁴)	S (in³)	r (in)	I (in⁴)	S (in³)	r (in)
S24×121	35.6	24.50	8.050	1.090	0.800	3160	258	9.43	83.3	20.7	1.53
×106	31.2	24.50	7.870	1.090	0.620	2940	240	9.7	177.1	19.6	1.57
×100	29.32	4.00	7.245	0.870	0.745	2390	199	9.02	47.7	13.2	1.27
×90	26.5	24.00	7.125	0.870	0.625	2250	187	9.21	44.9	12.6	1.30
×80	23.5	24.00	7.000	0.870	0.500	2100	175	9.47	42.2	12.1	1.34
S20×96	28.2	20.30	7.200	0.920	0.800	1670	165	7.71	50.2	13.9	1.33
×86	25.3	20.30	7.060	0.920	0.660	1580	155	7.89	46.8	13.3	1.36
×75	22.0	20.00	6.385	0.795	0.635	1280	128	7.62	29.8	9.32	1.16
×66	19.4	20.00	6.255	0.795	0.505	1190	119	7.83	27.7	8.85	1.19
S18×70	20.6	18.00	6.251	0.691	0.711	926	103	6.71	24.1	7.72	1.08
×54.7	16.1	18.00	6.001	0.691	0.461	804	89.4	7.07	20.8	6.94	1.14
S15×50	14.7	15.00	5.640	0.622	0.550	486	64.8	5.75	15.7	5.57	1.03
×42.9	12.6	15.00	5.501	0.622	0.411	447	59.6	5.95	14.4	5.23	1.07
S12×50	14.7	12.00	5.477	0.659	0.687	305	50.8	4.55	15.7	5.74	1.03
×40.8	12.0	12.00	5.252	0.659	0.462	272	45.4	4.77	13.6	5.16	1.06
×35	10.3	12.00	5.078	0.544	0.428	229	38.2	4.72	9.87	3.89	0.980
×31.8	9.35	12.00	5.000	0.544	0.350	218	36.4	4.83	9.36	3.74	1.00
S10×35	10.3	10.00	4.944	0.491	0.594	147	29.4	3.78	8.36	3.38	0.901
×25.4	7.461	0.00	4.661	0.491	0.311	124	24.7	4.07	6.79	2.91	0.954
S8×23	6.77	8.00	4.171	0.426	0.441	64.9	16.2	3.10	4.31	2.07	0.798
×18.4	5.41	8.00	4.001	0.426	0.271	57.6	14.4	3.26	3.73	1.86	0.831

規格	面積 (in²)	深度 (in)	翼板		腹板	x-x 軸			y-y 軸		
			寬度 (in)	厚度 (in)	厚度 (in)	I (in⁴)	S (in³)	r (in)	I (in⁴)	S (in³)	r (in)
S7×20	5.88	7.00	3.860	0.392	0.450	42.4	12.1	2.69	3.17	1.64	0.734
×15.3	4.50	7.00	3.662	0.392	0.252	36.7	10.5	2.86	2.64	1.44	0.766
S6×17.2	55.07	6.00	3.565	0.359	0.465	26.3	8.77	2.28	2.31	1.30	0.675
×12.5	3.67	6.00	3.332	0.359	0.232	22.1	7.37	2.45	1.82	1.09	0.705
S5×14.7	54.34	5.00	3.284	0.326	0.494	15.2	6.09	1.87	1.67	1.01	0.620
×10	2.94	5.00	3.004	0.326	0.214	12.3	4.92	2.05	1.22	0.809	0.643
S4×9.5	2.79	4.00	2.796	0.293	0.326	6.79	3.39	1.56	0.903	0.646	0.569
×7.7	2.26	4.00	2.663	0.293	0.193	6.08	3.04	1.64	0.764	0.574	0.581
S3×7.5	2.21	3.00	2.509	0.260	0.349	2.93	1.95	1.15	0.586	0.46	80.516
×5.7	1.67	3.00	2.330	0.260	0.170	2.52	1.68	1.23	0.455	0.390	0.522

美國標準型鋼之標稱以 S 代表之，規格以深度 (mm) × 每單位長度之質量 (kg/m) 表示之

3. 美國標準槽型鋼 (C 型鋼)

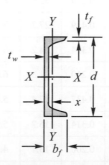

規格	面積 (in²)	深度 d (in)	翼板		腹板	x-x 軸			y-y 軸			
			寬度 b_f (in)	厚度 t_f (in)	厚度 t_w (in)	I (in⁴)	S (in³)	r (in)	I (in)	S (in⁴)	r (in³)	x (in)
*C18×58	17.1	18.00	4.200	0.625	0.700	676	75.1	6.29	17.8	5.32	1.02	0.862
×51.9	15.3	18.00	4.100	0.625	0.600	627	69.7	6.41	16.4	5.07	1.04	0.858
×45.8	13.51	8.00	4.000	0.625	0.500	578	64.3	6.56	15.1	4.82	1.06	0.866
×42.7	12.6	18.00	3.950	0.625	0.450	554	61.6	6.64	14.4	4.69	1.07	0.877
C15×50	14.7	15.00	3.716	0.650	0.716	404	53.8	5.24	11.0	3.78	0.867	0.798
×40	11.8	15.00	3.520	0.650	0.520	349	46.5	5.44	9.23	3.37	0.886	0.777

規格	面積 (in²)	深度 d (in)	翼板 寬度 b_f (in)	翼板 厚度 t_f (in)	腹板 厚度 t_w (in)	x-x軸 I (in⁴)	x-x軸 S (in³)	x-x軸 r (in)	y-y軸 I (in)	y-y軸 S (in⁴)	y-y軸 r (in³)	y-y軸 x (in)
×33.9	9.96	15.00	3.400	0.650	0.400	315	42.0	5.62	8.13	3.11	0.904	0.787
C12×30	8.82	12.00	3.170	0.501	0.510	162	27.0	4.29	5.14	2.06	0.763	0.674
×25	7.35	12.00	3.047	0.501	0.387	144	24.1	4.43	4.47	1.88	0.780	0.674
×20.7	6.09	12.00	2.942	0.501	0.282	129	21.5	4.61	3.88	1.73	0.799	0.698
C10×30	8.82	10.00	3.033	0.436	0.673	103	20.7	3.42	3.94	1.65	0.669	0.649
×25	7.35	10.00	2.886	0.436	0.526	91.2	18.2	3.52	3.36	1.48	0.676	0.617
×20	5.88	10.00	2.739	0.436	0.379	78.9	15.8	3.66	2.81	1.32	0.692	0.606
×15.3	4.49	10.00	2.600	0.436	0.240	67.4	13.5	3.87	2.28	1.16	0.713	0.634
C9×20	5.88	9.00	2.648	0.413	0.448	60.9	13.5	3.22	2.42	1.17	0.642	0.583
×15	4.41	9.00	2.485	0.413	0.285	51.0	11.3	3.40	1.93	1.01	0.661	0.586
×13.4	3.94	9.00	2.433	0.413	0.233	47.9	10.6	3.48	1.76	0.962	0.669	0.601
C8×18.7	55.51	8.00	2.527	0.390	0.487	44.0	11.0	2.82	1.98	1.01	0.599	0.565
×13.75	4.04	8.00	2.343	0.390	0.303	36.1	9.03	2.99	1.53	0.854	0.615	0.553
×11.5	3.38	8.00	2.260	0.390	0.220	32.6	8.14	3.11	1.32	0.781	0.625	0.571
C7×14.75	4.33	7.00	2.299	0.366	0.419	27.2	7.78	2.51	1.38	0.779	0.564	0.532
×12.25	3.60	7.00	2.194	0.366	0.314	24.2	6.93	2.60	1.17	0.703	0.571	0.525
×9.8	2.87	7.00	2.090	0.366	0.210	21.3	6.08	2.72	0.968	0.625	0.581	0.540
C6×13	3.83	6.00	2.157	0.343	0.437	17.4	5.80	2.13	1.05	0.642	0.525	0.514
×10.5	3.09	6.00	2.034	0.343	0.314	15.2	5.06	2.22	0.866	0.564	0.529	0.499
×8.2	2.40	6.00	1.920	0.343	0.200	13.1	4.38	2.34	0.693	0.492	0.537	0.511
C5×9	2.64	5.00	1.885	0.320	0.325	8.90	3.56	1.83	0.632	0.450	0.489	0.478
×6.7	1.97	5.00	1.750	0.320	0.190	7.49	3.00	1.95	0.479	0.378	0.493	0.484
C4×7.25	2.13	4.00	1.721	0.296	0.321	4.59	2.29	1.47	0.433	0.343	0.450	0.459
×5.4	1.59	4.00	1.584	0.296	0.184	3.85	1.93	1.56	0.319	0.283	0.449	0.457
C3×6	1.76	3.00	1.596	0.273	0.356	2.07	1.38	1.08	0.305	0.268	0.416	0.455
×5	1.47	3.00	1.498	0.273	0.258	1.85	1.24	1.12	0.247	0.233	0.410	0.438
×4.1	1.21	3.00	1.410	0.273	0.170	1.66	1.10	1.17	0.197	0.202	0.404	0.436

美國標準型鋼之標稱以 C 代表之，規格以深度 (mm) × 每單位長度之質量 (kg/m) 表示之

* 不是美國標準系列之部分

4. 等邊角鋼 (L 型鋼)

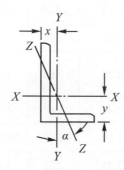

尺寸與厚度 (in)	單位長度之質量 (lb/ft)	面積 (in²)	x-x軸或 y-y軸			形心 x 或 y (in)	z-z軸 r (in)
			I(in⁴)	S(in³)	r(in)		
L8×8×1	51.0	15.0	89.0	15.8	2.44	2.37	1.56
×7/8	45.0	13.2	79.6	14.0	2.45	2.32	1.57
×3/4	38.9	11.4	69.7	12.2	2.47	2.28	1.58
×5/8	32.7	9.61	59.4	10.3	2.49	2.23	1.58
×1/2	26.4	7.75	48.6	8.36	2.50	2.19	1.59
L6×6×1	37.4	11.0	35.5	8.57	1.80	1.86	1.17
×7/8	33.1	9.73	31.9	7.63	1.81	1.82	1.17
×3/4	28.7	8.44	28.2	6.66	1.83	1.78	1.17
×5/8	24.2	7.11	24.2	5.66	1.84	1.73	1.18
×1/2	19.6	5.75	19.9	4.61	1.86	1.68	1.18
×3/8	14.9	4.361	5.4	3.53	1.88	1.64	1.19
L5×5×7/8	27.2	7.98	17.8	5.17	1.49	1.57	0.973
×3/4	23.6	6.94	15.7	4.53	1.51	1.52	0.975
×5/8	20.0	5.86	13.6	3.86	1.52	1.48	0.978
×1/2	16.2	4.75	11.3	3.16	1.54	1.43	0.983
×3/8	12.3	3.61	8.74	2.42	1.56	1.39	0.990
L4×4×3/4	18.5	5.44	7.67	2.81	1.19	1.27	0.778
×5/8	15.7	4.61	6.66	2.40	1.20	1.23	0.779
×1/2	12.8	3.75	5.56	1.97	1.22	1.18	0.782
×3/8	9.8	2.86	4.36	1.52	1.23	1.14	0.788

尺寸與厚度 (in)	單位長度之質量 (lb/ft)	面積 (in²)	x-x軸或 y-y軸			形心 x 或 y (in)	z-z軸 r (in)
			I(in⁴)	S(in³)	r(in)		
×1/4	6.6	1.94	3.04	1.05	1.25	1.09	0.795
L3 $\frac{1}{2}$ ×3 $\frac{1}{2}$ ×1/2	11.1	3.25	3.64	1.49	1.06	1.06	0.683
×3/8	8.5	2.48	2.87	1.15	1.07	1.01	0.687
×1/4	5.8	1.69	2.01	0.794	1.09	0.968	0.694
L3×3×1/2	9.4	2.75	2.22	1.07	0.898	0.932	0.584
×3/8	7.2	2.11	1.76	0.833	0.913	0.888	0.587
×1/4	4.9	1.44	1.24	0.577	0.930	0.842	0.592
L2 $\frac{1}{2}$ ×2 $\frac{1}{2}$ ×1/2	7.7	2.25	1.23	0.724	0.739	0.806	0.487
×3/8	5.9	1.73	0.984	0.566	0.753	0.762	0.487
×1/4	4.1	1.19	0.703	0.394	0.769	0.717	0.491
L2×2×3/8	4.7	1.36	0.479	0.351	0.594	0.636	0.389
×1/4	3.19	0.938	0.348	0.247	0.609	0.592	0.391
×1/8	1.65	0.484	0.190	0.131	0.626	0.546	0.398

5. 不等邊角鋼

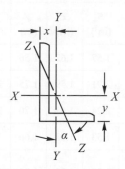

尺寸與厚度 (in)	單位長度之質量 (lb/ft)	面積 (in²)	x-x 軸				y-y 軸				z-z 軸	
			I (in⁴)	S (in³)	r (in)	y (in)	I (in⁴)	S (in³)	r (in)	x (in)	r (in)	tan α
L9×4×5/8	26.3	7.73	64.9	11.5	2.90	3.36	8.32	2.65	1.04	0.858	0.847	0.216
×1/2	21.3	6.25	53.2	9.34	2.92	3.31	6.92	2.17	1.05	0.810	0.854	0.220
L8×6×1	44.2	13.08	0.81	5.1	2.49	2.65	38.8	8.92	1.73	1.65	1.28	0.543
×3/4	33.8	9.94	63.4	11.7	2.53	2.56	30.7	6.92	1.76	1.56	1.29	0.551
×1/2	23.0	6.75	44.3	8.02	2.56	2.47	21.7	4.79	1.79	1.47	1.30	0.558
L8×4×1	37.4	11.06	9.61	4.1	2.52	3.05	11.6	3.94	1.03	1.05	0.846	0.247
×3/4	28.7	8.44	54.91	0.9	2.55	2.95	9.36	3.07	1.05	0.95	30.85	20.258
×1/2	19.6	5.75	38.5	7.49	2.59	2.86	6.74	2.15	1.08	0.859	0.86	50.267
L7×4×3/4	26.2	7.69	37.8	8.42	2.22	2.51	9.05	3.03	1.09	1.01	0.860	0.324
×1/21	7.9	5.25	26.7	5.81	2.25	2.42	6.53	2.12	1.11	0.917	0.872	0.335
×3/8	13.6	3.98	20.6	4.44	2.27	2.37	5.10	1.63	1.13	0.870	0.880	0.340
L6×4×3/4	23.6	6.94	24.5	6.25	1.88	2.08	8.68	2.97	1.12	1.08	0.860	0.428
×1/2	16.2	4.75	17.4	4.33	1.91	1.99	6.27	2.08	1.15	0.987	0.870	0.440
×3/8	12.3	3.61	13.5	3.32	1.93	1.94	4.90	1.60	1.17	0.941	0.877	0.446
L6×3 $\frac{1}{2}$ ×1/2	15.3	4.50	16.6	4.24	1.92	2.08	4.25	1.59	0.972	0.833	0.759	0.344
×3/8	11.7	3.42	12.9	3.24	1.94	2.04	3.34	1.23	0.988	0.787	0.767	0.350
L5×3 $\frac{1}{2}$ ×3/4	19.8	5.81	13.9	4.28	1.55	1.75	5.55	2.22	0.977	0.996	0.748	0.464
×1/2	13.6	4.00	9.99	2.99	1.58	1.66	4.05	1.56	1.01	0.906	0.755	0.479
×3/8	10.4	3.05	7.78	2.29	1.60	1.61	3.18	1.21	1.02	0.861	0.762	0.486

尺寸與厚度 (in)	單位長度之質量 (lb/ft)	面積 (in²)	x-x 軸				y-y 軸				z-z 軸	
			I (in⁴)	S (in³)	r (in)	y (in)	I (in⁴)	S (in³)	r (in)	x (in)	r (in)	tan α
×1/4	7.0	2.06	5.39	1.57	1.62	1.56	2.23	0.830	1.04	0.814	0.770	0.492
L5×3×1/2	12.8	3.75	9.45	2.91	1.59	1.75	2.58	1.15	0.829	0.750	0.648	0.357
×3/8	9.8	2.86	7.37	2.24	1.61	1.70	2.04	0.888	0.845	0.704	0.654	0.364
×1/4	6.6	1.94	5.11	1.53	1.62	1.66	1.44	0.614	0.861	0.657	0.663	0.371
L4×3$\frac{1}{2}$×1/2	11.9	3.50	5.32	1.94	1.23	1.25	3.79	1.52	1.04	1.00	0.722	0.750
×3/8	9.1	2.67	4.18	1.49	1.25	1.21	2.95	1.17	1.06	0.955	0.727	0.755
×1/4	6.2	1.81	2.91	1.03	1.27	1.16	2.09	0.808	1.07	0.909	0.734	0.759
L4×3×1/2	11.1	3.25	5.05	1.89	1.25	1.33	2.42	1.12	0.864	0.827	0.639	0.543
×3/8	8.5	2.48	3.96	1.46	1.26	1.28	1.92	0.866	0.879	0.782	0.644	0.551
×1/4	5.8	1.69	2.77	1.00	1.28	1.24	1.36	0.599	0.896	0.736	0.651	0.558
L3$\frac{1}{2}$×3×1/2	10.2	3.00	3.45	1.45	1.07	1.13	2.33	1.10	0.881	0.875	0.621	0.714
×3/8	7.9	2.30	2.72	1.13	1.09	1.08	1.85	0.851	0.897	0.830	0.625	0.721
×1/4	5.4	1.56	1.91	0.77	61.11	1.04	1.30	0.589	0.914	0.785	0.631	0.727
L3$\frac{1}{2}$×2$\frac{1}{2}$×1/2	9.4	2.75	3.24	1.41	1.09	1.20	1.36	0.760	0.704	0.705	0.534	0.486
×3/8	7.2	2.11	2.56	1.09	1.10	1.16	1.09	0.592	0.719	0.660	0.537	0.496
×1/4	4.9	1.44	1.80	0.755	1.12	1.11	0.777	0.412	0.735	0.614	0.544	0.506
L3×2$\frac{1}{2}$×1/2	8.5	2.50	2.08	1.04	0.913	1.00	1.30	0.744	0.722	0.750	0.520	0.667
×3/8	6.6	1.92	1.66	0.810	0.928	0.956	1.04	0.581	0.736	0.706	0.522	0.676
×1/4	4.5	1.31	1.17	0.561	0.945	0.911	0.743	0.404	0.753	0.661	0.528	0.684
L3×2×1/2	7.7	2.25	1.92	1.00	0.924	1.08	0.672	0.474	0.546	0.583	0.428	0.414
×3/8	5.9	1.73	1.53	0.781	0.940	1.04	0.543	0.371	0.559	0.539	0.430	0.428
×1/4	4.1	1.19	1.09	0.542	0.957	0.993	0.392	0.260	0.574	0.493	0.435	0.440
L2$\frac{1}{2}$×2×3/8	5.3	1.55	0.912	0.547	0.768	0.813	0.514	0.363	0.577	0.581	0.420	0.614
×1/4	3.62	1.06	0.654	0.381	0.784	0.787	0.372	0.254	0.592	0.537	0.424	0.626

6. T 型鋼

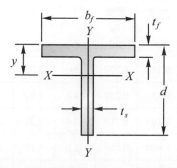

規格	面積 (in²)	深度 d (in)	翼板		柄部	x-x軸				y-y軸		
			寬度 b_f (in)	厚度 t_f (in)	厚度 t_w (in)	I (in⁴)	S (in³)	r (in)	y (in)	I (in⁴)	S (in³)	r (in)
WT18×115	33.8	17.950	16.470	1.260	0.760	934	67.0	5.25	4.01	470	57.1	3.73
×80	23.5	18.005	12.000	1.020	0.650	740	55.8	5.61	4.74	147	24.6	2.50
WT15×66	19.4	15.155	10.545	1.000	0.615	421	37.4	4.66	3.90	98.0	18.6	2.25
×54	15.9	14.915	10.475	0.760	0.545	349	32.0	4.69	4.01	73.0	13.9	2.15
WT12×52	15.3	12.030	12.750	0.750	0.50	0189	20.0	3.51	2.59	130	20.3	2.91
×47	13.8	12.155	9.065	0.875	0.515	186	20.3	3.67	2.99	54.5	12.0	1.98
×42	12.4	12.050	9.020	0.770	0.470	166	18.3	3.67	2.97	47.2	10.5	1.95
×31	9.11	11.870	7.040	0.590	0.430	131	15.6	3.79	3.46	17.2	4.90	1.38
WT9×38	11.2	9.105	11.035	0.680	0.425	71.8	9.83	2.54	1.80	76.2	13.8	2.61
×30	8.82	9.120	7.555	0.695	0.415	64.7	9.29	2.71	2.16	25.0	6.63	1.69
×25	7.33	8.995	7.495	0.570	0.355	53.5	7.79	2.70	2.12	20.0	5.35	1.65
×20	5.88	8.950	6.015	0.525	0.315	44.8	6.73	2.76	2.29	9.55	3.17	1.27
WT8×50	14.7	8.485	10.425	0.985	0.585	76.8	11.4	2.28	1.76	93.1	17.9	2.51
×25	7.37	8.130	7.070	0.630	0.380	42.3	6.78	2.40	1.89	18.6	5.26	1.59
×20	5.89	8.005	6.995	0.505	0.305	33.1	5.35	2.37	1.81	14.4	4.12	1.57
×13	3.84	7.845	5.500	0.345	0.250	23.5	4.09	2.47	2.09	4.80	1.74	1.12
WT7×60	17.7	7.240	14.670	0.940	0.590	51.7	8.61	1.71	1.24	247	33.7	3.74
×41	12.0	7.155	10.130	0.855	0.510	41.2	7.14	1.85	1.39	74.2	14.6	2.48
×34	9.99	7.020	10.035	0.720	0.415	32.6	5.69	1.81	1.29	60.7	12.1	2.46
×24	7.07	6.985	8.030	0.595	0.340	24.9	4.48	1.87	1.35	25.7	6.40	1.91

規格	面積 (in²)	深度 d (in)	翼板 寬度 b_f (in)	翼板 厚度 t_f (in)	柄部 厚度 t_w (in)	x-x軸 I (in⁴)	x-x軸 S (in³)	x-x軸 r (in)	x-x軸 y (in)	y-y軸 I (in⁴)	y-y軸 S (in³)	y-y軸 r (in)
×15	4.42	6.920	6.730	0.385	0.270	19.0	3.55	2.07	1.58	9.79	2.91	1.49
×11	3.25	6.870	5.000	0.335	0.230	14.8	2.91	2.14	1.76	3.50	1.40	1.04
WT6×60	17.6	6.560	12.320	1.105	0.710	43.4	8.22	1.57	1.28	172	28.0	3.13
×48	14.1	6.355	12.160	0.900	0.550	32.0	6.12	1.51	1.13	135	22.2	3.09
×36	10.6	6.125	12.040	0.670	0.430	23.2	4.54	1.48	1.02	97.5	16.2	3.04
×25	7.34	6.095	8.080	0.640	0.370	18.7	3.79	1.60	1.17	28.2	6.97	1.96
×15	4.40	6.170	6.520	0.440	0.260	13.5	2.75	1.75	1.27	10.2	3.12	1.52
×8	2.36	5.995	3.990	0.265	0.220	8.70	2.04	1.92	1.74	1.41	0.706	0.773
WT5×56	16.5	5.680	10.415	1.250	0.755	28.6	6.40	1.32	1.21	118	22.6	2.68
×44	12.9	5.420	10.265	0.990	0.6052	0.8	4.77	1.27	1.06	89.3	17.4	2.63
×30	8.82	5.110	10.080	0.680	0.420	12.9	3.04	1.21	0.884	58.1	11.5	2.57
×15	4.42	5.235	5.810	0.510	0.300	9.28	2.24	1.45	1.10	8.35	2.87	1.37
×6	1.77	4.935	3.960	0.210	0.190	4.35	1.22	1.57	1.36	1.09	0.551	0.785
WT4×29	8.55	4.375	8.220	0.810	0.510	9.12	2.61	1.03	0.874	37.5	9.13	2.10
×20	5.87	4.125	8.070	0.560	0.360	5.73	1.69	0.998	0.735	24.5	6.08	2.04
×12	3.54	3.965	6.495	0.400	0.245	3.53	1.08	0.999	0.695	9.14	2.81	1.61
×9	2.63	4.070	5.250	0.330	0.230	3.41	1.05	1.14	0.834	3.98	1.52	1.23
×5	1.48	3.945	3.940	0.205	0.170	2.15	0.717	1.20	0.953	1.05	0.532	0.841
WT3×10	2.94	3.100	6.020	0.365	0.260	1.76	0.693	0.774	0.560	6.64	2.21	1.50
×6	1.78	3.015	4.000	0.280	0.230	1.32	0.564	0.861	0.677	1.50	0.748	0.918
WT2×6.5	1.91	2.080	4.060	0.345	0.280	0.526	0.321	0.524	0.440	1.93	0.950	1.00

T 型鋼之標稱以 WT 代表之，規格以深度 (mm) × 每單位長度之質量 (kg/m) 表示之

附錄 E 樑之撓度與斜度

類別	載重與支承方式 (總長為 L)	大撓度或特定點撓度 (向下為正)	旋轉角 (順時針為正)	撓度曲線方程式
1		$\delta_{max} = \delta_b = \dfrac{qL^4}{8EI}$	$\theta_b = \dfrac{qL^3}{6EI}$	$y = \dfrac{q}{24EI}$ $(6L^2x^2 - 4Lx^3 + x^4)$
2		$\delta_{max} = \delta_b$ $= \dfrac{qa^3}{24EI}(4L-a)$ $\delta_c = \dfrac{qa^4}{8EI}$	$\theta_b = \theta_c = \dfrac{qa^3}{6EI}$	$0 \le x \le a$ $y = \dfrac{q}{24EI}$ $\times (6a^2x^2 - 4ax^3 + x^4)$ $a \le x \le L$ $y = \dfrac{qa^3}{24EI}(4x-a)$
3		$\delta_{max} = \delta_b = \dfrac{qL^4}{30EI}$	$\theta_b = \dfrac{q_aL^3}{24EI}$	$y = \dfrac{q_0x^2}{120LEI}$ $(10L^3 - 10L^2x + 5Lx^2 - x^3)$
4		$\delta_{max} = \delta_b = \dfrac{PL^3}{3EI}$	$\theta_b = \dfrac{PL^2}{2EI}$	$y = \dfrac{P}{6EI}(3Lx^2 - x^3)$
5		$\delta_{max} = \delta_b$ $= \dfrac{qa^2}{6EI}(3L-a)$ $\delta_c = \dfrac{qa^3}{3EI}$	$\theta_b = \theta_c = \dfrac{qa^2}{2EI}$	$0 \le x \le a$ $y = \dfrac{q}{6EI}(3ax^2 - x^3)$ $a \le x \le L$ $y = \dfrac{Pa^2}{6EI}(3x-a)$
6		$\delta_{max} = \delta_b = \dfrac{ML}{EI}$	$\theta_b = \dfrac{ML}{EI}$	$y = \dfrac{Mx^2}{2EI}$

類別	載重與支承方式 (總長為 L)	大撓度或特定點撓度 (向下為正)	旋轉角 (順時針為正)	撓度曲線方程式
7		$\delta_{max} = \delta_b$ $= \dfrac{Ma}{2EI}(2L-a)$ $\delta_c = \dfrac{Ma^2}{2EI}$	$\theta_b = \theta_c = \dfrac{Ma}{EI}$	$0 \le x \le a$，$y = \dfrac{Mx^2}{2EI}$ $a \le x \le L$，$y = \dfrac{Ma}{2EI} \times (2x-a)$
8		$\delta_{max} = \delta_b = \dfrac{5qL^4}{384EI}$	$\theta_a = \theta_b = \dfrac{qL^3}{24EI}$	$y = \dfrac{qx}{24EI}(L^3 - 2Lx^2 + x^3)$
9		$\delta_{max} = \delta_c = \dfrac{PL^3}{48EI}$	$\theta_a = -\theta_b = \dfrac{PL^2}{16EI}$	$0 \le x \le \dfrac{L}{2}$ $y = \dfrac{Px}{48EI}(3L^2 - 4x^2)$ (因左右對稱，故省略 $\dfrac{L}{2} \le x \le L$ 之撓度曲線方程式)
10		$\delta_{max} = \dfrac{pb(L^2 - b^2)^{\frac{3}{2}}}{9\sqrt{3}\,EI}$ (在 $x = \sqrt{\dfrac{L^2 - b^2}{3}}$ 處) $\delta = \dfrac{Pb(3L^2 - 4b^2)}{48EI}$	$\theta_a = \dfrac{Pb(L^2 - b^2)}{6LEI}$	$0 \le x \le a$ $y = \dfrac{Pbx}{6LEI} \times (L^3 - b^2 - x^2)$ $a \le x \le L$ $y = \dfrac{Pbx}{6LEI} \times (L^2 - b^2 - x^2)$ $\quad + \dfrac{P}{6EI}(x-a)^3$
11		$\delta_{max} = \dfrac{ML^2}{36\sqrt{12}\,EI}$ (在 $x = \dfrac{L}{\sqrt{2}}$ 處) $\delta = 0$(中點)	$\theta_a = \theta_b = \dfrac{ML}{24EI}$	$0 \le x \le \dfrac{L}{2}$ $y = \dfrac{Mx}{24LEI}(L^2 - 4x^2)$
12		$\delta_c = \dfrac{Mab}{3LEI}(2a-L)$ (當 $x = a$ 時)	$\theta_a = \dfrac{M}{6LEI}(6La$ $\quad -3a^2 - 2L^2)$	$0 \le x \le a$ $y = \dfrac{Mx}{6LEI}$ $\quad (6La - 2L^2 - 3a^2 - x^2)$ $a \le x \le L$ $y = \dfrac{M}{6LEI}$ $\quad (3La^2 - 3a^2x - 2L^2x - x^3)$

類別	載重與支承方式 (總長為 L)	大撓度或特定點撓度 (向下為正)	旋轉角 (順時針為正)	撓度曲線方程式
13		$\delta_{max} = \dfrac{ML^2}{9\sqrt{3}\,EI}$ (在 $x = 1 - \dfrac{1}{\sqrt{3}}L$ 處) $\delta_c = \dfrac{ML^2}{16EI}$ (中點)	$\theta_a = \dfrac{ML}{3EI}$ $\theta_b = -\dfrac{ML}{6EI}$	$y = \dfrac{M}{6LEI}$ $(2L^2x - 3Lx^2 + x^3)$
14		$\delta_{max} = 0.00681\dfrac{q_oL^4}{EI}$ (在 $x = 0.51933L$ 處) $\delta_c = \dfrac{5q_oL^4}{768EI}$ (中點)	$\theta_a = \dfrac{7q_oL^3}{360EI}$ $\theta_b = -\dfrac{q_oL^3}{45EI}$	$y = q_ox(7L^4 - 10L^2x^2 + 3x^4)$

References
參考書目

1. Gere and Timoshenko：〝Mechanics of Materials〞, SI Version, 2nd edition, 1984。

2. Beer and Johnston：〝Mechanics of Materials〞, 1981。

3. 〝材料力學〞，管金談、黃廷合編譯，全華圖書。

4. 〝材料力學〞，林正輝、陳維方編譯，全華圖書。

5. 〝材料力學〞，劉上聰編著，全華圖書。

國家圖書館出版品預行編目(CIP)資料

材料力學 / 許佩佩編著. -- 初版. -- 新北市
： 全華圖書股份有限公司,
2024.04
　面；　公分
ISBN 978-626-328-905-5(平裝)

1.CST: 材料力學

440.21　　　　　　　　　　113004330

材料力學

編著者 / 許佩佩

發行人 / 陳本源

執行編輯 / 林昱先

出版者 / 全華圖書股份有限公司

郵政帳號 / 0100836-1 號

圖書編號 / 06531

初版一刷 / 2024 年 05 月

定價 / 新台幣 500 元

ISBN / 978-626-328-905-5 (平裝)

全華圖書 / www.chwa.com.tw

全華網路書店 Open Tech / www.opentech.com.tw

若您對本書有任何問題，歡迎來信指導 book@chwa.com.tw

臺北總公司(北區營業處)
地址：23671 新北市土城區忠義路 21 號
電話：(02) 2262-5666
傳真：(02) 6637-3695、6637-3696

南區營業處
地址：80769 高雄市三民區應安街 12 號
電話：(07) 381-1377
傳真：(07) 862-5562

中區營業處
地址：40256 臺中市南區樹義一巷 26 號
電話：(04) 2261-8485
傳真：(04) 3600-9806(高中職)
　　　(04) 3601-8600(大專)

✂ （請由此線剪下）

歡迎加入 **全華會員**

● 會員獨享

會員享購書折扣、紅利積點、生日禮金、不定期優惠活動…等。

● 如何加入會員

掃 QRcode 或填妥讀者回函卡直接傳真 (02) 2262-0900 或寄回，將由專人協助登入會員資
料，待收到 E-MAIL 通知後即可成為會員。

如何購書 **全華門市、全省書局**

1. 網路購書

全華網路書店「http://www.opentech.com.tw」，加入會員購書更便利，並享有紅利積點
回饋等各式優惠。

2. 實體門市

歡迎至全華門市（新北市土城區忠義路 21 號）或各大書局選購。

3. 來電訂購

(1) 訂購專線：(02) 2262-5666 轉 321-324

(2) 傳真專線：(02) 6637-3696

(3) 郵局劃撥（帳號：0100836-1　戶名：全華圖書股份有限公司）

※ 購書未滿 990 元者，酌收運費 80 元。

全華網路書店 www.opentech.com.tw
E-mail: service@chwa.com.tw

※ 本會員制如有變更則以最新修訂制度為準，造成不便請見諒。

讀者回函卡

掃 QRcode 線上填寫 ▶▶▶

姓名： 生日：西元　　　年　　　月　　　日　性別：□男 □女

電話：(　　) 手機：

e-mail：(必填)

註：數字零，請用 Φ 表示，數字 1 與英文 L 請另註明並書寫端正，謝謝。

通訊處：□□□□□

學歷：□高中・職 □專科 □大學 □碩士 □博士

職業：□工程師 □教師 □學生 □軍・公 □其他

學校/公司：　　　　　　　　　　　　科系/部門：

· 需求書類：

□ A. 電子 □ B. 電機 □ C. 資訊 □ D. 機械 □ E. 汽車 □ F. 工管 □ G. 土木 □ H. 化工 □ I. 設計

□ J. 商管 □ K. 日文 □ L. 美容 □ M. 休閒 □ N. 餐飲 □ O. 其他

· 本次購買圖書為：　　　　　　　　　　　　　　　書號：

· 您對本書的評價：

封面設計：□非常滿意 □滿意 □尚可 □需改善，請說明

內容表達：□非常滿意 □滿意 □尚可 □需改善，請說明

版面編排：□非常滿意 □滿意 □尚可 □需改善，請說明

印刷品質：□非常滿意 □滿意 □尚可 □需改善，請說明

書籍定價：□非常滿意 □滿意 □尚可 □需改善，請說明

整體評價：請說明

· 您在何處購買本書？

□書局 □網路書店 □書展 □團購 □其他

· 您購買本書的原因？(可複選)

□個人需要 □公司採購 □親友推薦 □老師指定用書 □其他

· 您希望全華以何種方式提供出版訊息及特惠活動？

□電子報 □ DM □廣告 (媒體名稱　　　　　　　　　)

· 您是否上過全華網路書店？(www.opentech.com.tw)

□是 □否　您的建議

· 您希望全華出版哪方面書籍？

· 您希望全華加強哪些服務？

感謝您提供寶貴意見，全華將秉持服務的熱忱，出版更多好書，以饗讀者。

填寫日期：　　/　　/

親愛的讀者：

感謝您對全華圖書的支持與愛護，雖然我們很慎重的處理每一本書，但恐仍有疏漏之處，若您發現本書有任何錯誤，請填寫於勘誤表內寄回，我們將於再版時修正，您的批評與指教是我們進步的原動力，謝謝！

全華圖書 敬上

勘 誤 表

書 號	頁 數	行 數	書 名	錯誤或不當之詞句	作 者	建議修改之詞句

我有話要說：(其它之批評與建議，如封面、編排、內容、印刷品質等‧‧‧)